Blatt

Blattspreite

Blattspindel

Fieder (Fieder 1. Ordnung)

Fiederspindel

Fiederchen (Fieder 2. Ordnung)

Fiederchen (Fieder 3. Ordnung)

Fiederchenspindel

Blattstiel

Spreuschuppe

Eingerolltes junges Blatt (Bischofsstab)

Rhizom

Wurzel

Muriel Bendel
Françoise Alsaker

Farne, Schachtelhalme und Bärlappe

Buchenfarn
(Phegopteris connectilis)

Haupt
NATUR

Auctoritatem agnoscimus nullam nisi autopsiam solam in Re herbaria.

Carl von Linné, Genera Plantarum, 1737

We do not accept any authority in botany but autopsy (i.e. observation with one's own eyes).

Übersetzung von Staffan Müller-Wille in Müller-Wille & Reeds (2007)

Gebänderter Saumfarn
(Pteris vittata)

Muriel Bendel
Françoise Alsaker

Farne, Schachtelhalme und Bärlappe

Der Naturführer zu den Farnpflanzen Mitteleuropas

Haupt Verlag

Zu den Autorinnen

Muriel Bendel hat an der Universität Bern Biologie und Botanik studiert und an der ETH Zürich promoviert. Sie leitet Botanikkurse und -exkursionen, erstellt Vegetationskartierungen und ist eine ausgezeichnete Kennerin der mitteleuropäischen Flora.

Françoise Alsaker hat sich nach ihrer Emeritierung an der Universität Bern der Feldbotanik zugewandt und diese mit ihrer Leidenschaft für Naturfotografie verbunden.

1. Auflage: 2021
ISBN 978-3-258-08173-1

Gestaltung und Satz:
Philippe Deriaz, philippederiaz.ch
Illustrationen:
Christiane Franke, christianefranke.ch
Lektorat und Korrektorat:
Peter Schmid, Bern
Fachlektorat:
Michael Kessler, Universität Zürich
Umschlagsbilder:
Françoise Alsaker,
Vorderseite Eichenfarn
(Gymnocarpium dryopteris),
Rückseite Hirschzunge
(Asplenium scolopendrium)

Wir verwenden FSC-Papier. FSC sichert die Nutzung der Wälder gemäß sozialen, ökonomischen und ökologischen Kriterien. Gedruckt in Deutschland.

Diese Publikation ist in der Deutschen Nationalbibliografie verzeichnet: portal.dnb.de

Der Haupt Verlag wird vom Bundesamt für Kultur mit einem Strukturbeitrag für die Jahre 2021–2024 unterstützt.

Wir verlegen mit Freude und großem Engagement unsere Bücher. Daher freuen wir uns immer über Anregungen zum Programm und schätzen Hinweise auf Fehler im Buch, sollten uns welche unterlaufen sein. Rückmeldungen zum Buch richten Sie bitte direkt an kontakt@farne-mitteleuropas.info

Falls Sie regelmäßig Informationen über die aktuellen Titel im Bereich Natur und Garten erhalten möchten, folgen Sie uns über Social Media oder bleiben Sie via Newsletter auf dem neuesten Stand.

www.haupt.ch

Inhaltsverzeichnis

Einführung

Bei Farnen denken wir an verwunschene Wälder, spiralig eingerollte Bischofsstäbe oder an Dinosaurier, die vor langer Zeit an Baumfarnen knabberten. Unabhängig vom Zugang bleiben sie meist als eine zwar nette, aber einheitlich grüne, namenlose «Masse» stehen. Dabei verstecken sich hinter der grünen Kulisse viele, allen Unkenrufen zum Trotz oft gut bestimmbare Arten, die sich mit feldtauglichen Merkmalen benennen lassen. Genauso spannend wie die korrekte Bestimmung sind die zahlreichen Geschichten, die sich um Farne ranken: So leben die kleinsten Farne der Welt, die auf der Wasseroberfläche frei schwimmenden Algenfarne der Gattung *Azolla*, in Symbiose mit Stickstoff fixierenden Bakterien und werden dank ihren Untermietern auch als Dünger in Reisfeldern genutzt. Die Kleefarne *(Marsilea)* sind die einzigen bekannten Farne, die Schlafbewegungen ausführen, am Abend ihre vier Fiedern nach oben klappen und sie am nächsten Morgen wieder waagrecht ausrichten. Und beim Adlerfarn *(Pteridium aquilinum)* können im Frühling an den sich entrollenden Blättern Ameisen und andere Insekten beobachtet werden, die aus speziellen Strukturen zuckerhaltige Flüssigkeit naschen. Ob die Ameisen dem Adlerfarn dabei helfen, gefräßige Plagegeister von den zarten jungen Sprossen fernzuhalten, ist noch nicht restlos geklärt.

Die Zukunft der faszinierenden Farnpflanzen ist jedoch ungewiss. Sie stehen häufiger als die Samenpflanzen auf Roten Listen – höhere Temperaturen, längere Trockenperioden, Intensivierung der Landnutzung, erhöhte Nährstoffeinträge, aber auch gezieltes Sammeln setzen vielen von ihnen zu. Zahlreiche, auch eigentlich verbreitete und häufige Arten werden seltener. Nur sehr wenige Arten, wie beispielsweise die Hirschzunge *(Asplenium scolopendrium),* scheinen sich aktuell ausbreiten zu können (Keil et al. 2012). Es ist deshalb enorm wichtig, die Farnpflanzen zu kennen und ihre Ansprüche an den Lebensraum zu verstehen, sodass sich gezielte Maßnahmen für ihren Erhalt ergreifen lassen.

Das vorliegende Buch ist sowohl für Pflanzeninteressierte als auch für Botanikerinnen und Botaniker angelegt. Es soll handlich, übersichtlich und ansprechend sein und die Neugierde und Lust wecken, diese vielfältige Pflanzengruppe genauer anzuschauen. Die aufgeführten Merkmale sind feldtauglich, das heißt, sie sind mit einer guten Handlupe (10- bis höchstens 20-fache Vergrößerung) zu sehen, oft geht es sogar ohne Lupe. Nur für die Bestimmung von Hybriden und den Nachweis von krümeligen, abortierten Sporen wird ein Mikroskop benötigt (siehe Seite 17). Bei Hybriden sowie kritischen Gattungen, Artengruppen und Arten wird auf weiterführende Literatur verwiesen.

Beim völlig neu konzipierten Feldschlüssel steht ein pragmatisches Bestimmen der Farnpflanzen im Vordergrund, unabhängig von der Systematik. Sehr wichtig für die Bestimmung ist die Form und Fiederung der Blattspreite, während die Form der Sori und Schleier, die traditionell eine große Rolle bei der Klassifizierung von Farnen spielt, in den Hintergrund rückt. Mit diesem Ansatz lassen sich die meisten Arten auch dann bestimmen, wenn die Schleier geschrumpft oder die Unterseiten der Fiedern mit einem Gewusel von leeren Sporangien bedeckt sind und sich die ursprüngliche Form der Sori – oder der Schleier – kaum mehr erkennen lässt (siehe Seite 14).

In den Artporträts sind die wichtigen Merkmale im Text hervorgehoben und mit Fotos illustriert. Fachausdrücke werden im Glossar erklärt und ein ausführliches Literaturverzeichnis gibt Auskunft über die verwendeten sowie weiterführende Publikationen.

Farn oder nicht Farn – das ist hier die Frage

Farnpflanzen vermehren sich über Sporen – ein Merkmal, das sie unter anderem mit den Moosen teilen. Mit den Samenpflanzen, die sich über Samen und nicht über Sporen vermehren, haben sie die spezialisierten Leitgefäße für den Stofftransport in ihren Geweben gemeinsam. Um die Farnpflanzen von den Moosen und den Samenpflanzen abzugrenzen, wurden sie früher Gefäßsporenpflanzen genannt. Zahlreiche Forschungsarbeiten zur Systematik haben aber gezeigt, dass die Geschichte etwas komplizierter ist. Die Farnpflanzen umfassen zwei große Gruppen, die nicht näher miteinander verwandt sind: Die erdgeschichtlich älteren Bärlappe und ihre Verwandten werden in der Klasse der Lycopodiopsida zusammengefasst; sie sind heute weltweit mit gut 1300 Arten vertreten (PPG I 2016). 14 Arten kommen in Mitteleuropa vor; werden Isslers Flachbärlapp *(Diphasiastrum × issleri),* Øllgaards Flachbärlapp *(D. × oellgaardii)* und Zeillers Flachbärlapp *(D. × zeilleri)* mitgezählt, sind es 17 Arten. Die erdgeschichtlich jüngere und bedeutend größere Klasse der Polypodiopsida, in diesem Buch Farne genannt, umfasst auch die Schachtelhalme und die Natternzungengewächse. Zu ihr zählen weltweit knapp 10 600 Arten (PPG I 2016), wovon 86 in Mitteleuropa vorkommen. Die Farne stehen den Samenpflanzen näher als den Bärlappen und ihren Verwandten. Der Einfachheit halber werden hier die beiden Klassen unter dem Namen Farnpflanzen zusammengefasst.

Schematischer Stammbaum der Moose und Gefäßpflanzen

In Mitteleuropa kommen 20 Farnpflanzen-Familien aus neun Ordnungen vor

(nach PPG I 2016)

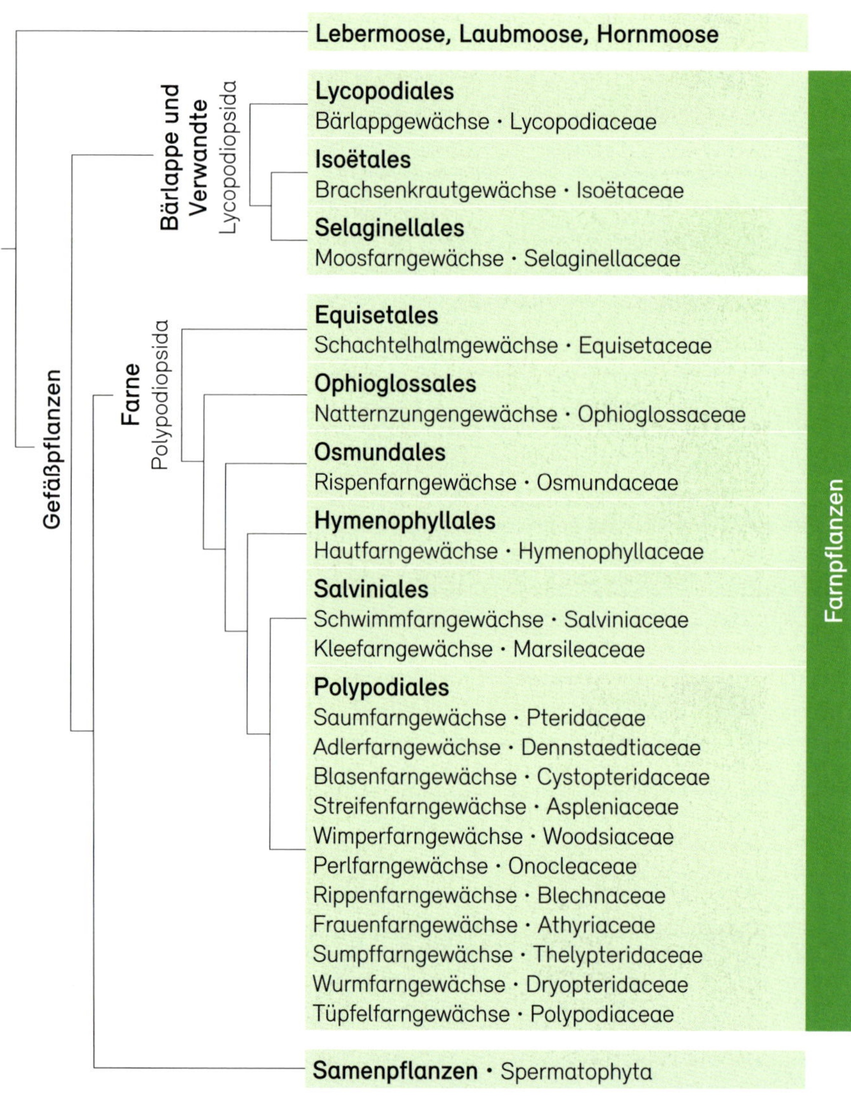

Vertreter der neun Farnpflanzen-Ordnungen in Mitteleuropa

Lycopodiales: Keulen-Bärlapp *(Lycopodium clavatum)*

Isoëtales: See-Brachsenkraut *(Isoëtes lacustris)* (mb)

Selaginellales: Dorniger Moosfarn *(Selaginella selaginoides)*

Equisetales: Schlamm-Schachtelhalm *(Equisetum fluviatile)*

Ophioglossales: Echte Mondraute *(Botrychium lunaria)*

Osmundales: Königsfarn *(Osmunda regalis)* (wb)

Hymenophyllales: Englischer Hautfarn *(Hymenophyllum tunbrigense)*

Salviniales: Pillenfarn *(Pilularia globulifera)*

Polypodiales: Adlerfarn *(Pteridium aquilinum)*

Im Buch vorgestellte Farnpflanzen

Alle in Deutschland, Österreich und der Schweiz bekannten Farnpflanzen werden im Buch aufgeschlüsselt und vorgestellt. Dazu zählen auch die etablierten sowie die meisten neophytischen Arten. Die seltenen neophytischen Farne werden mit einem kurzen Porträt bei einer verwandten, detailliert beschriebenen Art aufgeführt. Ausnahmen, die nicht besprochen werden, sind die in Deutschland äußerst selten verwilderte neophytische Unterart des Winter-Schachtelhalms *(Equisetum hyemale* subsp. *affine)* und sehr seltene, unbeständige Arten, wie der in Österreich an einem Standort nachgewiesene tropische Hornfarn *(Ceratopteris thalictroides).*

Im Zentrum stehen die Familien, Gattungen und Arten; auf Untergattungen wird nur eingegangen, wenn sie bei der Unterscheidung der Arten im Feld helfen, wie beispielsweise im Fall der Schachtelhalme mit ihren zwei Untergattungen *Hippochaete* und *Equisetum.* Unterarten werden im Text erwähnt, sofern sie in Mitteleuropa vorkommen und sich morphologisch relativ gut unterscheiden lassen. Wenn in Mitteleuropa nur eine von mehreren europäischen Unterarten vorkommt, wird nur diese beschrieben. Bei noch ungenügend erforschten Sippen, wie beispielsweise beim Schuppigen Wurmfarn (*Dryopteris affinis* aggr.), wird auf weiterführende Literatur verwiesen.

Eine regelmäßig auftretende Hybride ist der Deutsche Streifenfarn (*Asplenium × alternifolium,* im Vordergrund links), hier neben seinen Eltern, dem Nordischen Streifenfarn (*A. septentrionale,* rechts) und dem Braunstieligen Streifenfarn (*A. trichomanes,* Mitte).

Bei den Flachbärlappen *(Diphasiastrum),* Streifenfarnen *(Asplenium),* Schildfarnen *(Polystichum)* und Tüpfelfarnen *(Polypodium)* werden die häufigsten Hybriden und ihre Verwandtschaftsverhältnisse in Reticulogrammen dargestellt (siehe Seiten 69, 205, 271 und 283); bei den Schachtelhalmen *(Equisetum)* werden drei Hybriden, bei den Streifenfarnen *(Asplenium)* wird eine regelmäßig auftretende Hybride kurz porträtiert. Für die Bestimmung von Hybriden sind das Konsultieren weiterführender Literatur und der Nachweis von abortierten Sporen unerlässlich.

Farnpflanzen bestimmen

Mitten in der Stadt Bern entrollt eine Hirschzunge *(Asplenium scolopendrium)* im Frühling ihre neuen Blätter. (mb)

Wo sind Farnpflanzen zu finden?

Farnpflanzen gibt es praktisch überall. Zwar besiedeln sie mit Vorliebe feuchte, schattige Standorte wie Wälder und Schluchten, gewisse Arten wachsen aber im Blockschutt oberhalb der Waldgrenze, auf trockenen Serpentinfelsen oder im Schilfröhricht, einige schwimmen sogar auf stehenden oder langsam fließenden Gewässern. Andere Arten wiederum haben vom Menschen geschaffene Lebensräume erobert und sind im Schotter zwischen Bahngleisen oder mitten in der Stadt in Mauerritzen oder Lichtschächten zu finden.

Welche Pflanzen eignen sich für die Bestimmung?

Für die Bestimmung sollten nur ausgewachsene, fertile (das heißt Sporen produzierende) Pflanzen verwendet werden. Wenn möglich werden die beschriebenen Merkmale an mehreren Blättern einer Pflanze kontrolliert. Junge Pflanzen oder sterile Nachtriebsblätter – beispielsweise an zurückgeschnittenen Pflanzen an Wegböschungen – lassen sich teilweise kaum bestimmen, weil der Umriss und die Fiederung ihrer Blattspreite noch nicht typisch ausgebildet sind, Drüsen oder Haare vorhanden sind, wo bei ausgewachsenen Blättern keine (mehr) sein sollten, oder die Sprosse eine andere Färbung aufweisen. Es empfiehlt sich deshalb, nach älteren, gut entwickelten Individuen Ausschau zu halten.

Bei diesem jungen Gelappten Schildfarn *(Polystichum aculeatum)* ist die Blattspreite noch nicht doppelt, sondern erst einfach gefiedert.

Es lohnt sich, nach Möglichkeit frische Pflanzen zu bestimmen, da beim Trocknen manchmal wichtige Merkmale, wie beispielsweise die dunklen Fiederansätze des Schuppigen Wurmfarns (*Dryopteris affinis* aggr.) und des Entferntfiedrigen Wurmfarns *(D. remota)*, verschwinden. Gerade was die dunklen Fiederansätze betrifft, ist aber auch bei frischen Pflanzen Vorsicht geboten: In seltenen Fällen weisen die grünen Fiederansätze und Blattspindeln des Dornigen Wurmfarns *(D. carthusiana)* und des Echten Wurmfarns *(D. filix-mas)* ab dem Spätsommer rotbraune oder dunkle Flecken auf.

Blattspreite, Fiedern, Fiederchen und Blattstiel

Um einen Farn zu bestimmen, wird zuerst die Form und Fiederung der Blattspreite beurteilt. Neben der Form der Blattspreite ist vor allem ihr Grund ein wichtiges Merkmal: Sie kann nach unten gar nicht, aber auch deutlich verschmälert sein.

Die Fiederung wird bei lanzettlichen und eiförmigen Blattspreiten am besten in der Mitte respektive an der breitesten Stelle, bei dreieckigen am Grund beurteilt. Es wird die «maximale Fiederung» angegeben, die oft nur am Grund der größten Fiedern erreicht wird – zur Spreitenspitze und zu den Fiederspitzen hin nimmt der Grad der Fiederung ab.

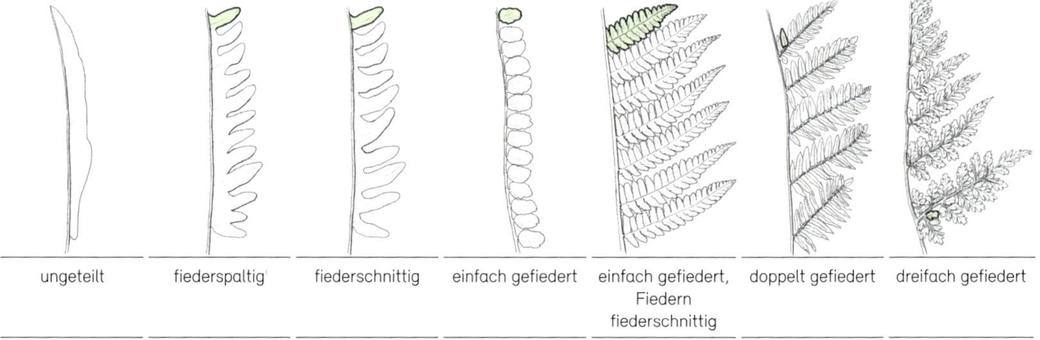

ungeteilt	fiederspaltig	fiederschnittig	einfach gefiedert	einfach gefiedert, Fiedern fiederschnittig	doppelt gefiedert	dreifach gefiedert

Bei der Fiederung der Blattspreite spielen kleine Details eine wichtige Rolle: Sie gilt nur dann als einfach gefiedert, wenn die Fiedern am Grund mit einem ganz kurzen Stiel auf der Blattspindel sitzen. Ist eine Fieder hingegen breit auf der Blattspindel angewachsen, gilt die Blattspreite als fiederschnittig oder fiederspaltig und die vermeintliche Fieder wird Abschnitt genannt. Dasselbe gilt auch bei den Fiederchen von doppelt und dreifach gefiederten Blattspreiten.

Die Form der Fiedern und Fiederchen wird mit denselben Ausdrücken beschrieben wie jene der Blattspreite. Ob der Rand gesägt, gezähnt, gekerbt, gebuchtet oder ganzrandig ist, wird jeweils beim Abschnitt respektive der Fieder letzter Ordnung bestimmt.

Beim Rippenfarn *(Struthiopteris spicant)*, Straußfarn *(Matteuccia struthiopteris)*, Krausen Rollfarn *(Cryptogramma crispa)* und Perlfarn *(Onoclea sensibilis)* unterscheiden sich die fertilen Blätter stark von den sterilen – man spricht von dimorphen Blättern.

Nur leicht dimorphe Blätter bilden der Kamm-Wurmfarn *(Dryopteris cristata)*, der Sumpffarn *(Thelypteris palustris)* und die Saumfarne *(Pteris)*.

Für die Beurteilung des Blattstiels sind seine Länge im Vergleich zur Blattspreite sowie die Dichte und Farbe der Spreuschuppen wichtig. Die Anzahl Leitbündel am Grund des Blattstiels wird mit Absicht nur bei wenigen, ausgewählten Arten angegeben, weil für die entsprechende Untersuchung immer ein ganzes Blatt abgerissen werden müsste, was vor allem bei selteneren Arten nicht vertretbar ist. Abgesehen davon lassen sich die Arten problemlos auch ohne dieses Merkmal bestimmen.

Die Fiederung der Blattspreite ist für die Bestimmung sehr wichtig: Vorn der einfach gefiederte Kamm-Wurmfarn *(Dryopteris cristata)* mit fiederschnittigen Fiedern, hinten der doppelt gefiederte Dornige Wurmfarn *(D. carthusiana)*.

Sori, Sporangien, Schleier und Sporen

Die staubfeinen Sporen der Farne reifen auf der Unterseite der Blattspreite in kugeligen Sporangien heran. Diese wiederum sind in runden bis länglichen, oft von einem Schleier bedeckten Sori zusammengefasst. Junge Blätter bilden noch keine Sori, auch Nachtriebsblätter an zurückgeschnittenen Pflanzen sind oft steril. Die Form der Schleier kann einen wichtigen Hinweis auf die Gattung oder sogar die Art liefern:

	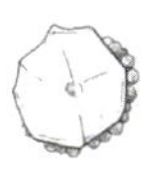	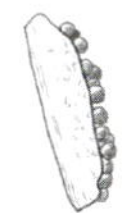			
nierenförmig (hufeisenförmig)	schildförmig	länglich	blasenförmig	haarförmig	Pseudoindusium
· Wurmfarne *(Dryopteris)*	· Sichelfarne *(Cyrtomium)* · Schildfarne *(Polystichum)*	· gerade: Streifenfarne *(Asplenium)* · gekrümmt: Wald-Frauenfarn *(Athyrium filix-femina)* · sehr lang: Rippenfarn *(Struthiopteris spicant)*	· Blasenfarne *(Cystopteris)*	· Wimperfarne *(Woodsia)*	· Frauenhaarfarne *(Adiantum)* · Krauser Rollfarn *(Cryptogramma crispa)* · Straußfarn *(Matteuccia struthiopteris)* · Adlerfarn *(Pteridium aquilinum)* · Saumfarne *(Pteris)*

Junge Schleier sind weißlich und ihre Form ist gut erkennbar. Im Alter verfärben sie sich meist braun, je nach Art schrumpfen sie bald oder bleiben länger erhalten. Sogenannt «hinfällige» Schleier schrumpfen sehr schnell und fallen ab. Von einem Pseudoindusium (falscher Schleier) wird dann gesprochen, wenn nicht ein Schleier, sondern der umgebogene Blattrand die Sori wenigstens anfänglich bedeckt.

Es empfiehlt sich, die Form der Sori und Schleier wenn möglich bei jungen oder reifenden Sori zu bestimmen; bei älteren ist die Ansprache oft schwieriger.

Junge (links), reifende (Mitte) und reife (rechts) Sporangien der Mauerraute *(Asplenium ruta-muraria).*

Junge (links), reifende (Mitte) und reife (rechts) Sporangien des Echten Wurmfarns *(Dryopteris filix-mas).*

Reife Sporen sind meist braun bis gelb und relativ langlebig. Wenige Arten besitzen kurzlebige, chlorophyllhaltige und deshalb grüne Sporen, die unter natürlichen Bedingungen nur wenige Wochen (Schachtelhalme *Equisetum,* Königsfarn *Osmunda regalis,* Englischer Hautfarn *Hymenophyllum tunbrigense*) oder höchstens bis zu einem Jahr (Straußfarn *Matteuccia struthiopteris*) keimfähig bleiben. Zur Zeit der Sporenreife sehen die Sporangienstände der Schachtelhalme und des Königsfarns aus, als wären sie mit einem grünen Schimmelpilz überzogen.

Für die Bestimmung ihrer Farbe werden die reifen Sporen am einfachsten auf weißes Papier gestreut und mit einer guten Handlupe oder unter dem Mikroskop (etwa 40-fache Vergrößerung) beurteilt. In den Porträts sind meist nur die grünen Sporen erwähnt; fehlt ein Hinweis, ist die Farbe braun bis gelb.

Spreuschuppen, Haare und Drüsen

Weiße, keulenförmige Haare und hellbraune, schmallanzettliche Spreuschuppen bei einem jungen Blatt des Wald-Frauenfarns *(Athyrium filix-femina)*.

Die Blätter können kahl sein oder locker bis dicht mit Spreuschuppen und/oder Drüsen besetzt. Oft weisen junge Blätter Drüsen und/oder Spreuschuppen auf, die sie im Lauf der Vegetationszeit verlieren; dieser Vorgang wird mit dem Wort «verkahlend» beschrieben.

Sehr schmale Spreuschuppen werden in den Porträts als Haare oder haarförmige Spreuschuppen bezeichnet. Drüsen sind kleine, kugelige, meist weiße oder gelbliche Strukturen, die in der Regel mit einer Handlupe, aber nicht von bloßem Auge zu erkennen sind. Sie können gestielt sein (Drüsenhaare) oder direkt auf der Blattspreite, der Spindel oder dem Blattstiel sitzen (Sitzdrüsen).

Die Blattspreiten des Buchenfarns *(Phegopteris connectilis)* werden im Herbst oft weiß, bevor sie absterben.

Zusätzliche Merkmale

Manchmal helfen «Soft»-Merkmale bei der Farnbestimmung weiter, wie beispielsweise die Beobachtung, dass die Blätter des Adlerfarns *(Pteridium aquilinum)* und des Bergfarns *(Oreopteris limbosperma)* im Herbst als Erste ihre Farbe verlieren und beige oder fast weiß werden. Je nach Witterung sind die Blätter des Wald-Frauenfarns *(Athyrium filix-femina)* im Herbst ebenfalls zuerst gelblich bis weiß; tritt früh im Herbst ein erster, starker Frost auf, werden sie allerdings direkt braun. Fast weiß werden auch die Blätter des Buchenfarns *(Phegopteris connectilis)* und des Eichenfarns *(Gymnocarpium dryopteris)*. Andere Arten, wie beispielsweise die sommergrünen Wurmfarne *(Dryopteris)*, werden im Herbst meist direkt braun.

Zu den «Soft»-Merkmalen zählt auch die Beobachtung, dass die jungen Blätter der Schildfarne *(Polystichum)* und Sichelfarne *(Cyrtomium)* im Frühling kurz vor dem vollständigen Entrollen nach außen gebogen sind, was ihnen zu diesem Zeitpunkt einen welken, schlaffen Eindruck verleiht. Erst wenn die Blätter endgültig entrollt sind, liegt die gesamte Blattspreite in einer Ebene.

Bei den Schildfarnen *(Polystichum)* sind im Frühling die jungen Blätter kurz vor dem vollständigen Entrollen nach außen gebogen: Lanzenfarn (*P. lonchitis*, oben) (ms) und Gelappter Schildfarn (*P. aculeatum*, oben rechts).

Dasselbe Merkmal lässt sich auch an den Sichelfarnen (hier *Cyrtomium* sp., rechts) beobachten.

Hybriden erkennen

Insbesondere bei den Wurmfarnen *(Dryopteris)*, Schildfarnen *(Polystichum)* und Streifenfarnen *(Asplenium)* treten regelmäßig Hybriden auf. Unabhängig davon, ob sie erfolgreich bestimmt werden oder nicht: Sie sind grundsätzlich eine spannende Angelegenheit, auch weil sie immer wieder zur Entstehung von neuen Sippen führen. So ist beispielsweise der häufige Gelappte Schildfarn *(Polystichum aculeatum)* eine sogenannt hybridogene Art, weil er aus der Kreuzung zwischen dem Lanzenfarn *(P. lonchitis)* und dem Borstigen Schildfarn *(P. setiferum)* mit nachfolgender Verdoppelung des Chromosomensatzes entstand.

Für den sicheren Nachweis von Hybriden sind reifende Sporangien und ein Mikroskop gefragt: Bei Hybriden ist mindestens die Hälfte der Sporen abortiert. Diese sind unregelmäßig geformt und erinnern an Brotkrümel (für detaillierte Informationen zu den Sporen von Tüpfelfarn-Hybriden siehe Seite 282).

Fertile Sporen des Echten Wurmfarns *(Dryopteris filix-mas)*. (hh)

Abortierte Sporen von *Dryopteris* × *ambroseae (D. dilatata* × *expansa)*. (hh)

Anleitung für den Sporen-Check

- Eine oder mehrere Fiedern mit den reifenden, am besten sich gerade öffnenden Sporangien nach unten in ein gefaltetes, vorzugsweise weißes Papier einschlagen und ein bis zwei Tage warten; die Sporen rieseln danach als gelbliches, grünes, braunes oder fast schwarzes «Pulver» heraus.
- Durch sehr vorsichtiges Klopfen die Sporen und Sporangien (und je nach Art auch ein paar Spreuschuppen) zusammenschütteln und auf den Objektträger rieseln lassen. Da die leeren, größeren Sporangien meist vor den winzigen Sporen vom Papier fallen, lassen sich die beiden Fraktionen einfach trennen.
- Unter dem Mikroskop (100-fache Vergrößerung reicht meistens) die Form und gegebenenfalls die Farbe der Sporen kontrollieren.
- Die Sporen im gefalteten Papier mit den (gepressten) Fiedern aufbewahren oder in eine kleine Papiertüte füllen (nicht in Plastiksäckchen); beschriften.

Doppelgänger erkennen

Verschiedene nicht näher mit Farnen verwandte Arten haben gefiederte Blätter und können deshalb auf den ersten Blick mit ihnen verwechselt werden – jedenfalls solange keine Blüten oder Früchte vorhanden sind. Dazu zählen vor allem Doldenblütler (Apiaceae), aber auch zahlreiche Läusekräuter *(Pedicularis)* oder der Stinkende Storchschnabel *(Geranium robertianum)*. Diese Doppelgänger gehören zu den Samenpflanzen und bilden deshalb nie Sporen. Besitzt die fragliche Pflanze Sporangien, muss es sich also um einen Farn handeln. Auch eine sterile Pflanze ohne Sporangien kann mit ein paar Tricks und etwas Übung recht schnell als Farn angesprochen werden: Die mitteleuropäischen Farne wachsen rasig oder in Rosetten und bilden keine aufrechten, beblätterten Sprosse, ihre jungen Blätter sind spiralig eingerollt. Die meisten Farne haben zumindest auf dem Blattstiel, viele auch auf der Blattspindel Spreuschuppen; bei den Doppelgängern ist dies nicht der Fall, sie sind kahl oder behaart.

Die gefiederten Blätter verschiedener Doldenblütler sehen nicht nur einem «typischen» Farn, sondern auch dem sterilen Blattabschnitt einiger Mondrauten *(Botrychium)* ähnlich. Die Fiedern und Fiederchen der Doldenblütler sind jedoch gegenständig, während bei den meisten Farnen und Mondrauten zumindest die mittleren und oberen Fiedern oft wechselständig oder schief gegenständig angeordnet sind. Nur wenige Farne, wie der Königsfarn *(Osmunda regalis)* und der Adlerfarn *(Pteridium aquilinum)*, besitzen praktisch gegenständige Fiedern. Falls die Fiederung keinen Schluss zulässt, lohnt sich ein Blick auf den Blattstiel: Dieser ist bei den Doldenblütlern am Grund auffällig scheidenartig erweitert; bei den Mondrauten ist er rund, bei den Farnen höchstens abgeflacht und leicht erweitert.

Der Dornige Moosfarn *(Selaginella selaginoides)*, der Moorbärlapp *(Lycopodiella inundata)* und der Wald-Bärlapp *(Spinulum annotinum)* können mit Moosen verwechselt werden. Moose bilden aber keine Sporangien, sondern mehr oder weniger lang gestielte Kapseln, in denen die Sporen reifen.

Schutz

Leider hat das im 19. Jahrhundert in Großbritannien ausgebrochene Farnfieber bis heute offensichtlich noch kein Ende gefunden. So berichtet Bennert (1999) zum stark gefährdeten Südlichen Wimperfarn *(Woodsia ilvensis)* am Beilstein, Kreis Fulda: «Von den dort im Jahre 1994 vorhandenen 58 Stöcken waren bei einer Kontrolle im September 1996 26 Pflanzen vollständig ausgegraben worden; der Bestand umfasst also jetzt nur noch 32 Stöcke.» Damit wurden in zwei Jahren 45 Prozent der Population vernichtet – und das bei einer nach dem deutschen Bundesnaturschutzgesetz besonders geschützten Art. Auch von anderen geschützten und äußerst seltenen Arten wie der Vielspaltigen Mondraute *(Botrychium multifidum)*, der Einfachen Mondraute *(B. simplex)* oder Billots Streifenfarn *(Asplenium billotii)* sind Ausgrabungen durch teils «einschlägig bekannte» Sammler beschrieben (Bennert 1999, Horn & Stoor 1995). Populationen wurden dadurch stark dezimiert und teilweise sogar ausgerottet. Diese traurige Liste ließe sich noch lange fortführen.

Wir erachten es als selbstverständlich, dass das Fotografieren oder einfach das Bewundern der Pflanzen, auch von häufigen und nicht geschützten Arten, genügt. Ausgraben oder Beschädigen ist bei geschützten Arten oder Arten der Roten Liste strikt untersagt.

Wie vermehren sich Farnpflanzen?

Generationswechsel

In den Sporangien reifen winzige Sporen heran, die nur die Hälfte des Chromosomensatzes des Sporophyten (wörtlich übersetzt «Sporen-Pflanze») besitzen. Fällt eine Farnspore mit sehr viel Glück an einen feuchten, schattigen Standort, kann sie auskeimen. Nun wächst aus der Spore nicht direkt eine neue, große Pflanze, sondern es bildet sich zuerst ein nur wenige Quadratmillimeter großes Prothallium, das auf den ersten Blick an ein Lebermoos oder an Algen erinnert. Auf seiner Unterseite entstehen männliche (Antheridien) und weibliche (Archegonien) Strukturen; das Prothallium wird deshalb Gametophyt (wörtlich übersetzt «Geschlechtszellen-Pflanze») genannt. Die in den Antheridien gebildeten Spermatozoiden sind begeißelt und schwimmen in einem dünnen Wasserfilm zu den Eizellen in den Archegonien, um diese zu befruchten. Nach der Befruchtung wächst aus dem Prothallium ein kleines Farnpflänzchen.

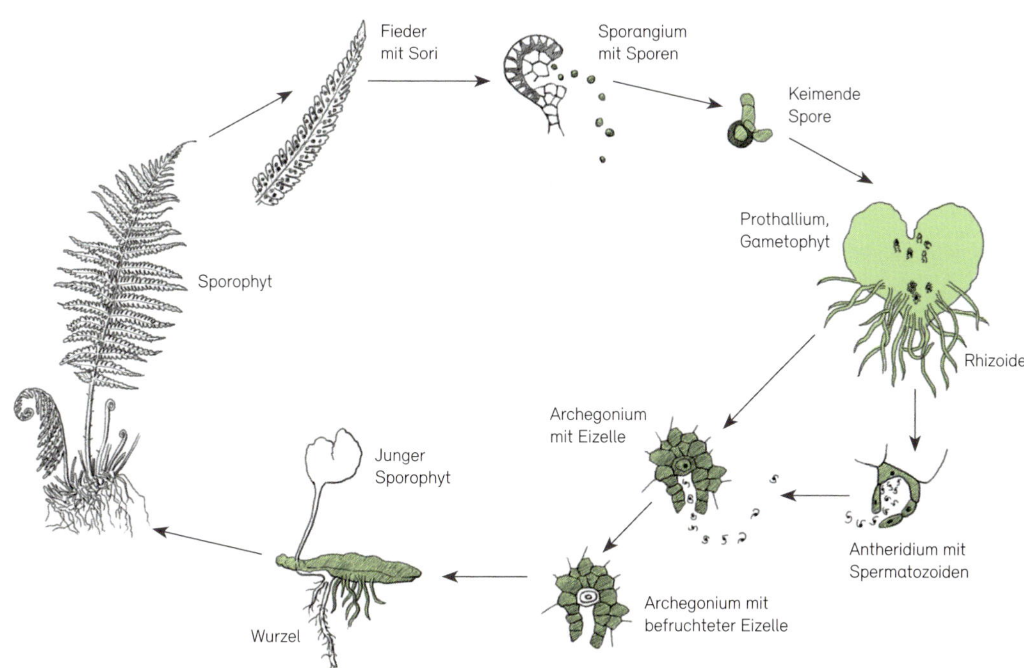

Der Generationswechsel der Farne: Im Unterschied zum Sporophyten (weiß, 2n) besitzen die Spore und der daraus entstehende Gametophyt die Hälfte der Chromosomen (grün, n), (verändert nach Spichiger et al. 2016).

Natürlich halten sich nicht alle Farne an diese Anleitung. So findet beispielsweise bei verschiedenen Arten in den Sporangien keine Halbierung des Chromosomensatzes statt und die Sporophyten, Sporen und Prothallien besitzen alle die gleiche Chromosomenzahl. In diesen Fällen entsteht direkt aus dem Prothallium aus vegetativen Zellen ein neuer Sporophyt. Diese Form der Vermehrung wird Apomixis genannt und findet sich unter anderem beim Schuppigen Wurmfarn (*Dryopteris affinis* aggr.), beim Entferntfiedrigen Wurmfarn *(D. remota)*, beim Kretischen Saumfarn *(Pteris cretica)* und beim Buchenfarn *(Phegopteris connectilis)*.

Bei den Gattungen Bärlapp *(Lycopodium, Spinulum)*, Tannenbärlapp *(Huperzia)*, Flachbärlapp *(Diphasiastrum)* und Mondraute *(Botrychium)* keimen die Sporen nicht auf der Erdoberfläche aus, sondern erst, wenn sie sich in der Erde befinden. Hier können die jungen Prothallien ohne Licht keine Fotosynthese betreiben und sind auf Hilfe angewiesen. Diese erhalten sie von Mykorrhizapilzen, welche die chlorophylllosen Prothallien mit den für das Wachstum notwendigen Stoffen versorgen.

Wie weit fliegen Farnsporen?

Die staubfeinen Farnsporen werden vom Wind über weite Strecken getragen und können so in großer Entfernung von ihrem ursprünglichen Standort neue Populationen gründen. Sie können auch Höhen von mehreren tausend Metern erreichen und überstehen sehr tiefe Temperaturen und starke UV-Strahlung; sogar im Jetstream wurden Farnsporen gefunden (Moran 2008).

Ein berühmtes Beispiel für die Ausbreitung von Farnsporen über weite Distanzen ist die Wiederbesiedlung des zwischen Java und Sumatra gelegenen Vulkans Krakatau, bei dessen Ausbruch die vorhandene Vegetation vollständig vernichtet wurde. Nur drei Jahre später hatten bereits elf Farnarten die Überreste des Vulkankegels wieder besiedelt, darunter der Adlerfarn *(Pteridium aquilinum)* und der Gebänderte Saumfarn *(Pteris vittata)* (Moran 2008).

Wie alt werden Farnpflanzen?

Alle Farnpflanzen Mitteleuropas sind mehrjährig, mit Ausnahme des Gewöhnlichen Schwimmfarns *(Salvinia natans)* und des Großen Algenfarns *(Azolla filiculoides)* – bei Letzterem sind allerdings Sprossspitzen fähig, den Winter zu überdauern. Einzelne Farnindividuen können ein beeindruckendes Alter erreichen, wobei es dazu keine genauen Angaben, sondern nur grobe Schätzungen gibt: So können sich Schachtelhalme *(Equisetum)* über unterirdische Ausläufer sehr gut ausbreiten und deshalb an einem Standort theoretisch sehr lange existieren; Lubienski (2011) stellt Angaben zu Hybridklonen zusammen, deren geschätztes Alter im Bereich von mehreren hundert bis tausend Jahren liegt. Und Page (1997) erwähnt natürliche Vorkommen des Königsfarns *(Osmunda regalis)*, die mehrere hundert Jahre alt sind.

Prothallien selbst ziehen

Prothallien vieler Farnarten können nach unserer Erfahrung unkompliziert zu Hause gezogen werden. Dazu braucht es neben reifen Sporen Aussaaterde, Gefäße (beispielsweise kleine Einmachgläser oder andere durchsichtige Behälter), Leitungswasser, einen hellen, nicht direkt von der Sonne beschienenen Platz und etwas Geduld:

- Gefäß mit Aussaaterde füllen (bis auf 2–4 cm unterhalb des Randes, damit sich später die winzigen Prothallien gut mit der Lupe betrachten lassen); Erde gut durchfeuchten, überschüssiges Wasser abgießen.
- Reife Sori mit einem Messer direkt von der Spreite kratzen oder Sporen während ein bis zwei Tagen auf sauberes Papier ausfallen lassen. Sporen auf die nasse Erde rieseln lassen, Deckel nicht ganz luftdicht schließen.
- Einmal wöchentlich kontrollieren, bei Bedarf mit einer kleinen Sprühflasche befeuchten (es soll immer feucht, aber nicht nass sein).
- Je nach Art zeigen sich die ersten Prothallien bereits nach ein paar Wochen oder erst nach einigen Monaten, zuerst als ein grünlicher Schimmer.
- Sobald sich kleine Sporophyten gebildet haben, die Pflanzen vorsichtig in andere Gefäße pikieren.

Bei Arten, die nur auf saurem Substrat wachsen (beispielsweise der kalkmeidende Braunstielige Streifenfarn *Asplenium trichomanes* subsp. *trichomanes* oder der Braungrünstielige Streifenfarn *A. adulterinum*), muss anstelle von Leitungswasser unbedingt Regenwasser verwendet werden. Sporen von subalpin bis alpin verbreiteten Arten, wie beispielsweise des Gebirgs-Frauenfarns *(Pseudathyrium alpestre)*, können meist unkompliziert zum Keimen gebracht werden. Die weitere Aufzucht gestaltet sich aber oft sehr schwierig: Viele Pflanzen gehen wieder ein, nachdem sie die ersten Blättchen gebildet haben.

Prothallien des Lanzenfarns *(Polystichum lonchitis)* mit jungen Sporophyten.

Grenzen der Feldbotanik

Nah miteinander verwandte und morphologisch nur schwer oder kaum unterscheidbare Arten werden pragmatisch zu Artengruppen (Aggregaten) zusammengefasst. Bei diesen Gruppen, aber auch bei untypisch ausgebildeten Pflanzen oder bei Hybriden, ist es im Feld nicht immer möglich, eine Art sicher zu benennen. Dann bleiben nur weiterführende Analysen mit dem Mikroskop (unter anderem um abortierte von fertilen Sporen unterscheiden zu können) oder im Labor (beispielsweise für die Bestimmung des Ploidiegrades) oder das Kultivieren der Pflanzen unter standardisierten Bedingungen. Beim Verfassen einer Artenliste ist ein ehrliches «cf.» (lateinisch für «vergleiche») vor dem vermuteten Art- oder Gattungsnamen angebracht.

Quellen

Verbreitungsangaben, Artenzahlen

Die Angaben zur weltweiten Verbreitung der Arten und Familien beziehen sich auf deren natürliche Verbreitung (plantsoftheworldonline.org). In Einzelfällen wurden Informationen aus «Flora of North America», «Flora of China» (beide auf eFloras.org), «Flora von Russland» (plantarium.ru) sowie aktuelle Forschungsergebnisse beigezogen. Die Verbreitung in Deutschland, Österreich und der Schweiz wird nur kurz beschrieben, die Verbreitungskarten respektive für Österreich die Angaben zu den Ländern decken diese Informationen ab. Die Häufigkeitsangaben sind subjektive, auf unseren Erfahrungen beruhende Einschätzungen und geben einen Anhaltspunkt zur Häufigkeit der jeweiligen Art innerhalb ihres Verbreitungsgebiets in Mitteleuropa. Die Angaben zu den europäischen endemischen Arten *(Asplenium fissum, Asplenium fontanum, Pilularia globulifera, Woodsia pulchella)* stammen von der europäischen Roten Liste (García Criado et al. 2017).

Die Höhenverbreitung der Arten wird mithilfe der Vegetationsstufen angegeben. Da die Grenzen der Vegetationsstufen je nach Region unterschiedlich hoch liegen, ist dies aussagekräftiger als eine absolute Höhenangabe (Aeschimann et al. 2014). In Anlehnung an Hess et al. (1976) werden die folgenden Stufen unterschieden: planar (Tiefebene), kollin (Hügelstufe), montan (Bergstufe), subalpin (Gebirgsstufe) und alpin (Hochgebirgsstufe).

Die Definition und Anordnung der Familien und die Angaben zu den Artenzahlen stützen sich auf die «Pteridophyte Phylogeny Group, PPG I» (2016).

Verbreitungskarten

In den Verbreitungskarten bezeichnen die grauen Punkte Flächen mit Fundmeldungen vor 1980, die grünen Punkte solche ab 1980.

Die Daten für die Verbreitungskarten der Schweiz stammen von Info Flora (© Info Flora, Datenstand am 15. September 2020); es wurden nur validierte Meldungen berücksichtigt.

Die Verbreitungskarten von Deutschland basieren auf den Daten von FloraWeb.de; Datenbank FlorKart (BfN) aus Deutschlandflora 1.0 (NetPhyD), Datenstand 2013 / Verbreitungsatlas. Die floristischen Status «einheimisch», «eingebürgerter Neophyt», «synanthrop/unbeständig» und «kultiviert/angesalbt/wiedereingebürgert» sind zusammengefasst; «Angabe zweifelhaft» und «veröffentlichte Falschangabe» sind nicht berücksichtigt.

Die Angaben zur Verbreitung in Österreich basieren hauptsächlich auf Fischer et al. (2008) und wurden bei wenigen Arten mit Daten aus neueren Publikationen ergänzt. Reihenfolge der Bundesländer: von Ost nach West (B, W, N, O, St, K, S, T, V).

Sporenreife

Die Angaben zum Zeitpunkt der Sporenreife stützen sich auf Lauber et al. (2018) und wurden teilweise mit Informationen aus Jäger et al. (2013) ergänzt. Bei sehr seltenen Arten wurde aus Platzgründen auf diese Angabe verzichtet.

Gefährdung und Schutz

Die Angaben zur Gefährdung stammen für die Schweiz aus Bornand et al. (2016), für Deutschland aus Metzing et al. (2018) und für Österreich aus Niklfeld & Schratt-Ehrendorfer (1999).

Die Angaben zum nationalen (DE/CH) respektive kantonalen/regionalen (CH/AT) Schutz wurden folgenden Websites entnommen (Datenstand jeweils am 1. Oktober 2020):

- Schweiz: infoflora.ch
- Deutschland: Bundesamt für Naturschutz, wisia.de; Schutzangaben nach BArtSchV respektive BNatSchG
- Österreich: Landesrecht (Artenschutzverordnungen, Naturschutzverordnungen), ris.bka.gv.at

Chromosomenzahl

Die Angaben zur Chromosomenzahl beziehen sich auf die Populationen in Europa und stammen vor allem aus Lauber et al. (2018); in einigen Fällen wurden sie mit Angaben von Jeßen (2019) ergänzt.

Pflanzennamen

Die deutschen, französischen und italienischen Pflanzennamen wurden aus Lauber et al. (2018) übernommen; die deutschen wurden in Einzelfällen mit Namen aus Jäger et al. (2013) oder Fischer et al. (2008) ergänzt, die französischen mit Angaben des «Inventaire National du Patrimoine Naturel» (inpn.mnhn.fr) und die italienischen gemäß dem «Portale della Flora d'Italia» (dryades.units.it/floritaly).

Die wissenschaftlichen Pflanzennamen stammen aus Juillerat et al. (2017); in einzelnen Fällen wurden auf neuen Publikationen basierende Namen verwendet. Die Betonungszeichen (´) erleichtern die korrekte Aussprache, sind jedoch nicht Bestandteil der Namen.

Bestimmungsschlüssel

Beim vorliegenden Schlüssel steht das pragmatische Bestimmen im Vordergrund, unabhängig von der Systematik. Abgesehen von wenigen Ausnahmen können mit dem Schlüssel die Arten (sehr selten die Artengruppen), nicht aber die Gattungen, Familien und Hybriden bestimmt werden.

Die Angaben zum Rand (umgerollt oder flach; Zähnung) beziehen sich immer auf die Fiedern respektive Abschnitte letzter Ordnung. Bei «Sprüngen» über mindestens zwei Schlüsselpunkte ist nach der Schlüsselpunktnummer in Klammern die Herkunftsnummer angegeben, damit der Schlüssel möglichst unkompliziert auch «rückwärts» durchlaufen werden kann.

Der Bestimmungsschlüssel beruht vor allem auf eigenen Beobachtungen und Erfahrungen im Feld. Zusätzlich sind Ideen aus verschiedenen Schlüsseln eingeflossen, namentlich von Eggenberg et al. (2018), Fischer et al. (2008), Hegi (1984), Hess et al. (1976), Horn (2006), Jäger et al. (2017), Lambinon & Verloove (2015), Lubienski (2011), Prelli (2001) und Tutin et al. (1993).

Spezialfälle

1 Blattspreite ungeteilt, ganzrandig oder leicht gewellt, am Grund herzförmig; Blätter 20–50(–70) cm lang **Hirschzunge · *Asplenium scolopendrium* Seite 186**

— Nicht alle Merkmale zutreffend 2

2 Blattspreite erinnert an ein vierblättriges Kleeblatt; Pflanzen 5–15(–20) cm hoch (Landblätter) oder Fiedern auf Wasseroberfläche schwimmend (Schwimmblätter) **Vierblättriger Kleefarn · *Marsilea quadrifolia* Seite 146**

— Nicht alle Merkmale zutreffend 3

3 Blätter binsenartig, 3–10 cm lang, 1 mm dick, junge Blätter spiralig eingerollt; untergetaucht oder auf trockengefallenen Böden wachsend **Pillenfarn · *Pilularia globulifera* Seite 150**

— Nicht alle Merkmale zutreffend 4

4 Blattspreite 3-spaltig bis 3-teilig, auf beiden Seiten mit weißlichen Drüsenhaaren; Dolomitfelsen, extrem selten **Dolomiten-Streifenfarn · *Asplenium seelosii* Seite 212**

— Nicht alle Merkmale zutreffend 5

5 Blätter 5–15 cm lang, kahl; Blattspreite unregelmäßig gabelig in 2 bis 5 Abschnitte geteilt, diese 1–2 cm lang und 1–2 mm breit; in dichten Rosetten wachsend, etwas grasartig aussehend **Nordischer Streifenfarn · *Asplenium septentrionale* Seite 206**

— Nicht alle Merkmale zutreffend 6

6 Blätter 2–8(–10) cm lang; Blattspreite 1-fach gefiedert, hängend, sehr dünn (nur eine Zellschicht dick), mit schwarzvioletten Blattnerven; eine Kleinstkolonie in Rheinland-Pfalz **Englischer Hautfarn · *Hymenophyllum tunbrigense* Seite 128**

— Nicht alle Merkmale zutreffend 7

7 Nur auf saurem Gestein in geschützten Felsnischen und -spalten; in Mitteleuropa fast nur als Gametophyt bekannt, der intensiv grüne, watteartige, raue, ausdauernde, rund 5 mm hohe Polster bildet; sehr selten in DE; sichere Ansprache nur mit mikroskopischen Merkmalen **Prächtiger Dünnfarn · *Trichomanes speciosum* Seite 124**

— Nicht alle Merkmale zutreffend 8

Hauptschlüssel

8 Sprosse frei auf der Wasseroberfläche schwimmend 18

— Merkmal nicht zutreffend 9

9 Sprosse aus ineinandergeschachtelten, hohlen Gliedern aufgebaut, mit stängelumfassenden Blattscheiden, unverzweigt oder mit Seitenästen; fertile Sprosse mit kompakter Sporangienähre abschließend **Schachtelhalme · *Equisetum*** 20

— Nicht alle Merkmale zutreffend 10

10 Pflanzen 2–20(–45) cm hoch, jährlich meist nur ein Blatt bildend; Blattspreite ungeteilt bis 3-fach gefiedert; Sporangienstand ähren- oder rispenartig, am Grund der Blattspreite oder des Blattstiels entspringend **Natternzungengewächse · Ophioglossaceae** 46

— Nicht alle Merkmale zutreffend 11

11 Pflanzen vollständig untergetaucht, von der seichten Uferzone bis auf den Grund von stehenden, 2–5(–8) m tiefen Gewässern; Blätter in Rosetten, (2–)5–20(–40) cm lang und bis zu 3 mm dick, von 4 quergefächerten Luftkammern durchzogen, am Grund stark verbreitert; oft verraten erst am Ufer angeschwemmte Blätter oder Rosetten die Anwesenheit der Pflanzen **Brachsenkräuter · *Isoëtes*** 53

— Nicht alle Merkmale zutreffend 12

12 Pflanzen 3–15(–40) cm hoch; Blätter klein, schuppenartig, in 4 Reihen angeordnet, anliegend oder nur leicht abstehend; Sprosse sattgrün bis graugrün, lockere bis dichte Büschel bildend; Ausläufer ober- oder unterirdisch **Flachbärlappe · *Diphasiastrum*** 54

— Nicht alle Merkmale zutreffend 13

13 Pflanzen 2–8 cm hoch; Blätter klein, eiförmig, gegenständig, Ventralblätter größer, Dorsalblätter kleiner; Sprosse grün, vor allem im Herbst oft rötlich, abgeflacht, sterile Sprosse kriechend oder wenig aufsteigend, fertile Sprosse aufrecht **Schweizer Moosfarn · *Selaginella helvetica* und neophytische Moosfarne** 59

— Nicht alle Merkmale zutreffend 14

14 Pflanzen 5–15(–30) cm hoch; Blätter lanzettlich, spitz, dicht spiralig angeordnet 62

— Nicht alle Merkmale zutreffend 15

15 Blattspreite fiederschnittig 66
— Blattspreite 1- bis 3-fach gefiedert 16

16 Blattspreite 1-fach gefiedert; Fiedern ganzrandig, gezähnt, gesägt oder gebuchtet 71
— Nicht alle Merkmale zutreffend 17

17 Blattspreite 1-fach gefiedert; Fiedern fiederschnittig (beim Kamm-Wurmfarn *Dryopteris cristata* unterstes Fiederpaar nur am Grund selten 2-fach gefiedert) 81
— Blattspreite 2- bis 4-fach gefiedert 92

Frei schwimmende Wasserfarne

18 (8) Sprosse 1–5(–10) cm lang, gabelig verzweigt; Blätter wechselständig, dachziegelartig angeordnet, Oberseite mit weißen Papillen **Großer Algenfarn · *Azolla filiculoides* Seite 140**
— Sprosse 5–10 cm lang, wenig verzweigt; Schwimmblätter gegenständig, Blattoberseite mit Sternhaaren 19

19 Sternhaare frei, an den Spitzen nicht miteinander verwachsen
Gewöhnlicher Schwimmfarn · *Salvinia natans* Seite 134
— Sternhaare an den Spitzen miteinander verwachsen («Schneebesen-Haare»)
Lästiger Schwimmfarn · *Salvinia molesta* Seite 135

Schachtelhalme · *Equisetum*

20 (9) Fertile Sprosse hellbraun bis weißlich, ohne Chlorophyll oder erst später ergrünend, im Frühling vor oder zusammen mit den sterilen Sprossen erscheinend; Sporenreife März bis April 21
— Fertile Sprosse grün, Sporenreife Mai bis August; oder nur sterile Sprosse für die Bestimmung vorhanden 24

21 Fertile Sprosse vor den sterilen erscheinend, nicht ergrünend, nach der Sporenreife absterbend (falls im Frühling für kurze Zeit fertile und sterile Sprosse gleichzeitig vorhanden: fertile Sprosse nie grün) 22
— Fertile Sprosse gleichzeitig mit oder nur kurz vor den sterilen Sprossen erscheinend, nach der Sporenreife ergrünend und Seitenäste bildend (falls im Frühling fertile und sterile Sprosse gleichzeitig vorhanden: fertile Sprosse bereits ergrünend) 23

22 Fertile Sprosse kräftig (8–15 mm dick), Blattscheiden mit 20 bis 35 dunkelbraunen Zähnen, Sporangienähre (3–)4–6(–9) cm lang
Riesen-Schachtelhalm · *Equisetum telmateia* Seite 104
— Fertile Sprosse weniger kräftig (4–7 mm dick), Blattscheiden mit weniger als 15 dunkelbraunen Zähnen, Sporangienähre 1–3 cm lang
Acker-Schachtelhalm · *Equisetum arvense* Seite 94

23 (21) Zähne der Blattscheide zu 2 bis 6 braunen Lappen verwachsen, fertile Sprosse nach der Sporenreife verzweigte Seitenäste bildend
Wald-Schachtelhalm · *Equisetum sylvaticum* Seite 102

— Blattscheide mit 10 bis 20 hellbraunen bis weißlichen, freien, nicht zu Lappen verwachsenen Zähnen; fertile Sprosse nach der Sporenreife (meist) unverzweigte Seitenäste bildend **Wiesen-Schachtelhalm · *Equisetum pratense* Seite 100**

24 (20) Sprossinternodien weißlich, Blattscheiden mit (15 bis) 20 bis 40 braunen, sehr schmalen Zähnen **Riesen-Schachtelhalm · *Equisetum telmateia* Seite 104**

— Sprossinternodien grün (vor allem junge Sprosse sehr selten leicht orange, gelblich oder rosa) 25

25 Für die Bestimmung stehen fertile Sprosse zur Verfügung 26

— Für die Bestimmung stehen nur sterile Sprosse zur Verfügung 36

26 Sporangienähre stumpf; sterile Sprosse glatt oder leicht rau, meist verzweigt, sommergrün; Untergattung *Equisetum* 27

— Sporangienähre mit aufgesetztem Spitzchen; sterile Sprosse meist sehr rau, meist unverzweigt, überwinternd (Ausnahme: Ästiger Schachtelhalm *E. ramosissimum* in Mitteleuropa sommergrün); Untergattung *Hippochaete* 32

27 Zähne der Blattscheide zu 2 bis 6 braunen Lappen verwachsen; Seitenäste verzweigt; Sprossinternodien der sterilen Sprosse mit hohen Silikathöckern, fertile ergrünte Sprosse mit kürzeren Silikathöckern (Lupe) **Wald-Schachtelhalm · *Equisetum sylvaticum* Seite 102**

— Zähne der Blattscheide frei, Seitenäste unverzweigt oder verzweigt, Sprossinternodien ohne hohe Silikathöcker (Ausnahme: sterile Sprosse des Wiesen-Schachtelhalms *E. pratense* mit hohen, fertile mit kurzen Silikathöckern) 28

28 Zentralhöhle $\frac{4}{5}$ bis $\frac{7}{8}$ des Sprossdurchmessers («Trinkhalm-Test»: mit zwei Fingern zusammengedrückte Sprossinternodien geben schnell nach und kollabieren), Sprossinternodien glatt; Verlandungspionier **Schlamm-Schachtelhalm · *Equisetum fluviatile* Seite 98**

— Zentralhöhle höchstens $\frac{3}{4}$ des Sprossdurchmessers (mit zwei Fingern zusammengedrückte Sprossinternodien geben nicht oder nur leicht nach), Sprossinternodien mehr oder weniger rau 29

29 Sprossinternodien der sterilen Sprosse mit hohen Silikathöckern, fertile Sprosse mit kurzen Silikathöckern; Seitenäste meist 3-kantig (mehrere Seitenäste untersuchen) **Wiesen-Schachtelhalm · *Equisetum pratense* Seite 100**

— Sprossinternodien ohne hohe Silikathöcker; Seitenäste meist 4- oder 5-kantig, sehr selten 3-kantig 30

30 Unterstes Seitenastinternodium am ganzen Spross kürzer als die dazugehörende Blattscheide **Sumpf-Schachtelhalm · *Equisetum palustre* Seite 96**

— Unterstes Seitenastinternodium am ganzen Spross länger als die dazugehörende Blattscheide oder nur im unteren Sprossabschnitt ungefähr so lang oder kürzer als die dazugehörende Blattscheide 31

31 Aufgebrochenes Sprossinternodium mit weißem Gewebestrang («Hühnerdarm»); Zentralhöhle höchstens ⅓ des Sprossdurchmessers (zusammengedrückte Sprossinternodien geben nicht nach); unterstes Seitenastinternodium am ganzen Spross länger als die dazugehörende Blattscheide (selten im unteren Sprossabschnitt so lang wie die Blattscheide)
Acker-Schachtelhalm · *Equisetum arvense* Seite 94

— Aufgebrochenes Sprossinternodium ohne weißen Gewebestrang («Hühnerdarm»); Zentralhöhle ½ bis ¾ des Sprossdurchmessers (mit zwei Fingern zusammengedrückte Sprossinternodien geben leicht nach, kollabieren aber nicht); unterstes Seitenastinternodium im unteren Sprossabschnitt ungefähr so lang wie die dazugehörende Blattscheide oder kürzer, im oberen Sprossabschnitt deutlich länger
Ufer-Schachtelhalm · *Equisetum* × *litorale* Seite 109

32 (26) Sprosse unverzweigt; Zähne der Blattscheiden mit schmalem, dunklem Zentrum, breitem, weißem Rand und einer aufgesetzten, sehr schmalen, meist abspreizenden, früh abbrechenden Grannenspitze **Bunter Schachtelhalm · *Equisetum variegatum* Seite 92**

— Sprosse unverzweigt oder verzweigt, Zähne anders oder fehlend 33

33 Sprosse nicht überwinternd, meist verzweigt; Blattscheiden graugrün, nach oben schmal trichterförmig erweitert, deutlich länger als breit (Länge hier ohne Zähne messen)
Ästiger Schachtelhalm · *Equisetum ramosissimum* Seite 90

— Sprosse überwinternd, meist unverzweigt; Blattscheiden weiß bis grau, hellbraun oder durchgehend schwarz, so lang wie breit oder deutlich länger als breit (Länge hier ohne Zähne messen) 34

34 Zähne der Blattscheiden sehr früh abfallend, manchmal an der Sprossspitze zu einer «Pagodenspitze» zusammengeschoben; Blattscheiden weiß bis grau
Winter-Schachtelhalm · *Equisetum hyemale* Seite 88

— Blattscheiden vor allem im oberen Sprossabschnitt mit länger bleibenden Zähnen; Zähne selten zu «Pagodenspitzen» zusammengeschoben (Moores Schachtelhalm *E.* × *moorei*); Blattscheiden weiß bis grau oder schwarz 35

35 Blattscheiden oft schwarz; Zähne lang zugespitzt, schwarz mit schmalem, weißem Rand, meist vollständig bleibend, auf der Außenseite mit zur Spitze gerichteten Stacheln (Lupe); Längsrippen der Sprossinternodien mit zwei Reihen deutlich getrennter Silikathöcker (Lupe)
Rauzähniger Schachtelhalm · *Equisetum* × *trachyodon* Seite 108

— Blattscheiden hellgrün bis hellbraun; Zähne schwarz mit schmalem, weißem Rand, auf dem Rücken glatt (Lupe); Silikathöcker auf den Rippen der Sprossinternodien waagrecht zusammenlaufend, kurze Bänder («Spangen») bildend (Lupe)
Moores Schachtelhalm · *Equisetum* × *moorei* Seite 107

36 (25) Zähne der Blattscheiden braun, nicht frei, sondern zu 2 bis 6 Lappen verwachsen; Seitenäste regelmäßig 2- bis 3-mal verzweigt, 4- bis 5-kantig
Wald-Schachtelhalm · *Equisetum sylvaticum* Seite 102

— Zähne der Blattscheiden frei, schwarz oder dunkelbraun, teilweise mit weißem Rand, oder Zähne fehlend; Seitenäste fehlend oder (meist) 1-fach verzweigt 37

37 Zähne der Blattscheiden mit schmalem, dunklem Zentrum, breitem, weißem Rand und einer aufgesetzten, sehr schmalen, meist abspreizenden, früh abbrechenden Grannenspitze; Spross unverzweigt **Bunter Schachtelhalm · *Equisetum variegatum* Seite 92**

— Zähne der Blattscheiden ohne breiten, weißen Rand oder fehlend; Sprosse verzweigt oder unverzweigt 38

38 Sprossinternodien glatt, Zentralhöhle $\frac{4}{5}$ bis $\frac{7}{8}$ des Durchmessers einnehmend («Trinkhalm-Test»: mit zwei Fingern zusammengedrückte Sprossinternodien geben schnell nach und kollabieren); Verlandungspionier **Schlamm-Schachtelhalm · *Equisetum fluviatile* Seite 98**

— Sprossinternodien leicht bis sehr rau, Zentralhöhle kleiner (Internodien kollabieren nicht) 39

39 Sprosse rau, überwinternd, unverzweigt (selten verzweigt, vor allem nach Verletzungen) 40

— Sprosse leicht rau, sommergrün, meist verzweigt 42

40 Zähne der Blattscheiden sehr früh abfallend, manchmal an der Sprossspitze zu einer «Pagodenspitze» zusammengeschoben; Blattscheiden weiß bis grau **Winter-Schachtelhalm · *Equisetum hyemale* Seite 88**

— Blattscheiden vor allem im oberen Sprossteil mit länger bleibenden Zähnen; Zähne selten zu «Pagodenspitzen» zusammengeschoben (Moores Schachtelhalm *E.* × *moorei*); Blattscheiden weiß bis grau oder schwarz 41

41 Blattscheiden oft schwarz; Zähne lang zugespitzt, schwarz mit schmalem, weißem Rand, meist vollständig bleibend, auf der Außenseite mit zur Spitze gerichteten Stacheln (Lupe); Längsrippe der Sprossinternodien mit zwei Reihen deutlich getrennter Silikathöcker (Lupe) **Rauzähniger Schachtelhalm · *Equisetum* × *trachyodon* Seite 108**

— Blattscheiden hellgrün bis hellbraun; Zähne schwarz mit schmalem, weißem Rand, auf dem Rücken glatt (Lupe); Silikathöcker auf den Rippen der Sprossinternodien waagrecht zusammenlaufend, kurze Bänder («Spangen») bildend (Lupe) **Moores Schachtelhalm · *Equisetum* × *moorei* Seite 107**

42 (39) Sprossinternodien der fertilen Sprosse mit kurzen Silikathöckern, sterile Sprosse mit hohen Silikathöckern; Seitenäste meist 3-kantig (mehrere Seitenäste untersuchen) **Wiesen-Schachtelhalm · *Equisetum pratense* Seite 100**

— Sprossinternodien ohne hohe Silikathöcker, Seitenäste (falls vorhanden) nur sehr selten 3-kantig 43

43 Zähne der Blattscheiden mit langen, aufgesetzten, meist bald abfallenden Grannenspitzen; Blattscheiden nach oben schmal trichterförmig erweitert, deutlich länger als breit (hier Länge ohne Zähne messen) **Ästiger Schachtelhalm · *Equisetum ramosissimum* Seite 90**

— Zähne der Blattscheiden bleibend, ohne aufgesetzte Grannenspitzen; Blattscheiden nicht trichterförmig erweitert, so lang wie breit oder länger als breit (hier Länge ohne Zähne messen) 44

44 Unterstes Seitenastinternodium am ganzen Spross kürzer als die dazugehörende Blattscheide **Sumpf-Schachtelhalm · *Equisetum palustre* Seite 96**

— Unterstes Seitenastinternodium am ganzen Spross länger als die dazugehörende Blattscheide oder nur im unteren Sprossabschnitt ungefähr so lang oder kürzer als die dazugehörende Blattscheide 45

45 Aufgebrochenes Sprossinternodium mit weißem Gewebestrang («Hühnerdarm»); Zentralhöhle höchstens ⅓ des Sprossdurchmessers (zusammengedrückte Sprossinternodien geben nicht nach); unterstes Seitenastinternodium am ganzen Spross länger als die dazugehörende Blattscheide (selten im unteren Sprossabschnitt so lang wie die Blattscheide) **Acker-Schachtelhalm · *Equisetum arvense* Seite 94**

— Aufgebrochenes Sprossinternodium ohne weißen Gewebestrang («Hühnerdarm»); Zentralhöhle ½ bis ¾ des Sprossdurchmessers (mit zwei Fingern zusammengedrückte Sprossinternodien geben leicht nach, kollabieren aber nicht); unterstes Seitenastinternodium im unteren Sprossabschnitt ungefähr so lang wie die dazugehörende Blattscheide oder kürzer, im oberen Sprossabschnitt deutlich länger **Ufer-Schachtelhalm · *Equisetum × litorale* Seite 109**

Natternzungengewächse · Ophioglossaceae

46 (10) Blattspreite ungeteilt, ganzrandig, eiförmig bis oval, Blattnerven netzartig; Sporangienstand ährenartig, vorn zugespitzt; Sporangien zweizeilig angeordnet, in die Achse eingesenkt (nicht frei) **Gemeine Natternzunge · *Ophioglossum vulgatum* Seite 112**

— Blattspreite fiederschnittig bis 3- (bis 4-)fach gefiedert, selten ungeteilt, dreieckig bis eilanzettlich; Blattnerven frei, verzweigt; Sporangienstand rispenartig, Sporangien frei (nur bei sehr kleinen Pflanzen ährenartig mit freien, unregelmäßig angeordneten Sporangien) **Mondrauten · *Botrychium*** 47

47 Blattspreite breitlanzettlich, sitzend, 1-fach gefiedert (oder fiederschnittig) mit fächerförmigen, ganzrandigen oder leicht gekerbten Fiedern (oder Abschnitten); vegetativer und fertiler Blattabschnitt mit langem, gemeinsamem Stiel; mit Abstand häufigste Mondrauten-Art **Artengruppe Echte Mondraute · *Botrychium lunaria* aggr. Seite 114**

— Nicht alle Merkmale zutreffend 48

48 Vegetativer und fertiler Blattabschnitt direkt am Boden getrennt, deshalb kein gemeinsamer Stiel; Blattspreite breit dreieckig, 2- bis 3-fach gefiedert; Fiederchen (Fiedern 2. Ordnung) eiförmig bis oval, stumpf; junge Blätter behaart, später verkahlend **Vielspaltige Mondraute · *Botrychium multifidum* Seite 121**

— Nicht alle Merkmale zutreffend 49

49 Vegetativer und fertiler Blattabschnitt mit langem, gemeinsamem Stiel; Blattspreite 2- bis 3-fach gefiedert, (fast) sitzend, breit dreieckig; Fiederchen (Fiedern 2. Ordnung) lanzettlich, zugespitzt; junge Blätter behaart, später verkahlend **Virginische Mondraute · *Botrychium virginianum* Seite 120**

— Nicht alle Merkmale zutreffend, Blätter immer kahl 50

50 Blattspreite ungeteilt bis fiederschnittig (selten 1-fach gefiedert), mit verkehrteiförmigen, ganzrandigen oder schwach gekerbten Abschnitten (Fiedern) 51

— Blattspreite 1-fach gefiedert (selten fiederschnittig), mit (breit-)lanzettlichen Fiedern (Abschnitten) oder mit eiförmigen bis breitlanzettlichen, regelmäßig fiederschnittigen Fiedern (Abschnitten) 52

51 Blattspreite ungeteilt, gelappt oder fiederschnittig, sitzend oder sehr kurz gestielt, am oder kurz über dem Boden vom fertilen Blattabschnitt abzweigend, deshalb ohne oder nur mit sehr kurzem gemeinsamem Stiel **Einfache Mondraute · *Botrychium simplex* Seite 116**

— Blattspreite auf jeder Seite mit (1 bis) 2 bis 4 verkehrteiförmigen Abschnitten (Fiedern); Blattspreite kurz, aber deutlich gestielt, über dem Boden vom fertilen Blattabschnitt abzweigend, deshalb mit kurzem bis längerem gemeinsamem Stiel **Dunkle Mondraute · *Botrychium tenebrosum* Seite 117**

52 (50) Blattspreite eiförmig bis dreieckig, sitzend; Fiedern (Abschnitte) breitlanzettlich bis lanzettlich **Lanzettliche Mondraute · *Botrychium lanceolatum* Seite 118**

— Blattspreite breitlanzettlich, meist kurz gestielt, selten sitzend; Fiedern (Abschnitte) regelmäßig fiederschnittig **Ästige Mondraute · *Botrychium matricariifolium* Seite 119**

Brachsenkräuter · *Isoëtes*

53 (11) Blätter dunkelgrün, sehr steif, auch außerhalb des Wassers spreizend; Megasporen dicht mit flachen, teilweise netzartig verbundenen Warzen bedeckt (Lupe/Mikroskop) **See-Brachsenkraut · *Isoëtes lacustris* Seite 70**

— Blätter hellgrün, schlaff, außerhalb des Wassers in Büscheln aneinander haftend; Megasporen dicht mit langen, dünnen, zerbrechlichen Stacheln bedeckt (Lupe/Mikroskop) **Stachelsporiges Brachsenkraut · *Isoëtes echinospora* Seite 74**

Flachbärlappe · *Diphasiastrum*

54 (12) Ventralblätter deutlich gekniet und leicht abstehend (in einen kurzen, abstehenden Stiel und einen längeren, zur Sprossspitze gebogenen spreitenähnlichen Teil gegliedert; Form einer Maurerkelle); Sprosse rundlich bis 4-kantig (Test zur Unterscheidung von abgeflachten Sprossen: zwischen den Fingern drehen); Lateralblätter stark zur Sprossunterseite gebogen; Sporangienähren einzeln, sitzend **Alpen-Flachbärlapp · *Diphasiastrum alpinum* Seite 56**

— Ventralblätter anliegend oder nur schwach abstehend; Sprosse schwach bis deutlich abgeflacht oder 3-kantig; Lateralblätter nicht oder schwach zur Sprossunterseite gebogen (Rückenkiel der Lateralblätter kann aber deutlich gebogen sein); Sporangienähren einzeln oder zu 2 bis 4 (bis 6) 55

55 Sporangienähren zu 1 oder 2 (bis 3), meist sitzend, seltener kurz (bis zu 2,5 cm) gestielt; Ausläufer oberirdisch oder sehr flach unterirdisch 56

— Sporangienähren zu 2 bis 4 (bis 6), deutlich gestielt (meist 2–12 cm); Ausläufer unterirdisch, sehr selten oberirdisch 57

56 Sprosse unterschiedlich beblättert (anisophyll); Ventralblätter am Grund am breitesten, am Grund 0,25- bis 0,3-mal so breit wie der Spross, den Ansatz des nächsten Ventralblattes nur teilweise erreichend; Dorsalblätter 0,7-mal so breit wie die Lateralblätter
Isslers Flachbärlapp · *Diphasiastrum × issleri* Seite 62

— Sprosse schwach unterschiedlich (anisophyll) bis fast gleich (isophyll) beblättert; Ventralblätter meist schwach gestielt und wenig über dem Grund am breitesten, an der breitesten Stelle 0,3-mal so breit wie der Spross, den Ansatz des nächsten Ventralblattes oft überragend; Dorsalblätter etwa gleich breit wie die Lateralblätter
Øllgaards Flachbärlapp · *Diphasiastrum × oellgaardii* Seite 66

57 (55) Dorsalblätter rund 0,5-mal so breit wie die Lateralblätter; Sprosse stark abgeflacht und grasgrün bis gelblich grün, leicht glänzend; Ventralblätter sehr klein (am Grund höchstens 0,2-mal so breit wie der Spross)
Gemeiner Flachbärlapp · *Diphasiastrum complanatum* Seite 58

— Dorsalblätter etwa gleich breit wie die Lateralblätter; Sprosse graugrün bis blaugrün, rundlich bis stumpf 4-kantig; Ventralblätter am Grund 0,25- bis 0,5-mal so breit wie der Spross
58

58 Sprosse stumpf 4-kantig bis rundlich; Sprossunterseite und -oberseite praktisch gleich beblättert (isophyll); Ventralblätter am Grund 0,3- bis 0,5-mal so breit wie der Spross, den Ansatz des nächsten Ventralblattes oft überragend
Zypressen-Flachbärlapp · *Diphasiastrum tristachyum* Seite 60

— Sprosse abgeflacht, Unter- und Oberseite unterschiedlich beblättert (anisophyll); Ventralblätter am Grund 0,25- bis 0,3-mal so breit wie der Spross, den Ansatz des nächsten Ventralblattes nur selten erreichend
Zeillers Flachbärlapp · *Diphasiastrum × zeilleri* Seite 64

Schweizer Moosfarn · *Selaginella helvetica* und neophytische Moosfarne

59 (13) Kriechende Sprosse (15–)30–100 cm lang, Sprosse leicht gegliedert (bei den Verzweigungen leicht verdickt), Sporangienähre sitzend; häufig in Gewächshäusern kultiviert, sehr selten verwildert **Krauss' Moosfarn · *Selaginella kraussiana* Seite 81**

— Kriechende Sprosse weniger als 30 cm lang, Spross nicht gegliedert, Sporangienähren sitzend oder gestielt; Alpen und Voralpen (Schweizer Moosfarn *S. helvetica*); oder sehr selten verwilderte Moosfarne 60

60 Sporangienähre kurz (1–4 cm) gestielt; Alpen, Voralpen
Schweizer Moosfarn · *Selaginella helvetica* Seite 80

— Sporangienähre sitzend; Pflanzen kultiviert, sehr selten verwildert 61

61 Ventralblätter ganzrandig, nur am Grund fein bewimpert, Seitenzweige 2- bis 3-fach gegabelt **Douglas' Moosfarn · *Selaginella douglasii* Seite 81**

— Ventralblätter fein gesägt, Seitenzweige 1- bis 2-fach gegabelt
Stängelloser Moosfarn · *Selaginella apoda* Seite 81

Dorniger Moosfarn · *Selaginella selaginoides* und Bärlappgewächse (Lycopodiaceae, ohne Flachbärlappe · *Diphasiastrum*)

62 (14) Pflanzen ohne Ausläufer, Sprosse einzeln oder büschelig wachsend 63

— Mit oberirdischen Ausläufern (diese beim Moorbärlapp *Lycopodiella inundata* hellgrün und 2–10 cm lang) 64

63 Pflanzen 4–8 cm hoch; Sprosse unverzweigt, meist einzeln wachsend; Blattrand mit wenigen, fransenartigen, abstehenden Zähnen; ohne Brutknospen; heterospor **Dorniger Moosfarn · *Selaginella selaginoides* Seite 78**

— Pflanzen 5–15(–25) cm hoch; Sprosse 2- bis 4-mal gabelig verzweigt, in Büscheln wachsend; Blätter meist ganzrandig oder unregelmäßig gesägt (Lupe); meist mit abgeflachten Brutknospen an der Sprossspitze; isospor **Tannenbärlapp · *Huperzia selago* Seite 44**

64 (62) Blattspitze mit langem, weißem, gekräuseltem Haar (ältere Blätter oft nur spitz, deshalb bei jungen Blättern kontrollieren) **Keulen-Bärlapp · *Lycopodium clavatum* Seite 52**

— Blätter spitz, ohne Haar 65

65 Pflanzen sattgrün, zäh, wintergrün, 15–20(–30) cm hoch; Kriechsprosse oberirdisch bis über 100 cm weit kriechend; Sporangienähre klar vom Spross abgesetzt **Wald-Bärlapp · *Spinulum annotinum* Seite 48**

— Pflanzen hellgrün, zart, sommergrün (nur die Sprossspitzen überwintern), 2–10 cm hoch; Kriechsprosse oberirdisch 2–10 cm weit kriechend; Sporangienähre wenig breiter als der Spross, undeutlich abgesetzt **Moorbärlapp · *Lycopodiella inundata* Seite 54**

Blattspreite fiederschnittig

66 (15) In Rosetten wachsend; Blätter 5–15(–20) cm lang; Unterseite der Blattspreite dicht mit Spreuschuppen bedeckt; Oberseite kahl oder Mittelrippe mit wenigen Spreuschuppen, dunkelgrün **Schriftfarn · *Asplenium ceterach* Seite 188**

— Nicht alle Merkmale zutreffend 67

67 Locker rasig wachsend; Blattspreite dreieckig bis pfeilförmig, 1,5- bis 2-mal so lang wie breit, locker behaart, unterstes Fiederpaar schräg abwärtsgerichtet; sommergrün **Buchenfarn · *Phegopteris connectilis* Seite 234**

— In Rosetten oder locker rasig wachsend; Blattspreite kahl, breiteilanzettlich bis schmallanzettlich; wintergrün 68

68 In Rosetten wachsend; Blattspreite schmallanzettlich, dunkelgrün, auf jeder Seite mit 30 bis 60 ganzrandigen Abschnitten; fertile und sterile Blätter unterschiedlich (dimorph) **Rippenfarn · *Struthiopteris spicant* Seite 224**

— Dicht bis locker rasig wachsend; Blattspreite (breit-)eilanzettlich, sattgrün oder gelblich grün, auf jeder Seite mit 10 bis 20 (bis 25) ganzrandigen bis fein gesägten Abschnitten; fertile und sterile Blätter gleich gestaltet; Sori in Vertiefungen der Blattunterseite eingesenkt und deshalb auf der Oberseite kleine, punktförmige Erhöhungen bildend (an Brailleschrift erinnernd) **Tüpfelfarne · *Polypodium*** 69

69 Blattspreite 3,5- bis 5-mal so lang wie breit; Sori rund, ohne Paraphysen (verzweigte Haare) zwischen den Sporangien (Lupe/Mikroskop), zur Zeit der Sporenreife braun; junge Blätter entrollen sich im Frühsommer, Sporen reifen im Sommer **Gemeiner Tüpfelfarn · *Polypodium vulgare* Seite 276**

— Blattspreite 1,5- bis 2,5- (bis 3-)mal so lang wie breit; Sori rund bis leicht oval, mit oder ohne Paraphysen zwischen den Sporangien (Lupe/Mikroskop), zur Zeit der Sporenreife hellbraun bis hellorange; junge Blätter entrollen sich vom Spätsommer bis im Winter, Sporen reifen zwischen Herbst und Winter 70

70 Sori ohne Paraphysen zwischen den Sporangien; junge Blätter entrollen sich im Spätsommer, Blattspreite zur Spitze meist allmählich verschmälert; Sporen reifen im Herbst, reife Sori hellbraun bis orange **Gesägter Tüpfelfarn · *Polypodium interjectum* Seite 280**

— Sori mit Paraphysen zwischen den Sporangien; junge Blätter entrollen sich im Herbst bis Winter, Blattspreite zur Spitze meist plötzlich verschmälert; Sporen reifen im Winter, reife Sori gelb bis hellorange **Gallischer Tüpfelfarn · *Polypodium cambricum* Seite 278**

Blattspreite 1-fach gefiedert; Fiedern ganzrandig, gezähnt, gesägt oder gebuchtet

71 (16) Fiedern 1- bis 1,5- (bis 2-)mal so lang wie breit, Blätter meist kürzer als 20 cm 72

— Fiedern mindestens 2,5-mal so lang wie breit, Blätter länger als 20 cm 76

72 Blattstiel und Blattspindel bis zur Spitze rotbraun bis schwarzbraun (Blattspindel bei jungen Blättern an der Spitze grün, bald vollständig braun werdend) **Braunstieliger Streifenfarn · *Asplenium trichomanes* Seite 192**

— Blattspindel nie vollständig braun 73

73 Blattspreite nur mit 2 bis 5 (bis 8) locker stehenden Fiederpaaren; Fiedern verkehrteiförmig bis verkehrteilanzettlich, 2–3 mm breit, mit keilförmigem Grund **Deutscher Streifenfarn · *Asplenium × alternifolium* Seite 208**

— Blattspreite mit 10 bis 30 relativ dicht stehenden Fiederpaaren; Fiedern rundlich bis verkehrteiförmig, mehr als 3 mm breit 74

74 Blattstiel meist nur am Grund, sehr selten bis zur Blattspreite rotbraun bis schwarz; Blattspindel immer vollständig grün **Grünstieliger Streifenfarn · *Asplenium viride* Seite 194**

— Nicht alle Merkmale zutreffend 75

75 Blätter kahl oder sehr spärlich mit Drüsen besetzt; Blattstiel rotbraun bis schwarzbraun; Blattspindel rotbraun bis schwarzbraun, die oberen 10 bis 35 (bis 50) Prozent grün bleibend; fast ausschließlich auf Serpentin- und Magnesitfelsen, sehr selten **Braungrünstieliger Streifenfarn · *Asplenium adulterinum* Seite 196**

— Blätter dicht drüsig; Blattstiel dunkelbraun; Blattspindel unten braun, zur Spitze hin grün; eine neophytische Population bei Lausanne **Strichfarn · *Asplenium petrarchae* Seite 209**

76 (71) Fiedern symmetrisch oder am Grund schief herzförmig, schmallanzettlich bis linealisch, ganzrandig oder gesägt; Sori am Rand der Fiedern eine durchgehende Linie (Saum) bildend **Saumfarne · *Pteris* 77**

— Nicht alle Merkmale zutreffend 79

77 Mit 10 bis 20 (bis 30) Fiederpaaren, Blattspreite nach unten deutlich verschmälert, unterstes Fiederpaar nie geteilt, Blattstiel deutlich kürzer als die Blattspreite

Gebänderter Saumfarn · *Pteris vittata* Seite 162

— Mit 3 bis 5 (bis 7) Fiederpaaren, Blattspreite nach unten wenig oder nicht verschmälert, unterstes Fiederpaar ungeteilt oder bis zum Grund gabelig geteilt, Blattstiel mindestens so lang wie die Blattspreite 78

78 Fiedern nicht (oder nur beim obersten Fiederpaar) an der Blattspindel herablaufend

Kretischer Saumfarn · *Pteris cretica* Seite 160

— Fiedern zumindest in der vorderen Hälfte der Blattspreite an der Blattspindel herablaufend

Vielteiliger Saumfarn · *Pteris multifida* Seite 160

79 (76) Blattspreite schmallanzettlich (6- bis 8-mal so lang wie breit); Fiedern gezähnt, Zähne mit Grannenspitzen; Sori auf jeder Fieder in 2 Reihen; Blattnerven frei, verzweigt

Lanzenfarn · *Polystichum lonchitis* Seite 262

— Blattspreite lanzettlich (4- bis 6-mal so lang wie breit); Fiedern ganzrandig bis grob gezähnt oder gesägt, Zähne ohne Stachel- oder Grannenspitzen; Sori zerstreut; Blattnerven netzartig (auf Unterseite kontrollieren); neophytische Arten **Sichelfarne · *Cyrtomium*** 80

80 Blattspreite etwas ledrig, matt bis leicht glänzend; mittlere Fiedern 3,5- bis 5-mal so lang wie breit, am Grund 1–2(–2,5) cm breit; selten verwildert

Fortunes Sichelfarn · *Cyrtomium fortunei* Seite 272

— Blattspreite stark ledrig, glänzend; mittlere Fiedern 2,5- bis 3,5-mal so lang wie breit, am Grund 2–3(–4) cm breit; unbeständig, Wien

Mond-Sichelfarn · *Cyrtomium falcatum* Seite 273

Blattspreite 1-fach gefiedert, Fiedern fiederschnittig

81 (17) Unterstes Fiederpaar schräg abwärtsgerichtet; Blattspreite dreieckig bis pfeilförmig, 1,5- bis 2-mal so lang wie breit; locker rasig wachsend

Buchenfarn · *Phegopteris connectilis* Seite 234

— Nicht alle Merkmale zutreffend 82

82 Blätter 10–35(–45) cm lang, ledrig; Oberseite der Blattspreite dunkelgrün, Unterseite dicht mit braunroten (junge Blätter mit silbrig-weißen) Spreuschuppen bedeckt

Pelzfarn · *Notholaena marantae* Seite 166

— Nicht alle Merkmale zutreffend 83

83 Blätter 3–15(–25) cm lang; Schleier in haarförmige Fransen aufgelöst; Blattstiel bei ausgewachsenen Blättern unterhalb der Mitte mit kleiner, knotiger Verdickung (kaum sichtbare, aber spürbare Sollbruchstelle), alte Blätter an dieser verdickten Stelle abbrechend, Stielreste (auch der letzten Jahre) meist gut sichtbar **Wimperfarne · *Woodsia*** 84

— Blätter mindestens 40 cm lang, Schleier nicht in haarförmige Fransen aufgelöst, Blattstiel ohne knotige Verdickung 86

84 Blattstiel grün, nur am Grund dunkel und mit wenigen Spreuschuppen; Blätter sonst kahl oder mit sehr zerstreuten Drüsen oder Spreuschuppen; Fiederrand flach
Zierlicher Wimperfarn · *Woodsia pulchella* **Seite 220**

— Blattstiel rötlich braun, vor allem am Grund mit Spreuschuppen; Blattspindel und Unterseite der Fiedern mit weißlichen haarförmigen und hellbraunen schmallanzettlichen Spreuschuppen; Fiederrand (oft) umgerollt **85**

85 Größte Fiedern 2- bis 2,5- (bis 3-)mal so lang wie breit; Blattspindel und Unterseite der Fiedern dicht mit Spreuschuppen bedeckt, im Herbst verkahlend; Fiederrand umgerollt
Südlicher Wimperfarn · *Woodsia ilvensis* **Seite 218**

— Größte Fiedern 1- bis 1,5-mal so lang wie breit; Blattspindel und Unterseite der Fiedern mit zerstreuten Spreuschuppen besetzt, im Herbst verkahlend; Fiederrand oft umgerollt
Alpen-Wimperfarn · *Woodsia alpina* **Seite 216**

86 (83) Blätter in unregelmäßigen Abständen den unterirdischen Ausläufern entspringend, deshalb nicht in Rosetten wachsend **87**

— In Rosetten wachsend **88**

87 Fertile und sterile Blätter grün, leicht unterschiedlich (dimorph); fertile Blattspreiten etwas länger und schmaler, Sori zwischen Rand und Mittelnerv, Rand der Abschnitte leicht umgerollt; relativ verbreitete Art, Schilfröhricht, Riedwiesen
Sumpffarn · *Thelypteris palustris* **Seite 238**

— Fertile und sterile Blätter deutlich unterschiedlich (dimorph); sterile Blätter grün; fertile Blätter bald braun, an den Straußfarn *Matteuccia struthiopteris* erinnernd; unbeständiger Neophyt in DE **Perlfarn · *Onoclea sensibilis*** **Seite 223**

88 (86) Blattspindel und Fiedern vor allem auf der Unterseite mit weißen Haaren (Lupe) **89**

— Blattspreite kahl oder mit Spreuschuppen, aber ohne weiße Haare **90**

89 Zwischen den weißen Haaren sitzende, gelbliche Drüsen (Lupe), manchmal leicht nach Zitrone oder frischem Obst duftend; fertile und sterile Blätter nicht unterschiedlich; Sori am Rand der Abschnitte **Bergfarn · *Oreopteris limbosperma*** **Seite 236**

— Ohne Drüsen; fertile und sterile Blätter deutlich unterschiedlich (dimorph)
Straußfarn · *Matteuccia struthiopteris* **Seite 222**

90 (88) Blattspreite nach unten wenig verschmälert; fertile und sterile Blätter unterschiedlich (dimorph): fertile Blätter mit 10 bis 20 Fiederpaaren, in der Mitte der Rosette steif aufrecht, größte Fiedern 2- bis 3- (bis 3,5-)mal so lang wie breit, Fiedern waagrecht ausgerichtet (wie geöffnete Jalousien); sterile Blätter kleiner, schräg ausgebreitet, Blattspreite flach
Kamm-Wurmfarn · *Dryopteris cristata* **Seite 248**

— Blattspreite nach unten allmählich verschmälert, fertile und sterile Blätter gleich gestaltet; Blattspreite mit 20 bis 35 Fiederpaaren, größte Fiedern 4- bis 6-mal so lang wie breit, Blattspreite flach, Fiedern nicht gedreht **91**

91 Grund der Fiedern violett bis schwarz (an frischen Pflanzen vor allem auf der Unterseite sichtbar, beim Trocknen verschwindend); Blattstiel und Blattspindel dicht mit Spreuschuppen bedeckt; Schleier wenig schrumpfend, überwinternd
Artengruppe Schuppiger Wurmfarn · *Dryopteris affinis* aggr. Seite 246

— Fiedern am Grund grün; Blattspindel locker, Grund des Blattstiels dichter mit Spreuschuppen bedeckt; Schleier meist kurz vor der Sporenreife schrumpfend
Echter Wurmfarn · *Dryopteris filix-mas* Seite 244

Blattspreite 2- bis 4-fach gefiedert

92 (17) In Rosetten wachsend, Blätter 50–100(–160) cm lang; Blattspreite lanzettlich, nach unten verschmälert; Sori länglich, gekrümmt («kommaförmig»), 1,5- bis 2-mal so lang wie breit; Schleier zur Zeit der Sporenreife noch vorhanden
Wald-Frauenfarn · *Athyrium filix-femina* Seite 228

— Nicht alle Merkmale zutreffend **93**

93 Locker rasig wachsend, Blätter bis zu 2,5 m lang (selten länger); Blattspreite 2- bis 3- (bis 4-)fach gefiedert, sommergrün, etwas ledrig; vor allem die unteren Fiedern meist waagrecht ausgerichtet; Rand der Fiedern letzter Ordnung meist umgerollt; Sori randlich, vom umgerollten Rand etwas bedeckt; Sporen in Mitteleuropa nur selten ausreifend
Adlerfarn · *Pteridium aquilinum* Seite 168

— Nicht alle Merkmale zutreffend **94**

94 Subalpin bis alpin, in Rosetten im Kalkgesteinsschutt wachsend; Blattspreite 2-fach gefiedert, Fiederchen fiederschnittig; Blattspreite, Spindeln und Schleier dicht mit Drüsen bedeckt **Villars' Wurmfarn · *Dryopteris villarii* Seite 250**

— Nicht alle Merkmale zutreffend **95**

95 Subalpin bis alpin (sehr selten montan), dicht rasig bis büschelig im Silikatgesteinsschutt wachsend; Blattspreite 2- bis 4-fach gefiedert, kahl, hellgrün, zart; fertile und sterile Blätter unterschiedlich (dimorph): sterile Blattspreiten flach, fertile am Rand umgerollt
Krauser Rollfarn · *Cryptogramma crispa* Seite 154

— Nicht alle Merkmale zutreffend **96**

96 Große Rosetten; Blätter 60–160(–200) cm lang; Blattspreite 2-fach gefiedert; Sporangienstand an der Spitze der Blattspreite, rispenartig verzweigt
Königsfarn · *Osmunda regalis* Seite 122

— Nicht alle Merkmale zutreffend **97**

97 Blätter 5–15 cm lang, auffallend dünn und zart, schon im Juni absterbend; Prothallien dunkelgrün, nieren- oder herzförmig, vor allem im Frühling gut zu sehen; sehr selten im Wallis, Tessin, Südtirol **Dünnblättriger Nacktfarn · *Anogramma leptophylla* Seite 156**

— Nicht alle Merkmale zutreffend **98**

98 Blattspreite 2- bis 3-fach gefiedert, 5–20 cm lang, meist hängend; Spindeln schwarz; Fiederchen fächerförmig, am Grund breit keilförmig; Sori auf dem zur Unterseite gebogenen Rand (Pseudoindusium) **Frauenhaarfarne · *Adiantum*** 99

— Nicht alle Merkmale zutreffend 100

99 Fertile Blätter: umgerollter Rand (Pseudoindusium) 2- bis 5-mal so lang wie breit; sterile Blätter: Blattnerven enden in den Spitzen der Zähne **Echter Frauenhaarfarn · *Adiantum capillus-veneris* Seite 164**

— Fertile Blätter: umgerollter Rand (Pseudoindusium) nierenförmig; sterile Blätter: Blattnerven enden in den Buchten zwischen den Zähnen **Raddis Frauenhaarfarn · *Adiantum raddianum* Seite 165**

100 (98) Blattspreite (Achtung, nicht das ganze Blatt!) bis 20(–30) cm lang; Sori länglich, gerade **Streifenfarne · *Asplenium*** 101

— Nicht alle Merkmale zutreffend 110

101 Blattspreite lanzettlich bis breiteilanzettlich, Blattstiel 0,2- bis 0,5-mal so lang wie die Blattspreite 102

— Blattspreite dreieckig oder lanzettlich, Blattstiel 1- bis 3-mal so lang wie die Blattspreite 104

102 Blattspreite breiteilanzettlich, 2,5- bis 3-mal so lang wie breit; nur auf kalkarmen Böden **Billots Streifenfarn · *Asplenium billotii* Seite 211**

— Blattspreite lanzettlich oder eilanzettlich, (3- bis) 5- bis 6-mal so lang wie breit; auf kalkreichen oder kalkarmen Böden 103

103 Blattspreite lanzettlich, nach unten allmählich verschmälert; nur auf kalkreichen Böden **Quell-Streifenfarn · *Asplenium fontanum* Seite 198**

— Blattspreite eilanzettlich, nach unten nicht oder wenig verschmälert; nur auf kalkarmen Böden **Foreser Streifenfarn · *Asplenium foreziense* Seite 210**

104 (101) Blattspreite hellgrün, 3- bis 4-fach gefiedert, Fiederchen letzter Ordnung in 2 bis 3 linealische oder schmal keilförmige Abschnitte gegliedert, Abschnitte meist weniger als 0,5 mm breit; auf kalkhaltigen Böden, Alpen (DE, AT), sehr selten **Zerschlitzter Streifenfarn · *Asplenium fissum* Seite 213**

— Nicht alle Merkmale zutreffend 105

105 Blätter 5–12(–15) cm lang; Blattspreite lanzettlich, mit 2 bis 5 (bis 8) Fiederpaaren, 1-fach gefiedert oder nur am Grund 2-fach gefiedert; Fiedern und Fiederchen verkehrteiförmig bis verkehrteilanzettlich, 2–3 mm breit, mit keilförmigem Grund **Deutscher Streifenfarn · *Asplenium × alternifolium* Seite 208**

— Blätter (3–)5–20(–40) cm lang; Blattspreite dreieckig, 2- bis 4-fach gefiedert, selten nur am Grund 2-fach gefiedert; Fiederchen verkehrteiförmig, selten lanzettlich, über 3 mm breit 106

106 Blattspreite 2- bis 3-fach gefiedert, mit 2 bis 5 Fiederpaaren; Blattstiel vollständig grün oder nur am Grund dunkel, am Grund nicht verdickt (Durchmesser 1 mm) 107

— Blattspreite 2- bis 4-fach gefiedert, mit 5 bis 10 (bis 20) Fiederpaaren; Blattstiel meist bis zur Hälfte oder bis zur Blattspreite braun, am Grund knollig verdickt (Durchmesser 2–3 mm) **Artengruppe Schwarzstieliger Streifenfarn · *Asplenium adiantum-nigrum* aggr.** 108

107 Blattspreite zuerst hellgrün, oft mit zerstreuten Drüsen, später dunkelgrün, meist verkahlend oder mit bleibenden zerstreuten Drüsen; Schleier mit kurzen Fransen; weit verbreitet **Mauerraute · *Asplenium ruta-muraria* subsp. *ruta-muraria* Seite 190**

— Blattspreite hellgrün, auf beiden Seiten mit bleibenden Drüsen; Schleier lang gefranst; senkrechte Kalkfelswände, Niederösterreich, Steiermark, sehr selten **Zarter Streifenfarn · *Asplenium lepidum* Seite 209**

108 (106) Blattspreite grün bis hellgrün, etwas steif, matt bis leicht glänzend; sommergrün, selten überwinternd; nur auf Serpentin und Magnesit, sehr selten **Keilblättriger Streifenfarn · *Asplenium cuneifolium* Seite 203**

— Blattspreite meist dunkelgrün, etwas ledrig, glänzend, überwinternd; auf kalkarmen bis kalkreichen Böden 109

109 Fiedern allmählich zugespitzt, aber nicht in auffällige, lange Spitzen ausgezogen **Schwarzstieliger Streifenfarn · *Asplenium adiantum-nigrum* Seite 200**

— Fiedern in lange, meist nach vorn gebogene Spitzen ausgezogen; Tessin, Puschlav **Spitzer Streifenfarn · *Asplenium onopteris* Seite 202**

110 (100) Blattspreite 10–20(–25) cm lang, breit dreieckig 111

— Nicht alle Merkmale zutreffend 114

111 Blattspreite 3- bis 4-fach gefiedert, wenig drüsig bis fast kahl; Zähne der Abschnitte vorn ausgerandet, Blattnerven in den Buchten zwischen den Zähnen endend 112

— Blattspreite 2-fach gefiedert, drüsig oder kahl; Blattnerven bis zum Rand oder bei stumpfen Zähnen bis in deren Spitzen führend **Eichenfarn, Ruprechtsfarn · *Gymnocarpium*** 113

112 Unterstes Fiederpaar deutlich asymmetrisch: innerstes, nach unten gerichtetes Fiederchen (Fieder 2. Ordnung) stark vergrößert **Berg-Blasenfarn · *Cystopteris montana* Seite 178**

— Unterstes Fiederpaar nicht oder weniger asymmetrisch: innerstes, nach unten gerichtetes Fiederchen kürzer oder höchstens gleich lang wie das benachbarte nach unten gerichtete Fiederchen; ein Standort in Südostbayern **Sudeten-Blasenfarn · *Cystopteris sudetica* Seite 178**

113 (111) Blattstiel, Spindeln und Blattspreite kahl oder selten mit sehr wenigen Drüsen (Lupe) **Eichenfarn · *Gymnocarpium dryopteris* Seite 180**

— Blattstiel, Spindeln und Blattspreite dicht mit Drüsen besetzt (Lupe) **Ruprechtsfarn · *Gymnocarpium robertianum* Seite 182**

114 (110) Fiedern und/oder Fiederchen asymmetrisch: das innerste, zur Blattspitze gerichtete Fiederchen deutlich vergrößert («Daumen hoch») und/oder Fiederchen mit zur Fiederspitze gerichtetem Öhrchen; Rand gesägt oder gezähnt, Zähne mit Grannenspitzen; Schleier rund, in der Mitte angewachsen (schildförmig); Blätter 30–90(–120) cm lang
Schildfarne · *Polystichum* 115

— Nicht alle Merkmale zutreffend 117

115 Blattspreite nach unten nicht oder nur wenig verschmälert, Blattstiel meist 0,2- bis 0,5-mal so lang wie die Blattspreite
Borstiger Schildfarn · *Polystichum setiferum* Seite 266

— Blattspreite nach unten allmählich verschmälert, Blattstiel meist weniger als 0,2-mal so lang wie die Blattspreite 116

116 Blattspreite wintergrün, ledrig, Oberseite glänzend, kahl; Blattstiel dicht, Blattspindel lockerer mit (dunkel-)braunen Spreuschuppen bedeckt
Gelappter Schildfarn · *Polystichum aculeatum* Seite 264

— Blattspreite meist sommergrün, weich, Oberseite matt, mit langen, braunen, haarförmigen Spreuschuppen bedeckt (Dichte hängt von der Luftfeuchtigkeit ab), im Herbst fast kahl; Blattstiel und Blattspindel dicht mit hellbraunen Spreuschuppen bedeckt
Brauns Schildfarn · *Polystichum braunii* Seite 268

117 (114) Blätter 5–30(–35) cm lang, relativ zart 118

— Blätter länger als 30 cm, nicht besonders zart 119

118 Zähne der Abschnitte nicht ausgerandet, die meisten Blattnerven enden in den Spitzen der Zähne **Artengruppe Zerbrechlicher Blasenfarn · *Cystopteris fragilis* aggr. Seite 174**

— Abschnitte vorn ausgerandet bis zweizähnig, die meisten Blattnerven enden in den Buchten zwischen den Zähnen **Alpen-Blasenfarn · *Cystopteris alpina* Seite 176**

119 (117) Fiedern am Grund violett bis schwarz (an frischen Pflanzen vor allem auf der Unterseite zu sehen, beim Trocknen verschwindend)
Entferntfiedriger Wurmfarn · *Dryopteris remota* Seite 258

— Fiedern am Grund grün (höchstens beim Dornigen Wurmfarn *D. carthusiana* ab Spätsommer teilweise mit rotbraunen Flecken) 120

120 Fiedern (fast) symmetrisch; Rand der Fiederchen gesägt, Zähne ohne aufgesetzte Spitzen; Schleier rudimentär, vor der Sporenreife abfallend; Blattstiel am Grund mit zwei bandförmigen Leitbündeln («Tagliatelle»)
Gebirgs-Frauenfarn · *Pseudathyrium alpestre* Seite 230

— Mindestens das unterste Fiederpaar deutlich asymmetrisch, die innersten nach unten gerichteten Fiederchen (Fiedern 2. Ordnung) vergrößert; Rand der Fiederchen gesägt, Zähne mit Stachel- oder Grannenspitzen; Schleier nierenförmig; Blattstiel am Grund mit 5 bis 8 runden Leitbündeln («Spaghetti») 121

121 Blattspreite 2,5- bis 4-mal so lang wie breit; Spreuschuppen am Grund des Blattstiels dichter, sonst sehr spärlich, einfarbig, blassbraun, höchstens die unteren Spreuschuppen am Grund leicht braun, aber nie dunkel; eingerollte Blätter in der Rosette locker mit hellbraunen Spreuschuppen besetzt **Dorniger Wurmfarn · *Dryopteris carthusiana* Seite 252**

— Blattspreite 1,5- bis 2,5-mal so lang wie breit; wenigstens einige Spreuschuppen des Blattstiels deutlich zweifarbig (braun mit dunklerem Zentrum); eingerollte Blätter in der Rosette dicht mit braunen Spreuschuppen besetzt 122

122 Blattspreite grün bis dunkelgrün, teilweise wintergrün; Rand oft deutlich umgerollt; Fiederchen (Fiedern 2. Ordnung) in der Spreitenmitte gedrungen, gerade, vorn stumpf bis abgerundet; Zähne mit kräftigen Grannenspitzen; Spreuschuppen am Blattstiel zweifarbig (braun, in der Mitte dunkelbraun bis fast schwarz); innerstes nach unten gerichtetes Fiederchen 0,75- bis 1,3-mal so lang wie das benachbarte nach unten gerichtete Fiederchen; allein aufgrund der Blattmorphologie im Feld meist nicht eindeutig vom Alpen-Wurmfarn *(D. expansa)* unterscheidbar **Breiter Wurmfarn · *Dryopteris dilatata* Seite 254**

— Blattspreite oft hellgrün bis etwas gelblich, sommergrün; Rand flach, selten sehr wenig umgerollt; Fiederchen (Fiedern 2. Ordnung) in der Spreitenmitte nach vorn langsam verschmälert, oft zur Fiederspitze gebogen; Endzähne der Abschnitte letzter Ordnung meist mit Stachelspitzen; innerstes nach unten gerichtetes Fiederchen gleich lang bis 1,4-mal so lang wie das benachbarte nach unten gerichtete Fiederchen; Spreuschuppen am Blattstiel hellbraun, in der Mitte meist nussbraun; allein aufgrund der Blattmorphologie im Feld meist nicht eindeutig vom Breiten Wurmfarn *(D. dilatata)* unterscheidbar **Alpen-Wurmfarn · *Dryopteris expansa* Seite 256**

Bärlappgewächse

Lycopodiáceae

Merkmale der mitteleuropäischen Arten

- Mit unter- oder oberirdischen Ausläufern (Kriechsprossen) und Luftsprossen (Ausnahme: Tannenbärlapp *Huperzia selago* ohne Kriechsprosse); Pflanzen 2–30 cm hoch
- Blätter 2–10 mm lang, ungeteilt, ganzrandig oder gesägt, spitz, wintergrün (Ausnahme: beim Moorbärlapp *Lycopodiella inundata* nur Sprossspitzen überwinternd)
- Blätter am Grund ohne Blatthäutchen
- Sporen alle gleich (isospor); Sporangien in abgesetzten, dünnen Sporangienähren oder Sporangienähren kaum vom Spross abgesetzt (Moorbärlapp *Lycopodiella inundata,* Tannenbärlapp *Huperzia selago*)
- Prothallien unterirdisch, chlorophyllfrei, Ernährung über Mykorrhizapilze (Ausnahme: Moorbärlapp *Lycopodiella inundata* mit oberirdischen, grünen Prothallien und schwach entwickelter Mykorrhiza)

Alpen-Flachbärlapp *Diphasiastrum alpinum*
Gemeiner Flachbärlapp *Diphasiastrum complanatum*
Zypressen-Flachbärlapp *Diphasiastrum tristachyum*
Isslers Flachbärlapp *Diphasiastrum × issleri* *
Øllgaards Flachbärlapp *Diphasiastrum × oellgaardii* *
Zeillers Flachbärlapp *Diphasiastrum × zeilleri* *
Tannenbärlapp *Huperzia selago*
Moorbärlapp *Lycopodiella inundata*
Keulen-Bärlapp *Lycopodium clavatum*
→ Wald-Bärlapp *Spinulum annotinum/ Lycopodium annotinum*

* Nach aktuellem Kenntnisstand handelt es sich um de novo entstandene Primärhybriden (Schnittler et al. 2019); aus diesem Grund wird das Hybridzeichen (×) verwendet.

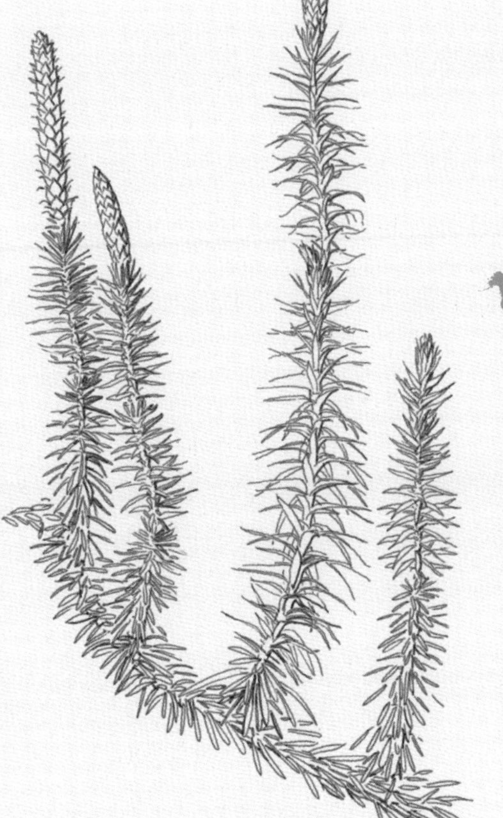

Weltweit
16 Gattungen mit knapp 400 Arten; vorwiegend tropisch verbreitet

Schweiz
Deutschland
Österreich
5 Gattungen mit 7 Arten und 3 Hybriden

Die ähnlichen Moosfarngewächse (Selaginellaceae) sind heterospor und besitzen am Blattgrund ein sehr kleines, bald einschrumpfendes Blatthäutchen.

Tannenbärlapp

Hupérzia selágo (L.) Schrank & Mart.
Tannen-Teufelsklaue

AT: Alle Länder außer B, W

Lycopode à bulbilles · Licopodio abietino

Merkmale

- In **Büscheln** wachsend, Pflanzen 5–15(–25) cm hoch
- Sprosse aufrecht oder bogig aufsteigend, nicht kriechend, 2- bis 4-mal gabelig verzweigt; alle Sprosse einer Pflanze ungefähr gleich lang
- Blätter dicht spiralig angeordnet, dunkelgrün und abstehend (tiefe, geschützte Standorte; Schattenformen) bis gelbgrün und anliegend (höhere oder exponierte Standorte; Sonnenformen); zäh, wintergrün; 6–10 mm lang, 1–2 mm breit, zugespitzt, meist ganzrandig oder unregelmäßig gesägt (Lupe)
- **Sporangien** alle gleich (isospor), linsenförmig, grün, später gelbbraun, **in den Blattwinkeln der oberen Sprossabschnitte**
- An der Spitze der Sprosse meist **mit** abgeflachten, leicht schüsselförmigen **Brutknospen** (Brutsprosse, Bulbillen)

Chromosomenzahl

2n = 272, octoploid, sowie weitere Ploidiestufen in Mitteleuropa; in Mitteleuropa subsp. *selago,* in Skandinavien auch subsp. *arctica;* Systematik ungelöst

Schon gewusst?

Der wissenschaftliche Gattungsname ehrt den deutschen Arzt und Botaniker Johann Peter Huperz (1771–1816).

Mögliche Verwechslung

Die Blätter des Keulen-Bärlapps *(Lycopodium clavatum)* sind in eine lange, dünne Spitze ausgezogen, der Wald-Bärlapp *(Spinulum annotinum)* hat gegliederte Sprosse und unregelmäßig gesägte Blätter; diese beiden Bärlapp-Arten *(Lycopodium/ Spinulum)* bilden Ausläufer und endständige Sporangienähren. Der kleinere Dornige Moosfarn *(Selaginella selaginoides)* hat auffällig gesägte Blätter, seine unverzweigten Sprosse wachsen einzeln oder in kleinen Gruppen. Bärlappe *(Lycopodium/ Spinulum)* und Moosfarne *(Selaginella)* bilden keine Brutknospen.

Standort

(Planar bis) montan bis subalpin (bis alpin); auf sauren, nährstoffarmen Böden; Magerrasen, Zwergstrauchheiden, lichte Fichten- und Föhrenwälder, Felsspalten

Verbreitung

Eurasiatisch-nordamerikanisch
CH/DE/AT: Alpen, Jura und Mittelgebirge zerstreut, sonst selten

Sporenreife

Juli bis Oktober

Gefährdung/Schutz

CH: LC, kantonal geschützt
DE: V, besonders geschützt
AT: -r, regional geschützt

Der Tannenbärlapp wächst in Büscheln, die Sporangien bilden sich in den Blattwinkeln der oberen Sprossabschnitte; im Bild eine Schattenform. (ms)

Gelbgrüne, anliegend beblätterte Sprosse zeichnen die alpinen Sonnenformen aus. (mb)

An der Spitze befinden sich oft abgeflachte Brutknospen.

Tannenbärlapp

Hupérzia selágo (L.) Schrank & Mart.
Tannen-Teufelsklaue

Lycopode à bulbilles · Licopodio abietino

Der Tannenbärlapp vermehrt sich vermutlich vor allem vegetativ über Brutknospen. Die Ausbreitung über Sporen scheint hingegen nur eine untergeordnete Rolle zu spielen (Prelli 1985, Page 1997). Schon bei einer leichten Berührung, beim Aufprall von Regentropfen oder bei starkem Wind fallen die kleinen, abgeflachten Brutknospen entlang einer Sollbruchstelle ab. Hegi (1986) erwähnt, dass die Knospen bis zu einen Meter weit abspringen können – bei einer meist nur 15 cm großen Pflanze ist das eine beachtliche Distanz.

Abstehende, grüne Blätter sind für die Schattenformen des Tannenbärlapps charakteristisch.

Die alpinen Sonnenformen zeichnen sich durch anliegende, gelbgrüne Blätter aus ...

... und an ihrer Sprossspitze befinden sich oft Brutknospen.

Je nach Lebensraum kann der Tannenbärlapp sehr unterschiedlich aussehen: An tieferen, geschützten Standorten sind die Sprosse grün, abstehend beblättert und besitzen oft nur wenige Brutknospen (Schattenformen). Pflanzen höherer oder exponierter Standorte (Sonnenformen) sind meist kleiner, haben teilweise ein struppiges Aussehen, die Sprosse sind gelbgrün, dicht anliegend beblättert und bilden oft zahlreiche Brutknospen.

Genetische Untersuchungen zeigten, dass in Mitteleuropa vier verschiedene, vermutlich reproduktiv isolierte Zytotypen (Ploidiestufen) des Tannenbärlapps vertreten sind. Sie lassen sich aber nur bedingt den morphologisch unterschiedlichen Formen zuordnen (L. Ekrt pers. comm.).

Die mehrere Zentimeter langen Prothallien des Tannenbärlapps können bis zu 20 Jahre alt werden. Sie wachsen gut versteckt im Boden und werden von Pilzhyphen, die in die Zellen der Prothallien eindringen, ernährt. Erst nach 10 bis 12 Jahren bilden sich die ersten Geschlechtszellen.

Aus der in Ostasien beheimateten Art *Huperzia serrata* lässt sich das Alkaloid Huperzin A gewinnen, das zur Behandlung von Alzheimer und anderen neurodegenerativen Krankheiten eingesetzt wird.

Wald-Bärlapp

Spínulum annótinum (L.) A. Haines
Lycopódium annótinum L.

Lycopode des forêts · Licopodio annotino

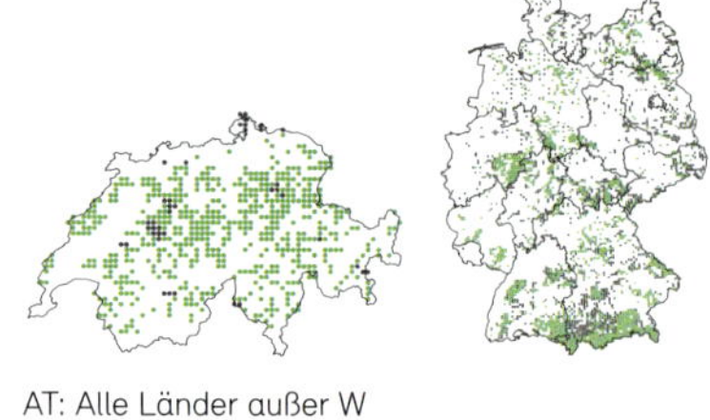

AT: Alle Länder außer W

Merkmale

- Lang kriechend, locker rasig wachsend, Pflanzen 15–20(–30) cm hoch
- Zwei Sprosstypen bildend: **Kriechsprosse oberirdisch, bis über 1 m lang,** gabelig verzweigt, auf der Unterseite auf der ganzen Länge spärlich bewurzelt; Luftsprosse aufsteigend bis aufrecht wachsend, unverzweigt oder wenig gabelig verzweigt
- **Blätter sattgrün,** zäh, wintergrün, leicht glänzend, schmallanzettlich (6–8 mm lang, 1–1,5 mm breit), spitz, aber nicht in ein Haar auslaufend; **Rand meist mit unregelmäßigen kleinen Zähnen,** in den Alpen selten ganzrandig (Lupe); Blätter der Kriechsprosse locker angeordnet, vom Boden weggebogen; Blätter der Luftsprosse spiralig und dichter angeordnet, sparrig abstehend; Spätsommerblätter etwas kürzer und stärker zur Sprossspitze gebogen, die **Sprosse** deshalb **gegliedert** erscheinend (bei Alpenformen oft auch die anderen Blätter leicht zur Sprossspitze gebogen)
- Sporangien alle gleich (isophyll); **Sporangienähren** 20–30 mm lang, 3–4 mm dick, **ungestielt,** meist **einzeln** an der Spitze der Luftsprosse wachsend; sporangientragende Blätter (Sporophylle) eiförmig, kurz zugespitzt, hellgrün mit weißem Rand (später hellgelb bis hellbraun), anliegend, zur Zeit der Sporenreife abstehend; Sporangienähren nach der Sporenreife absterbend

Mögliche Verwechslung

Vor allem bei Schattenformen des Tannenbärlapps *(Huperzia selago)* auf den büscheligen Wuchs, die ungegliederten Sprosse, die meist ganzrandigen Blätter, die Sporangien in den Blattwinkeln und die Brutknospen achten. Die Blätter des Keulen-Bärlapps *(Lycopodium clavatum)* sind in eine dünne, weiße Spitze ausgezogen, die Sprosse sind nur bei der sehr seltenen Unterart subsp. *monostachyon* etwas gegliedert.
Widertonmoose *(Polytrichum)* bilden lang gestielte Kapseln, der Blattrand ist sehr fein und regelmäßig gesägt (Lupe).

Standort

(Planar bis) montan bis subalpin; auf sauren, nährstoffarmen, mäßig feuchten Böden; Tannen- und Fichtenwälder, seltener Moorwälder und Buchenwälder

Verbreitung

Eurasiatisch-nordamerikanisch
CH/DE/AT: Zerstreut, in tieferen Lagen selten bis sehr selten

Sporenreife

Juni bis September

Gefährdung/Schutz

CH: LC, kantonal geschützt
DE: V, besonders geschützt
AT: LC, nicht geschützt

Chromosomenzahl

2n = 68, diploid

Die ungestielten Sporangienähren sitzen einzeln auf den gegliederten Sprossen.

Schon gewusst?
Die fettreichen Sporen entzünden sich bei Kontakt mit offenem Feuer blitzartig. Sie wurden deshalb früher im Theater und bei der Fotografie zum Erzeugen von Blitzen verwendet.

Mit seinen oberirdischen Kriechsprossen bildet der Wald-Bärlapp lockere Rasen. (mb)

Wald-Bärlapp

Spínulum annótinum (L.) A. Haines
Lycopódium annótinum L.

Lycopode des forêts · Licopodio annotino

Damit seine Sporen möglichst weit fliegen, gibt sie der Wald-Bärlapp nur bei trockenen Bedingungen frei. Regenwetter wäre bedeutend weniger günstig. Deshalb liegen die sporangientragenden Blätter bei feuchter Witterung eng an und schließen die reifen Sporen ein. Wenn es hingegen trocken ist, schrumpft das Gewebe am Grund auf der Außenseite der sporangientragenden Blätter, diese biegen sich vom Spross weg und geben die reifen Sporangien frei (Hegi 1986). So ist sichergestellt, dass die Sporen nur bei optimalen Bedingungen vom Wind verbreitet werden.

Die hellgrünen, sporangientragenden Blätter biegen sich bei trockener Witterung nach außen und geben die reifen Sporangien frei.

Der Wald-Bärlapp zeichnet sich durch leicht gegliederte Sprosse aus.

Der Wald-Bärlapp scheint klare Präferenzen zu haben, was die Lichtverhältnisse angeht: Zu viel Licht soll's nicht sein – zu wenig aber auch nicht. Oft wächst er im Halbschatten unter Zwergsträuchern. Dabei entwickeln sich die Pflanzen je nach Standort unterschiedlich: Svensson et al. (1994) beobachteten, dass sie unter der sommergrünen Heidelbeere *(Vaccinium myrtillus)* längere Ausläufer und zahlreichere aufrechte Sprosse bilden, als wenn sie unter der wintergrünen Preiselbeere *(Vaccinium vitis-idaea)* bei dunkleren Bedingungen ihr Dasein fristen.

Verschiedene Quellen geben für die Alpen die Unterart subsp. *alpestre* (= *Lycopodium dubium* Zoëga) an. Tribsch (2000) konnte diese jedoch trotz sorgfältiger Suche in den Alpen nicht nachweisen. Er geht davon aus, dass die gedrungenen, an exponierten Standorten wachsenden Pflanzen nichts anderes als Hochlagenformen der Unterart subsp. *annotinum* sind. Diese haben tendenziell kürzere Sporangienähren und kleinere, teilweise ganzrandige, leicht zur Sprossspitze gebogene Frühlings- und Sommerblätter. Anders als es die Bezeichnung *alpestre* vermuten lässt, besiedelt diese Unterart also nicht den Alpenbogen, sondern meist waldfreie Standorte in den subarktischen und arktischen Regionen.

Sein spezielles Aussehen hat dem Wald-Bärlapp den englischen Namen *interrupted club-moss* («unterbrochener Bärlapp») eingetragen. Die im Frühling und Sommer gebildeten Blätter stehen waagrecht ab, die Spätsommerblätter sind hingegen kleiner und zur Sprossspitze gebogen. Dadurch entstehen bei dieser wintergrünen Art am Ende jeder Vegetationszeit kleine Einschnürungen in den Sprossen. Durch Zählen dieser Einschnürungen kann das Alter der Sprosse geschätzt werden.

Keulen-Bärlapp

Lycopódium clavátum L.

Lycopode en massue · Licopodio clavato

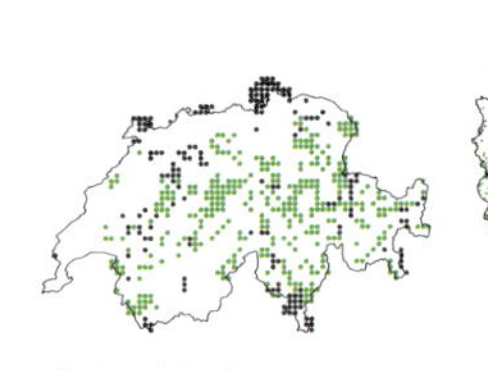

AT: Alle Länder

Merkmale

- Lang kriechend, Pflanzen 15–20(–30) cm hoch
- Zwei Sprosstypen bildend: **Kriechsprosse oberirdisch, 20 cm bis über 1 m lang,** gabelig verzweigt, auf der Unterseite spärlich bewurzelt; Luftsprosse aufsteigend bis aufrecht wachsend, unverzweigt oder wenig gabelig verzweigt
- Blätter grün bis hellgrün, weich, wintergrün, matt bis schwach glänzend, schmallanzettlich (6–8 mm lang, 1–1,5 mm breit), **Blattspitze mit langem, weißem,** gekräuseltem **Haar** (ältere Blätter oft nur spitz); Blätter der Kriechsprosse fein gezähnt, locker anliegend, zur Sprossspitze gebogen; Blätter der Luftsprosse ganzrandig, spiralig und dichter angeordnet, leicht zur Sprossspitze gebogen (Schattenformen aber mit sparrig abstehenden Blättern); Frühlings-, Sommer- und Spätsommerblätter gleich, Sprosse deshalb nicht gegliedert
- Sporangien alle gleich (isophyll); **Sporangienähren** 20–30(–50) mm lang, 3–4 mm dick, an der Spitze der Luftsprosse zu **2 bis 3 auf langen, locker mit kleinen Blättern besetzten Stielen** wachsend; sporangientragende Blätter (Sporophylle) eiförmig, lang zugespitzt, hellgrün mit weißem Rand (später hellgelb bis hellbraun), anliegend, zur Zeit der Sporenreife abstehend; Sporangienähren und -stiele nach der Sporenreife absterbend
- Von der oben beschriebenen Unterart subsp. *clavatum* unterscheidet sich die sehr seltene, arktisch-alpin verbreitete Unterart subsp. *monostachyon* (Grev. & Hook.) Selander (= *Lycopodium lagopus* Zinserl. ex Kuzen.) durch die einzelnen, kürzeren, sitzenden oder nur kurz gestielten Sporangienähren, die kleineren Blätter und die meist gegliederten Sprosse.

Mögliche Verwechslung

Die Blätter des Wald-Bärlapps *(Spinulum annotinum)* und des Tannenbärlapps *(Huperzia selago)* sind spitz, aber nie in ein langes, weißes Haar ausgezogen.

Standort

(Planar bis) montan bis subalpin; auf sauren, nährstoffarmen, mäßig feuchten Böden; Wälder, lückige Weiden, Zwergstrauchheiden, Wegböschungen, Skipisten, gebietsweise Sanddünen

Verbreitung

Weltweit verbreitet
CH/DE/AT: Zerstreut bis häufig, in tiefen Lagen selten bis sehr selten

Sporenreife

Juli bis September

Gefährdung/Schutz

CH: NT, kantonal geschützt
DE: VU, besonders geschützt
AT: subsp. *clavatum:* -r, nicht geschützt; subsp. *monostachyon:* NT, regional geschützt

Chromosomenzahl

2n = 68, diploid

Die Blattspitze läuft in ein langes, weißes Haar aus.

Lange, oberirdische Kriechsprosse sind für den Keulen-Bärlapp charakteristisch.

Die Sporangienähren sitzen zu 2 bis 3 auf langen Stielen.

Moorbärlapp

Lycopodiélla inundáta (L.) Holub

Lycopode inondé · Licopodio inondato

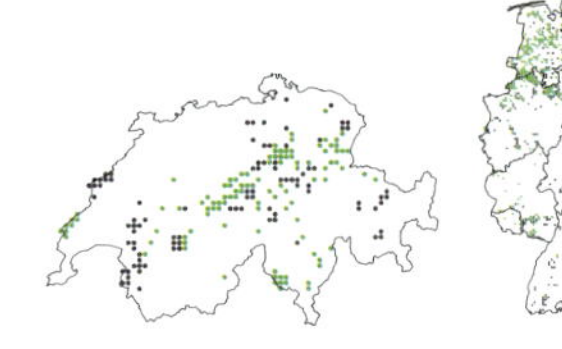
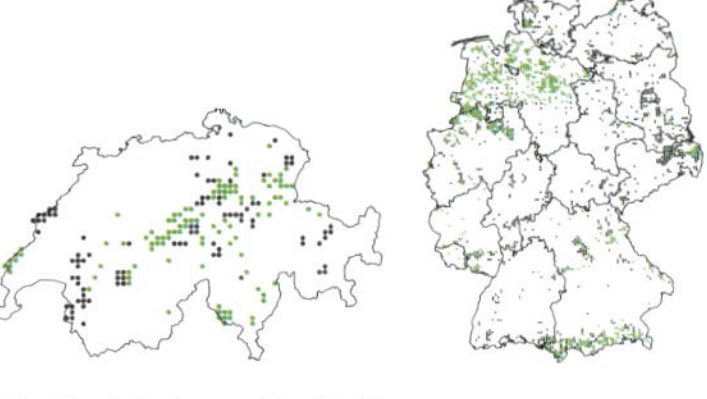

AT: Alle Länder außer B, W

Merkmale

- Kurz kriechend, Pflanzen **2–10 cm hoch, auffallend hellgrün**
- Zwei Sprosstypen bildend: **Kriechsprosse oberirdisch 2–10 cm weit kriechend,** unverzweigt oder mit wenigen Verzweigungen, mit zahlreichen Wurzeln im Boden verankert; pro Kriechspross meist nur einen, selten mehrere **aufrechte, unverzweigte Luftsprosse** bildend; Luftsprosse an der Spitze mit einer etwas verdickten, ungestielten Sporangienähre, im Herbst auffällig gelblich bis hellbraun; nur Spitzen der Kriechsprosse überwinternd
- Blätter schmallanzettlich (5–8 mm lang, 0,5–1 mm breit), ganzrandig, spitz; Blätter der Kriechsprosse vom Boden abgewendet; Blätter der Luftsprosse spiralig angeordnet, abstehend, Blattspitze oder ganze Blätter zur Sprossspitze gebogen
- Sporangien alle gleich (isospor), grün, später gelbbraun, in den Blattwinkeln der oberen Sprossabschnitte; Blätter der Sporangienähren am Grund verbreitert und mit wenigen sehr kleinen Blattzähnen (Lupe), sonst ganzrandig; Sporangienähre undeutlich vom Spross abgesetzt

Schon gewusst?

Wörtlich übersetzt heißt die Gattung «Bärlappchen» (Verkleinerungsform von *Lycopodium*, Bärlapp). Der wissenschaftliche Artname bezieht sich auf den nassen und vor allem im Winter oft überschwemmten Standort (lateinisch *inundatus* für «überschwemmt»).

Mögliche Verwechslung

Moose bilden Kapseln und nur einen Sprosstyp. Bärlappe *(Lycopodium, Spinulum)* und Tannenbärlapp *(Huperzia selago)* sind dunkelgrün (nur die Sonnenformen des Tannenbärlapps sind gelbgrün). Die Blätter des Dornigen Moosfarns *(Selaginella selaginoides)* sind auffällig abstehend gezähnt.

Standort

Planar bis montan (bis subalpin); auf sauren, offenen, feuchten bis nassen Torf- und Sandböden; konkurrenzschwache Pionierart; Hoch-, Übergangsmoore, Sekundärstandorte in alten Gruben, auf Fahrspuren

Verbreitung

Eurasiatisch-nordamerikanisch
CH/DE/AT: Voralpen, Alpen, Mittelgebirge, norddeutsche Tiefebene; sehr selten

Sporenreife

Juli bis Oktober

Gefährdung/Schutz

CH: VU, kantonal geschützt
DE: VU, besonders geschützt
AT: EN, regional geschützt

Chromosomenzahl

2n = 156, diploid

Mit seiner hellgrünen Farbe fällt der 2–10 cm hohe Moorbärlapp auf.

Der Moorbärlapp ist eine konkurrenzschwache Pionierart; hier zusammen mit dem Rundblättrigen Sonnentau *(Drosera rotundifolia)*.

Die oberirdischen Kriechsprosse werden 2–10 cm lang.

Alpen-Flachbärlapp

Diphasiástrum alpínum (L.) Holub

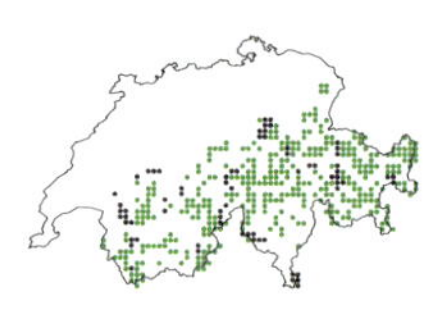

Lycopode des Alpes · Licopodio alpino

AT: Alle Länder außer B, W

Merkmale

- Ausläufer oberirdisch, selten flach unterirdisch; Pflanzen 3–10(–15) cm hoch
- Sterile **Sprosse** 1,5–2,5(–3) mm breit, **rundlich bis 4-kantig** (Test zur Unterscheidung von abgeflachten Sprossen: zwischen den Fingern drehen), nur bei Schattenformen leicht abgeflacht, **graugrün,** Unterseite meist deutlich bereift; gabelig verzweigt, aufsteigend, dichte Büschel bildend
- Blätter schuppenartig, in 4 Reihen angeordnet, wintergrün; Sprossunterseite und -oberseite verschieden (anisophyll); **Ventralblätter** 2–3,5 mm lang, **deutlich gekniet** (Form einer Maurerkelle: in einen kurzen, abstehenden Stiel und einen längeren, zur Sprossspitze gebogenen spreitenähnlichen Teil gegliedert), am Grund 0,5-mal so breit wie der Spross, den Ansatz des nächsten Ventralblattes fast erreichend oder überragend; Lateralblätter auf dem Rücken gekielt, stark zur Sprossunterseite gebogen; Dorsalblätter etwa gleich breit wie die Lateralblätter
- **Sporangienähren** (0,6–)0,8–1,5(–2) cm lang, **einzeln, sitzend** (selten bis zu 1 cm lang gestielt); Sporangien linsenförmig, braun; sporangientragende Blätter (Sporophylle) eiförmig, lang zugespitzt, hellgrün bis beige, anliegend, zur Zeit der Sporenreife braun mit weißlichem Rand, abstehend; Sporangienähren oft bis zum nächsten Sommer überdauernd

Mögliche Verwechslung

Die Sprosse von Isslers Flachbärlapp *(D. × issleri)* und Øllgaards Flachbärlapp *(D. × oellgaardii)* sind leicht abgeflacht, ihre Ventralblätter sind nicht oder nur undeutlich gekniet.

Standort

Montan bis subalpin (bis alpin); auf frischen, flachgründigen, nährstoffarmen, sauren Böden; Zwergstrauchheiden, Alpweiden, Wegböschungen, Skipisten

Verbreitung

Eurasiatisch-nordamerikanisch
CH/DE/AT: Alpen, Mittelgebirge; selten

Sporenreife

Juli bis September

Gefährdung/Schutz

CH: LC, kantonal geschützt
DE: EN, besonders geschützt
AT: -r, nicht geschützt

Chromosomenzahl

2n = 46, diploid

Schon gewusst?

Flachbärlappe akkumulieren Aluminium in ihren Zellen. Einige Arten wie der Alpen-Flachbärlapp *(D. alpinum)* wurden früher in Nordwesteuropa deshalb beim Färben als Beizmittel verwendet (Øllgaard & Tind 1993).

Die ungestielten Sporangienähren sitzen einzeln auf den Sprossen.

Links: Sprossoberseite; rechts: Sprossunterseite mit geknieten Ventralblättern.

Die Ausläufer mit den graugrünen Sprossen verlaufen oberirdisch. (mb)

Gemeiner Flachbärlapp

Diphasiástrum complanátum (L.) Holub

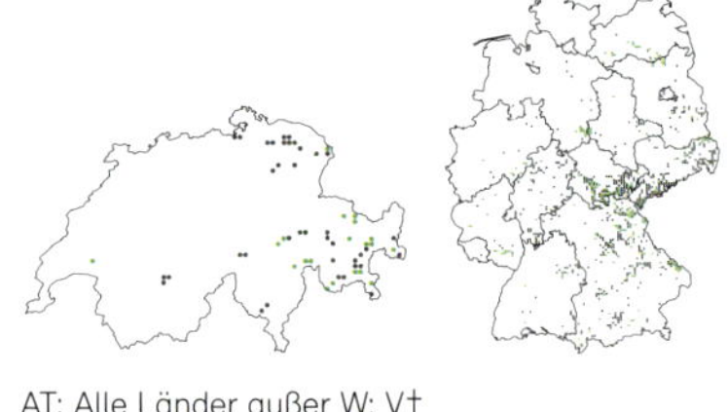

AT: Alle Länder außer W; V†

Lycopode aplati · Licopodio spianato

Merkmale

- Ausläufer flach unterirdisch (1–5 cm), sehr selten oberirdisch; Pflanzen 5–20(–30) cm hoch
- Sterile **Sprosse** (1,5–)2–4 mm breit, **stark abgeflacht;** satt **grasgrün bis gelblich grün, leicht glänzend,** nie bereift; gabelig verzweigt und fächerförmig angeordnet, oft lockere Trichter bildend
- Blätter schuppenartig, in 4 Reihen angeordnet, wintergrün; **Sprossunterseite und -oberseite deutlich verschieden** (anisophyll); **Ventralblätter** ungestielt, **sehr klein,** 1–1,7(–2,2) mm lang, **am Grund höchstens 0,2-mal so breit wie der Spross, den Ansatz des nächsten Ventralblattes nicht erreichend;** Lateralblätter meist etwas abstehend, auf dem Rücken deutlich gekielt, Rückenkiel nicht oder undeutlich zur Sprossunterseite gebogen (Spitze aber oft zur Blattunterseite gebogen); Dorsalblätter etwa 0,5-mal so breit wie die Lateralblätter
- **Sporangienähren** 2–3 cm lang, **zu 2 bis 4** (bis 6) auf 2–8 cm langen, locker beblätterten Stielen (in höheren Lagen und an sonnigen Standorten kürzer gestielt); Sporangien linsenförmig, braun; sporangientragende Blätter eiförmig, lang zugespitzt, hellgrün bis beige, anliegend, zur Zeit der Sporenreife braun mit weißlichem Rand, abstehend; Sporangienähren und -stiele oft bis zum nächsten Sommer überdauernd
- In höheren Lagen und an sonnigen Standorten deutlich gedrungener als in tieferen Lagen und an schattigen Standorten

Mögliche Verwechslung

Zeillers Flachbärlapp *(D. × zeilleri)* hat breitere (und meist längere) Ventralblätter, seine Dorsalblätter sind etwa gleich breit wie die Lateralblätter. Isslers Flachbärlapp *(D. × issleri)* hat breitere Ventralblätter und oberirdische Ausläufer, Sporangienähren zu 1 oder 2.

Standort

(Planar bis) montan bis subalpin (bis alpin); auf nährstoffarmen, sauren, flachgründigen Böden; Nadel- und Mischwälder, Straßenböschungen, Steinbrüche, Skipisten

Verbreitung

Eurasiatisch-nordamerikanisch
CH/DE/AT: Alpen, Mittelgebirge, ostdeutsche Tiefebene; sehr selten

Sporenreife

Juli bis September

Gefährdung/Schutz

CH: EN, kantonal geschützt
DE: EN, besonders geschützt
AT: VU r!, nicht geschützt

Chromosomenzahl

2n = 46, diploid

Die Sporangienähren sitzen zu 2 bis 4 auf den stark abgeflachten, leicht glänzenden Sprossen.

Die Oberseite des Sprosses (links) unterscheidet sich deutlich von der Unterseite (rechts).

Zypressen-Flachbärlapp

Diphasiástrum tristáchyum (Pursh) Holub

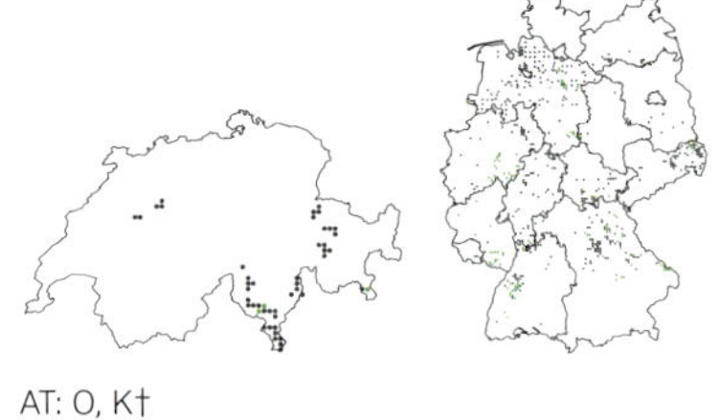

Lycopode petit cyprès · Licopodio cipressino

Merkmale

- Ausläufer flach unterirdisch (2–15 cm), sehr selten oberirdisch; Pflanzen 5–20(–30) cm hoch
- Sterile **Sprosse** (1–)1,2–1,5(–1,6) mm breit, **rundlich bis stumpf 4-kantig; graugrün bis blaugrün, Unterseite meist deutlich bereift** (in der Sonne deutlicher als im Schatten); gabelig verzweigt und fächerförmig angeordnet, aufrechte, dichte, trichterförmige Sprossbüschel bildend
- Blätter schuppenartig, in 4 Reihen angeordnet, wintergrün; **Sprossunterseite und -oberseite praktisch gleich beblättert** (isophyll); **Ventralblätter** ungestielt, (1,8–)2,2–2,8(–3) mm lang, **am Grund höchstens 0,3- bis 0,5-mal so breit wie der Spross, den Ansatz des nächsten Ventralblattes oft überragend;** Lateralblätter eng anliegend, auf dem Rücken stumpf gekielt, Rückenkiel nicht oder undeutlich zur Sprossunterseite gebogen (Spitze aber oft zur Blattunterseite gebogen); Dorsalblätter etwas breiter als die Lateralblätter
- **Sporangienähren** 1,5–2,5 cm lang, **zu 2 bis 4** (bis 6) auf (3–)5–12 cm langen, locker beblätterten Stielen (in höheren Lagen und an sonnigen Standorten kürzer gestielt); Sporangien linsenförmig, braun; sporangientragende Blätter eiförmig, lang zugespitzt, hellgrün bis beige, anliegend, zur Zeit der Sporenreife braun mit weißlichem Rand, abstehend; Sporangienähren und -stiele oft bis zum nächsten Sommer überdauernd
- In höheren Lagen und an sonnigen Standorten deutlich gedrungener als in tieferen Lagen und an schattigen Standorten

Mögliche Verwechslung

Zeillers Flachbärlapp *(D. × zeilleri)* ist deutlich anisophyll beblättert, seine Ventralblätter sind schmaler und kürzer.

Standort

(Planar bis) montan (bis subalpin); auf frischen bis trockenen, flachgründigen, nährstoffarmen, sauren Böden; Zwergstrauchheiden, Kiefernwälder, Böschungen, Skipisten, Waldschneisen; wärme- und trockenresistenter als die anderen mitteleuropäischen *Diphasiastrum*-Arten

Verbreitung

Eurosibirisch-nordamerikanisch
CH/DE/AT: Alpen, Mittelgebirge, norddeutsche Tiefebene; sehr selten

Sporenreife

August bis September

Gefährdung/Schutz

CH: RE, kantonal geschützt
DE: EN, besonders geschützt
AT: CR r!, regional geschützt

Chromosomenzahl

2n = 46, diploid

Oberseite (links) und Unterseite (rechts) des Sprosses sind praktisch gleich beblättert.

Die Sprosse sind graugrün bis blaugrün, die Sporangienähren zu 2 bis 4 zusammengefasst.

Schon gewusst?

Der frühere Artname *chamaecyparissius* («kleine Zypresse») und die umgangssprachlichen Namen beziehen sich auf die an Zypressenzweige erinnernden dichten Sprossbüschel.

Isslers Flachbärlapp

Diphasiástrum × íssleri (Rouy) Holub
Diphasiastrum alpinum × D. complanatum

AT: Alle Länder außer B, W

Lycopode d'Issler · Licopodio di Issler

Merkmale

- Ausläufer oberirdisch oder sehr flach (wenige cm) unterirdisch; Pflanzen (5–)8–20 cm hoch
- Sterile **Sprosse** (1,5–)2–3(–3,5) mm breit, **abgeflacht und oft 3-kantig; graugrün,** Schattenformen grasgrün, **Unterseite schwach bis deutlich bereift** (in der Sonne deutlicher als im Schatten); locker gabelig verzweigt, rosettenartig niederliegende bis aufsteigende Sprossbüschel bildend
- Blätter schuppenartig, in 4 Reihen angeordnet, wintergrün; **Sprossunterseite und -oberseite unterschiedlich beblättert** (anisophyll); **Ventralblätter** ungestielt, (1,2–)1,5–2,5(–3) mm lang, **am Grund am breitesten, 0,25- bis 0,3-mal so breit wie der Spross, den Ansatz des nächsten Ventralblattes nur teilweise erreichend;** Lateralblätter leicht abstehend, auf dem Rücken scharf gekielt, Rückenkiel deutlich zur Sprossunterseite gebogen; Dorsalblätter 0,7-mal so breit wie die Lateralblätter
- **Sporangienähren** (1–)1,5–2,5(–3) cm lang, **zu 1 oder 2,** sitzend oder auf bis zu 2,5 cm langen, locker beblätterten Stielen; Sporangien linsenförmig, braun; sporangientragende Blätter (Sporophylle) eiförmig, lang zugespitzt, hellgrün bis beige, anliegend, zur Zeit der Sporenreife braun mit weißlichem Rand, abstehend; Sporangienähren und -stiele oft bis zum nächsten Sommer überdauernd

Schon gewusst?

Diese Flachbärlapp-Art wurde nach dem Elsässer Botaniker Emile Issler (1872–1952) benannt; er selbst benutzte 1911 für die Population von Le Tanet in den Vogesen (Typuslokalität) den provisorischen Namen «*Lycopodium* vom Tanneckfelsen».

Mögliche Verwechslung

Øllgaards Flachbärlapp *(D. × oellgaardii)* hat meist schwach gestielte Ventralblätter, die wenig über dem Grund am breitesten sind; seine Sprosse sind schwach anisophyll und vor allem an den Spitzen fast isophyll beblättert.

Standort

Montan bis subalpin; auf frischen bis mäßig frischen, flachgründigen, nährstoffarmen, sauren Böden; Zwergstrauchheiden, Borstgrasrasen, lichte Nadelwälder, Straßenböschungen, Feuerschutzstreifen, Skipisten

Verbreitung

Eurosibirisch-nordamerikanisch
CH/DE/AT: Mittelgebirge, Alpen, sehr selten

Sporenreife

Juli bis September

Gefährdung/Schutz

CH: EN, kantonal geschützt
DE: EN, besonders geschützt
AT: EN r!, regional geschützt

Chromosomenzahl

2n = 46, diploid

Die Sporangienähren sitzen zu 1 oder 2 auf den abgeflachten, oft 3-kantigen Sprossen. (ag)

Die Oberseite des Sprosses unterscheidet sich deutlich … (ag)

… von der Unterseite.

Zeillers Flachbärlapp

Diphasiástrum × zeilleri (Rouy) Holub
Diphasiastrum tristachyum × D. complanatum

CH: — • AT: 0, St†

Lycopode de Zeiller • Licopodio di Zeiller

Merkmale

- Ausläufer unterirdisch (1–10 cm), sehr selten oberirdisch; Pflanzen 10–30(–40) cm hoch
- Sterile **Sprosse** (1,3–)1,5–2,1(–2,3) mm breit, **abgeflacht; graugrün, Unterseite nicht bis schwach bereift** (in der Sonne deutlicher als im Schatten); locker gabelig verzweigt, meist aufrechte Sprossbüschel bildend
- Blätter schuppenartig, in 4 Reihen angeordnet, wintergrün; **Sprossunterseite und -oberseite unterschiedlich beblättert** (anisophyll); **Ventralblätter** ungestielt, 1,3–1,8(–2,9) mm lang, **am Grund höchstens 0,25- bis 0,3-mal so breit wie der Spross, den Ansatz des nächsten Ventralblattes nur selten erreichend;** Lateralblätter locker anliegend bis schwach abstehend, auf dem Rücken scharf gekielt, Rückenkiel nicht oder undeutlich zur Sprossunterseite gebogen (Spitze aber oft zur Blattunterseite gebogen); Dorsalblätter etwa gleich breit wie die Lateralblätter
- **Sporangienähren 1,5–2,5(–3) cm lang, zu 2 bis 4** (bis 6) auf 6–12 cm langen, locker beblätterten Stielen (in höheren Lagen und an sonnigen Standorten kürzer gestielt); Sporangien linsenförmig, braun; sporangientragende Blätter eiförmig, lang zugespitzt, hellgrün bis beige, anliegend, zur Zeit der Sporenreife braun mit weißlichem Rand, abstehend; Sporangienähren und -stiele oft bis zum nächsten Sommer überdauernd
- In höheren Lagen und an sonnigen Standorten deutlich gedrungener als in tieferen Lagen und an schattigen Standorten

Mögliche Verwechslung

Der Zypressen-Flachbärlapp *(D. tristachyum)* hat rundliche bis stumpf 4-kantige, auf der Unterseite meist deutlich bereifte Sprosse. Die Sprosse des Gemeinen Flachbärlapps *(D. complanatum)* sind sattgrün und leicht glänzend, seine Ventralblätter sind schmaler und kürzer.

Standort

(Planar bis) kollin bis montan; auf frischen bis mäßig frischen, meist flachgründigen, nährstoffarmen, sauren Böden; lichte Kiefernwälder, Zwergstrauchheiden, Magerrasen, Böschungen, Skipisten, Waldschneisen

Verbreitung

Eurosibirisch-nordamerikanisch
DE/AT: Sehr zerstreut und selten

Sporenreife

Juli bis September

Gefährdung/Schutz

DE: EN, besonders geschützt
AT: CR r!, –

Chromosomenzahl

2n = 46, diploid

Die abgeflachten Sprosse sind auf der Oberseite (links) und Unterseite (rechts) unterschiedlich beblättert.

Die Sporangienähren wachsen zu 2 bis 4 auf 6–12 cm langen Stielen.

Øllgaards Flachbärlapp

Diphasiástrum × oellgāārdii Stoor & al.
Diphasiastrum alpinum × D. tristachyum

CH: — · AT: O, St†?, NordT

Lycopode d'Øllgaard · Licopodio di Øllgaard

Merkmale

- Ausläufer oberirdisch oder sehr flach (wenige cm) unterirdisch; Pflanzen (4–)8–20 cm hoch
- Sterile **Sprosse** (1,2–)1,5–2(–3) mm breit, **etwas abgeflacht, meist 3-kantig (selten rundlich); graugrün bis blaugrün, Unterseite meist deutlich bereift** (in der Sonne deutlicher als im Schatten); gabelig verzweigt, rosettenartig niederliegende bis aufsteigende, dichte trichterförmige Sprossbüschel bildend
- Blätter schuppenartig, in 4 Reihen angeordnet, wintergrün; **Sprossunterseite und -oberseite schwach anisophyll,** vor allem an den Spitzen fast isophyll beblättert; **Ventralblätter** meist schwach gestielt und wenig über dem Grund am breitesten, (1,5–)2–3(–4) mm lang, **am Grund 0,3-mal so breit wie der Spross, etwa gleich lang wie die Internodien, den Ansatz des nächsten Ventralblattes oft überragend;** Lateralblätter leicht abstehend, auf dem Rücken scharf gekielt, Rückenkiel deutlich zur Sprossunterseite gebogen; Dorsalblätter etwa gleich breit wie die Lateralblätter
- **Sporangienähren** (1–)1,5–3(–3,5) cm lang, **zu 1 oder 2** (bis 3), sitzend (selten auf bis zu 1,5 cm langen, locker beblätterten Stielen); Sporangien linsenförmig, braun; sporangientragende Blätter eiförmig, lang zugespitzt, hellgrün bis beige, anliegend, zur Zeit der Sporenreife braun mit weißlichem Rand, abstehend; Sporangienähren und -stiele oft bis zum nächsten Sommer überdauernd

Mögliche Verwechslung

Die Ventralblätter von Isslers Flachbärlapp *(D. × issleri)* sind ungestielt, am Grund am breitesten, seine Sprosse sind anisophyll beblättert. Die Sprosse des Alpen-Flachbärlapps *(D. alpinum)* sind nicht abgeflacht (Test: zwischen den Fingern drehen), die Ventralblätter deutlich gekniet.

Standort

Montan (bis subalpin); auf frischen bis mäßig frischen, flachgründigen, nährstoffarmen, sauren Böden; Zwergstrauchheiden, Magerrasen, Straßenböschungen, Skipisten, Waldschneisen

Verbreitung

Europäisch (?)
DE/AT: Mittelgebirge, Alpen (genaue Verbreitung nur unvollständig bekannt); sehr selten

Sporenreife

Juli bis September

Gefährdung/Schutz

DE: CR, besonders geschützt
AT: –

Chromosomenzahl

2n = 46, diploid

In der Beblätterung der Sprosse zeigen sich leichte Unterschiede zwischen Oberseite (links) und Unterseite (rechts).

Die graugrünen bis blaugrünen, leicht abgeflachten Sprosse tragen 1 oder 2 Sporangienähren.

Schon gewusst?

Øllgaards Flachbärlapp *(D. × oellgaardii)* wurde lange verkannt oder mit Isslers Flachbärlapp *(D. × issleri)* verwechselt. Erst 1996 wurde die Art von Stoor et al. wissenschaftlich beschrieben und nach dem zeitgenössischen dänischen Botaniker Benjamin Øllgaard benannt.

Flachbärlappe *(Diphasiastrum)* und ihre Hybriden

Wichtige morphologische Begriffe

- Bei den gegenständigen, in vier Reihen angeordneten Laubblättern wird zwischen Ventralblättern (auf der Sprossunterseite), Lateralblättern (seitlich) und Dorsalblättern (auf der Sprossoberseite) unterschieden.
- Die Länge der Ventralblätter bezieht sich nur auf ihren freien Teil, der mit der Sprossachse verwachsene Abschnitt (in der Literatur oft fein gepunktet dargestellt) wird nicht gemessen.
- Die Sprossbreite wird an der breitesten Stelle von Lateralblatt zu Lateralblatt gemessen.
- Die Länge des Internodiums wird hier als Abstand zwischen zwei Ventralblättern verstanden und von Blattspitze zu Blattspitze gemessen.
- Die Farbe der Sprosse kann bei Schattenformen und bei älteren Pflanzen von den Angaben abweichen. Erstere können weniger bereift sein, Letztere gelblich grün werden.

Wichtige Merkmale für die Unterscheidung der Flachbärlapp-Arten und -Hybriden*

- Verhältnis der Breite der Ventralblätter zur Sprossbreite
- Verhältnis der Länge der Ventralblätter zur Internodienlänge
- Stellung der Ventralblätter: anliegend bis leicht geknickt («gekniet»)
- Farbe der Sprosse: grün bis graugrün; Unterseite nicht, undeutlich oder deutlich bereift
- Sprosse oberirdisch oder unterirdisch kriechend
- Sprosse abgeflacht oder rundlich bis 4-kantig (Test zum Erkennen von abgeflachten Formen: zwischen den Fingern drehen)
- Sporangienähren einzeln und ungestielt (oder bis zu 2 cm lang gestielt) oder meist zu 2 bis 4 und deutlich gestielt (oft über 2 cm)

* Junge, diesjährige Sprossabschnitte nicht für die Bestimmung verwenden.

Sowohl die drei mitteleuropäischen Flachbärlapp-Arten als auch ihre drei Hybriden sind diploid. Schnittler et al. (2019) wiesen nach, dass die drei Hybriden unabhängige F1-Kreuzungen darstellen, was bedeutet, dass jedes Hybrid-Individuum de novo aus der Kreuzung zwischen zwei Elternarten entstanden ist.

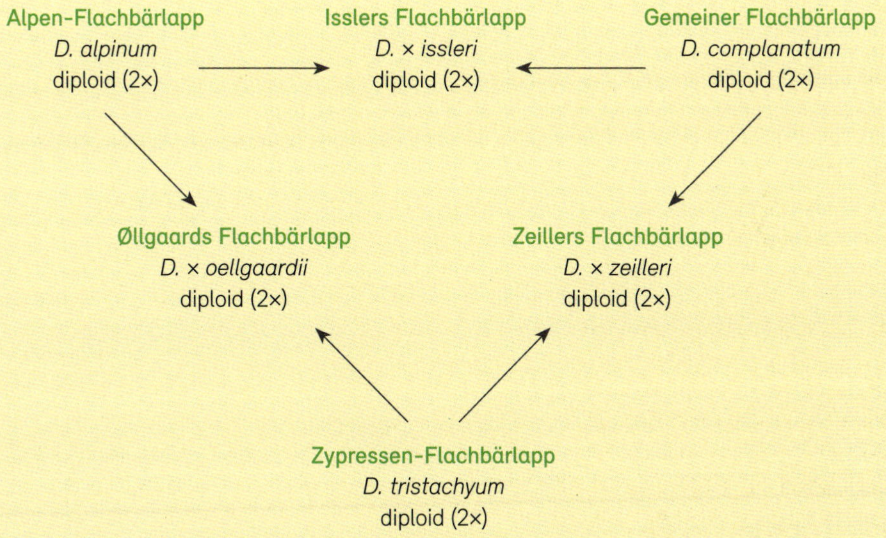

Gattung Flachbärlapp *(Diphasiastrum)*
Reticulogramm der Arten und diploiden Hybriden in Mitteleuropa (vereinfacht nach Bennert et al. 2011).

Bei den drei diploiden Hybriden sind sowohl fertile, regelmäßig geformte Sporen als auch abortierte Sporen und Diplosporen (größere, kugelige Sporen mit einem doppelten Chromosomensatz) vorhanden. Neben den diploiden sind auch triploide Hybriden bekannt (Bennert et al. 2011), auf die im vorliegenden Buch aber nicht eingegangen wird.

Abhängig vom Standort und vor allem von den dort herrschenden Lichtverhältnissen kann die Morphologie der Flachbärlappe stark variieren.

Die Hybriden können morphologisch nicht nur zwischen ihren Elternarten angesiedelt sein, sondern sich unter Umständen einem Elternteil annähern oder sogar angleichen (Horn & Tribsch ab 2007).

Für weiterführende Informationen sei auf Schnittler et al. (2019), Horn & Tribsch (ab 2007) sowie Bennert & Horn (2011) verwiesen.

See-Brachsenkraut

Isóëtes lacústris L.

Isoète des lacs · Calamaria lacustre

AT: –

Merkmale

- In Rosetten mit meist vielen Blättern (oft 40 oder mehr) wachsend, Spross knollig verdickt; von der seichten Uferzone bis auf den Grund von stehenden, 2–5(–8) m tiefen Gewässern
- **Blätter** (2–)5–20(–40) cm lang, 2–3 mm breit, oben fast rund, kurz zugespitzt, ganzrandig; **dunkelgrün** (im Herbst teilweise gelbgrün), wintergrün, meist aufrecht wachsend, seltener sichelförmig nach außen gekrümmt, **sehr steif, auch außerhalb des Wassers spreizend,** wenig durchscheinend; **von 4 quergefächerten Luftkammern durchzogen** (Lupe), die unregelmäßigen Querwände als kleine weiße Striche an den Blättern erkennbar; Basis hellbraun, stark verbreitert, auf der Innenseite abgeflacht, auf der Außenseite gewölbt; Blätter ohne Spaltöffnungen
- Ein Sporangium, auf der Innenseite der Blattbasis ins Gewebe eingesenkt; Sporangium gekammert, weißlich; oberhalb des Sporangiums ein kleines, herz-eiförmiges Häutchen (Ligula); Schleier (Velum) das oberste Drittel des Sporangiums bedeckend
- Heterospor: Äußere Blätter der Jahrestriebe mit einem Megasporangium, **Megasporen** relativ groß, 0,5–0,7 mm im Durchmesser, **dicht mit feinen, flachen, teilweise netzartig miteinander verbundenen Warzen bedeckt** (Mikroskop); mittlere Blätter mit einem Mikrosporangium, Mikrosporen weiß, kleiner, meist mit flachen Warzen bedeckt oder glatt (Mikroskop); innere Blätter meist steril; Pflanzen in größeren Tiefen oder bei ungünstigen Verhältnissen steril bleibend
- Wurzeln braun, unverzweigt oder 1- bis 2-fach dichotom verzweigt

Mögliche Verwechslung

Das Stachelsporige Brachsenkraut *(I. echinospora)* hat hellere, weichere Blätter und stachelige Megasporen. Den Binsen (Juncaceae) und Süßgräsern (Poaceae) fehlen die verbreiterte Blattbasis und die 4 Luftkammern im Blattquerschnitt. Die Blätter der Wasser-Lobelie *(Lobelia dortmanna)* zeichnen sich durch Milchsaft (Latex), eine Mittelrippe und zwei Luftkanäle ohne Querwände aus, die Wurzeln sind weiß. Der Strandling *(Littorella uniflora)* bildet oberirdische Ausläufer, weiße Wurzeln und Blätter ohne Luftkammern; nur Blätter von untergetauchten, sterilen Individuen besitzen kleine, radial angeordnete Luftkammern ohne Querwände.

Standort

Planar bis alpin; klare, nährstoffarme Seen, meist kalkmeidend; auf sandigem oder kiesigem Grund ohne oder mit geringer Schlammauflage

Verbreitung

Eurosibirisch-nordamerikanisch
CH/DE: Zentralalpen, norddeutsche Tiefebene, Schwarzwald, Voralpen; sehr selten

Sporenreife

Juli bis September

Auch außerhalb des Wassers bleiben die steifen Blätter gespreizt. (ag)

Gefährdung/Schutz

CH: VU, kantonal geschützt
DE: EN, besonders geschützt

Chromosomenzahl

2n = 110, dekaploid

Schon gewusst?

Oft verraten im Hochsommer bis Herbst am Seeufer angeschwemmte Blätter die Anwesenheit von Brachsenkräutern.

Am Ufer angeschwemmte Blätter des See-Brachsenkrauts. (mb)

See-Brachsenkraut

Isóëtes lacústris L.

Isoète des lacs · Calamaria lacustre

Das untergetaucht in nährstoffarmen, stehenden Gewässern wachsende See-Brachsenkraut nimmt Kohlendioxid (CO_2) nicht über die Luft oder das Wasser, sondern aus dem Seesediment auf. Seine Blätter besitzen keine Spaltöffnungen und die Aufnahme von CO_2 erfolgt über die mit einer großen, durchgehenden Luftkammer ausgestatteten, an Trinkhalme erinnernden Wurzeln. Das ist in diesem speziellen Lebensraum sinnvoll, weil der CO_2-Gehalt im Seesediment aufgrund der bakteriellen Aktivität höher ist als im Wasser. Von den Wurzeln gelangt das CO_2 bis in die Blätter, wo die Fotosynthese stattfindet. Der dabei anfallende Sauerstoff diffundiert in umgekehrter Richtung und wird von den Wurzeln abgegeben. Weil er mit Eisen reagiert, bildet sich um diese eine rötliche Oxidationsschicht (Moran 2004), manchmal entstehen auch kleine, ockerfarbene Klümpchen (Øllgaard & Tind 1993).

Sogar in der Nacht können die Brachsenkräuter CO_2 aufnehmen. Dazu dient ihnen – wie den Dickblattgewächsen (Crassulaceae) und anderen an Trockenheit angepassten Pflanzen – eine spezielle Fotosynthese-Methode, der sogenannte Crassulacean Acid Metabolism (CAM). Keeley (1998) gibt eine umfassende Beschreibung dieses spannenden Mechanismus bei untergetauchten Wasserpflanzen.

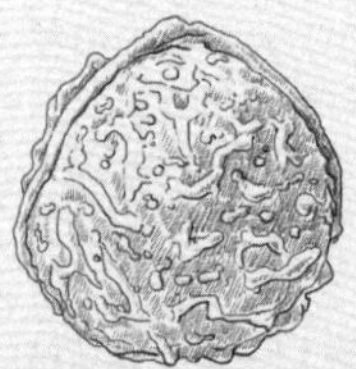

Die Megasporen besitzen netzartige Warzen.

Am Grund der äußeren Blätter entwickeln sich die weißlichen Megasporen.

Bei dieser im Uferbereich angeschwemmten Pflanze sind die rötlich braunen Wurzeln gut zu sehen. (mb)

Die Querwände in den Blättern sind von außen als kleine weiße Striche erkennbar.

Stachelsporiges Brachsenkraut

Isóëtes echinóspora Durieu

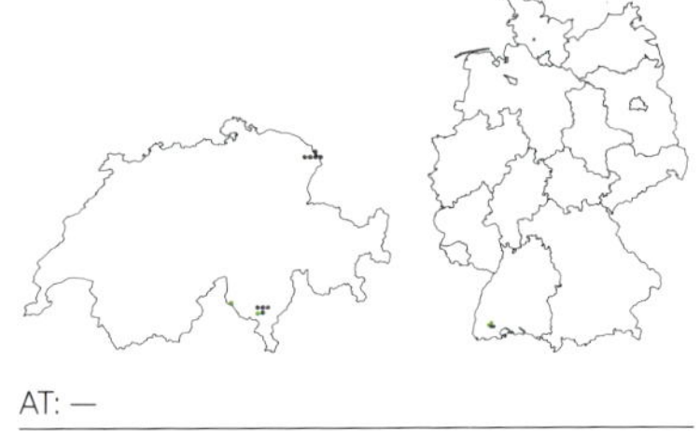

Isoète à spores hérissées · Calamaria setacea

Merkmale

- In Rosetten mit relativ wenigen Blättern (15 bis 30) wachsend, von der seichten Uferzone bis auf den Grund von stehenden, 2(–4) m tiefen Gewässern
- **Blätter** 2–10(–25) cm lang, bis zu 1,5 mm breit, abgeflacht, allmählich in eine feine Spitze verschmälert, ganzrandig; **hellgrün,** wintergrün, in alle Richtungen spreizend, die äußeren oft in einem Bogen nach außen gekrümmt, **schlaff, beim Herausziehen aus dem Wasser in Bündeln aneinander haftend,** durchscheinend; **von 4 quergefächerten Luftkammern durchzogen** (Lupe), die unregelmäßigen Querwände als kleine weiße Striche an den Blättern erkennbar; Basis hellbraun, stark verbreitert, auf der Innenseite abgeflacht, auf der Außenseite gewölbt; Blätter ohne Spaltöffnungen
- Ein Sporangium, auf der Innenseite der Blattbasis ins Gewebe eingesenkt; Sporangium gekammert, weißlich; oberhalb des Sporangiums ein kleines, herz-eiförmiges Häutchen (Ligula); Schleier (Velum) das oberste Drittel des Sporangiums bedeckend
- Heterospor: Äußere Blätter der Jahrestriebe mit einem Megasporangium, **Megasporen** weiß, relativ groß, 0,4–0,55 mm im Durchmesser, **dicht mit langen, dünnen, zerbrechlichen Stacheln bedeckt** (Mikroskop); mittlere Blätter mit einem Mikrosporangium, Mikrosporen weiß, kleiner, glatt bis schwach stachelig (Mikroskop); innere Blätter meist steril; Pflanzen in größeren Tiefen oder bei ungünstigen Verhältnissen steril bleibend
- Wurzeln braun, unverzweigt oder 1- bis 2-fach dichotom verzweigt

Mögliche Verwechslung

Das See-Brachsenkraut *(I. lacustris)* hat steife, dunkelgrüne Blätter und Megasporen mit flachen Warzen. Zu weiteren Verwechslungsmöglichkeiten siehe See-Brachsenkraut.

Standort

(Kollin bis) alpin; klare, sehr nährstoffarme Seen, meist kalkmeidend; auf sandigem oder kiesigem Grund ohne oder mit geringer Schlammauflage

Verbreitung

Eurosibirisch-nordamerikanisch
CH/DE: Zentralalpen, Schwarzwald; am Bodensee, Langensee/Lago Maggiore und im Südtirol verschollen; sehr selten

Sporenreife

Juli bis September

Gefährdung/Schutz

CH: CR, kantonal geschützt
DE: CR, nicht besonders geschützt

Chromosomenzahl

2n = 22, diploid

Brachsenkrautgewächse

Isoëtaceae

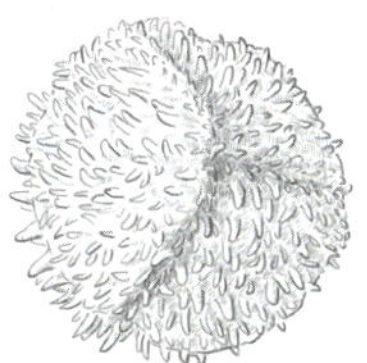

Die Megasporen besitzen lange, dünne Stacheln.

Schon gewusst?
Die Gattung wurde nach der Brachse (oder Brachsme, *Abramis brama*) benannt, einem Fisch aus der Gruppe der Karpfenartigen, mit dem die Pflanzen früher in Pommern oft in großen Mengen auf den Markt kamen (Hegi 1906).

Im Wasser sind die hellgrünen Blätter noch in alle Richtungen gespreizt, beim Herausziehen haften sie aneinander. (ag)

Moosfarngewächse

Selaginelláceae

Merkmale der mitteleuropäischen Arten

- Mit sehr kurzen oder längeren kriechenden Sprossen, aufrechte fertile Sprosse 2–8 cm hoch
- Fertile Sprosse nach der Sporenreife absterbend
- Blätter zart, nur wenige mm lang, gegenständig oder spiralig, unterschiedlich oder gleich gestaltet; am Grund auf der Innenseite mit einem sehr kleinen, chlorophyllfreien, früh schrumpfenden Blatthäutchen (Ligula), das möglicherweise der Wasseraufnahme dient
- Heterospor: Megasporangien größer, vierteilig, im unteren Teil der Sporangienähre; Mikrosporangien kleiner, kugelig, im oberen Teil der Sporangienähre
- Prothallien stark reduziert, sich in den Sporen entwickelnd

Weltweit
1 Gattung mit rund 700 Arten; vorwiegend tropisch verbreitet

Schweiz
Deutschland
Österreich
1 Gattung mit 5 Arten

Untergattung *Selaginella*
Sprosse rund; alle Blätter gleich, spiralig

→ Dorniger Moosfarn *Selaginella selaginoides*

Untergattung *Stachygynandrum*
Sprosse abgeflacht; Blätter unterschiedlich, gegenständig, in 4 Reihen

Stängelloser Moosfarn *Selaginella apoda* [N]
Douglas' Moosfarn *Selaginella douglasii* [N]
Schweizer Moosfarn *Selaginella helvetica*
Krauss' Moosfarn *Selaginella kraussiana* [N]

Dorniger Moosfarn

Selaginélla selaginoídes (L.) Schrank & Mart.

Sélaginelle spinuleuse · Selaginella alpina

AT: Alle Länder außer B, W

Merkmale

- **Sprosse meist einzeln, im Umriss rund,** 1–5 cm kriechend, nur am Grund bewurzelt, bogig aufsteigend, 4–8 cm hoch
- **Alle Blätter gleich gestaltet, spiralig angeordnet,** 1–3(–4) mm lang, breiteilanzettlich, zugespitzt; **Blattrand mit** wenigen (1 bis 5) **fransenartigen, abstehenden Zähnen;** hellgrün, aufrechte Triebe Ende Sommer gelblich bis hellrosa, nach der Sporenreife absterbend
- Sehr kleines, bald schrumpfendes Blatthäutchen am Grund auf der Blattoberseite
- Sporangienähre 1–2 cm lang, einzeln, nicht oder nur undeutlich vom Laubspross abgesetzt; heterospor: Sporangienähre im oberen Teil mit **Mikrosporangien,** im unteren Teil mit **Megasporangien**

Mögliche Verwechslung

Der Schweizer Moosfarn *(S. helvetica)* besitzt abgeflachte, kriechende Sprosse mit größeren Ventralblättern und kleineren Dorsalblättern. Der nur auf sauren, nassen, offenen Böden wachsende Moorbärlapp *(Lycopodiella inundata)* hat ganzrandige, hellgrüne Blätter. Der größere Tannenbärlapp *(Huperzia selago)* hat wenige, unauffällige Blattzähne und an der Spitze der Sprosse oft Brutknospen.

Standort

(Montan bis) subalpin bis alpin; frische bis feuchte, offene Böden; Weiden, Zwergstrauchheiden, Flachmoore, alpine Rasen

Verbreitung

Eurasiatisch-nordamerikanisch
CH/DE/AT: Vor allem Alpen, Jura; verbreitet

Sporenreife

Juni bis September

Gefährdung/Schutz

CH: LC, nicht geschützt
DE: LC, nicht besonders geschützt
AT: -r, nicht geschützt

Chromosomenzahl

2n = 18, diploid

Die Sprosse werden 4–8 cm hoch, die Blattränder besitzen abstehende, fransenartige Zähne.

Oben in der Sporangienähre befinden sich die Mikrosporangien, unten die Megasporangien.

Schon gewusst?

Beim Aufplatzen der Sporangien werden die Mikrosporen durch den Wind transportiert, während die viel größeren Megasporen bis zu 76 cm hoch und 120 cm weit geschleudert werden. So kommen beide Sporentypen für die Befruchtung zusammen (Schneller & Kessler 2020).

Schweizer Moosfarn

Selaginélla helvética (L.) Link

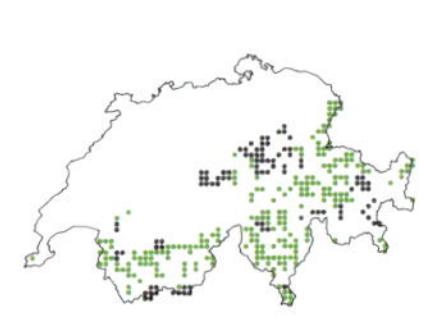

Sélaginelle de Suisse · Selaginella elvetica

AT: Alle Länder

Merkmale

- **Sprosse abgeflacht;** sterile Sprosse 5–20 cm weit kriechend, verzweigt, dicht oder etwas locker beblättert, über die ganze Länge bewurzelt; fertile Sprosse am Ende der sterilen Zweige, bogig aufgerichtet, 2–8 cm hoch
- **Blätter** der sterilen Sprosse **gegenständig,** in 4 Reihen angeordnet, eiförmig (1,5- bis 2-mal so lang wie breit), leicht abgestumpft, **unterschiedlich gestaltet:** die unteren beiden Blätter **(Ventralblätter) größer** (0,5–1 mm breit, 1–1,5 mm lang), seitlich abstehend; die oberen **(Dorsalblätter) kleiner** und etwas schmaler, **anliegend,** zur Sprossspitze gerichtet; Blätter **ganzrandig oder sehr fein gesägt** (Lupe)
- An sonnigen Standorten dicht beblätterte sterile Sprosse und meist zahlreiche fertile Sprosse bildend, im Herbst rot überlaufen bis vollständig ziegelrot (Sonnenformen); an schattigen Standorten locker beblätterte sterile Sprosse, häufig steril bleibend, im Herbst die älteren Blätter teilweise leicht rötlich (Schattenformen); fertile Sprosse nach der Sporenreife absterbend
- Sehr kleines, bald schrumpfendes Blatthäutchen am Grund auf der Blattoberseite
- Sporangienähre 1–4 cm lang, vom Laubspross durch einen 1–4 cm langen, locker beblätterten, einfachen oder gegabelten Abschnitt («Stiel») undeutlich abgesetzt; heterospor: **Megasporangien** im unteren Teil der Sporangienähre, **Mikrosporangien** im oberen Teil

Mögliche Verwechslung

Der Dornige Moosfarn *(S. selaginoides)* besitzt runde, kurz kriechende Sprosse und gleich gestaltete, spiralig angeordnete Blätter. Merkmale von neophytischen *Selaginella*-Arten siehe Kasten.

Standort

(Kollin bis) montan bis subalpin; auf offenen Böden; Wegränder, Böschungen, lückige Magerrasen

Verbreitung

Eurasiatisch

CH/DE/AT: Alpen, Voralpen; zerstreut

Sporenreife

Juni bis September

Gefährdung/Schutz

CH: LC, kantonal geschützt

DE: V, nicht besonders geschützt

AT: -r, nicht geschützt

Chromosomenzahl

2n = 18, diploid

Sterile, dicht beblätterte Sprosse einer Sonnenform …

… und lockerer beblätterte Sprosse einer Schattenform. (ag)

Während die sterilen Sprosse kriechen, sind die fertilen bogig aufgerichtet.

In Deutschland finden sich weitere, neophytische Moosfarne:

Stängelloser Moosfarn
(Selaginella apoda): Sprosse bis zu 30 cm lang, nicht gegliedert; Seitenzweige 1- bis 2-fach gegabelt; Ventralblätter fein gesägt, Sporangienähren sitzend, mit mehreren Megasporangien; aus Amerika, etabliert in Berlin, tendenziell etabliert in Mecklenburg-Vorpommern

Krauss' Moosfarn
(Selaginella kraussiana): Sprosse (15–)30–100 cm lang, leicht gegliedert (bei den Verzweigungen leicht verdickt); Seitenzweige 3-fach gegabelt; Ventralblätter fein gesägt; Sporangienähren sitzend, mit nur je einem Megasporangium; aus Afrika und Makaronesien, verwildert in Essen, NRW

Douglas' Moosfarn
(Selaginella douglasii): Sprosse bis zu 30 cm lang, nicht gegliedert; Seitenzweige 2- bis 3-fach gegabelt; Ventralblätter ganzrandig, am Grund bewimpert, glänzend, grün, alte Blätter hellbraun mit rötlichem Punkt am Blattgrund oder vollständig rot; aus Nordamerika, unbeständig in Thüringen

Schachtelhalmgewächse

Equisetáceae

Merkmale der mitteleuropäischen Arten

- Rhizom tief wurzelnd, weit kriechend und verzweigt, bei vielen Arten mit knolligen Verdickungen
- Sprosse aus ineinandergeschachtelten, hohlen Gliedern (Internodien mit Zentralhöhle) aufgebaut; Blattscheiden stängelumfassend, mit bleibenden oder hinfälligen Zähnen; Sprosse unverzweigt oder mit Seitenästen
- Fertile Sprosse grün oder zuerst hellbraun und später ergrünend (Wiesen-Schachtelhalm *E. pratense,* Wald-Schachtelhalm *E. sylvaticum*) oder hellbraun und nach der Sporenreife absterbend (Acker-Schachtelhalm *E. arvense,* Riesen-Schachtelhalm *E. telmateia*)
- Fertile Sprosse mit einer kompakten Sporangienähre abschließend
- Sporen alle gleich (isospor), grün; mit 2 schmalen, an beiden Enden spatelförmig verbreiterten, weißen Sporenbändern (Hapteren), die im feuchten Zustand um die Sporen gerollt, im trockenen Zustand ausgebreitet sind

Untergattung *Equisetum*
Grüne Sprosse glatt oder leicht rau, sommergrün, meist verzweigt; Sporangienähren stumpf; Spaltöffnungen der Internodien in der Epidermis liegend (nicht versenkt), unregelmäßig in den Furchen der Sprossinternodien verteilt

→ Acker-Schachtelhalm *Equisetum arvense*
Schlamm-Schachtelhalm *Equisetum fluviatile*
Sumpf-Schachtelhalm *Equisetum palustre*
Wiesen-Schachtelhalm *Equisetum pratense*
Wald-Schachtelhalm *Equisetum sylvaticum*
Riesen-Schachtelhalm *Equisetum telmateia*

Untergattung *Hippochaete*
Sprosse meist sehr rau, wintergrün (Ausnahme: Ästiger Schachtelhalm *E. ramosissimum* in Mitteleuropa im Winter absterbend), unverzweigt (Ausnahme: Ästiger Schachtelhalm *E. ramosissimum*); Sporangienähren mit aufgesetztem Spitzchen; Spaltöffnungen der Internodien unter der Epidermis liegend (versenkt), in regelmäßigen Zweierreihen in den Furchen der Sprossinternodien angeordnet (nicht mit den Silikathöckern auf den Rippen der Sprosse verwechseln)

Winter-Schachtelhalm *Equisetum hyemale*
Ästiger Schachtelhalm *Equisetum ramosissimum*
Bunter Schachtelhalm *Equisetum variegatum*

Weltweit
1 Gattung mit 15 Arten; fast weltweit verbreitet

Schweiz
Deutschland
Österreich
1 Gattung mit 9 Arten und zahlreichen Hybriden

Schachtelhalme

Equisétum

Tipps für die Bestimmung der Schachtelhalme

- Nur gut entwickelte Sprosse bestimmen; junge Sprosse oder Pflanzen an gestörten oder ökologisch extremen Standorten können eine stark abweichende Morphologie aufweisen; wenn möglich immer mehrere Sprosse untersuchen.
- Zuerst die Untergattung bestimmen.
- Merkmale der Sprossinternodien im Mittelteil des Sprosses beurteilen (nicht an der Spitze, nicht am Boden).
- Zähne und Form der Seitenäste im Mittelteil des Seitenastes beurteilen (nicht an der Spitze, nicht ganz an der Basis).
- Länge der Blattscheiden von der Basis bis zur Spitze der Zähne messen.
- Breite des Hautrandes bei den Zähnen der Blattscheide in der Mitte der Zähne beurteilen.
- Stabile Merkmale betreffen die Sporangienähre (stumpf oder mit aufgesetztem Spitzchen), die Blattscheide mit den Zähnen und bei der Untergattung *Hippochaete* die Silikathöcker auf den Rippen der Sprossinternodien.
- Der Querschnitt der Sprossinternodien (Größe der Zentralhöhle) ist bei der Untergattung *Equisetum* hilfreicher (da stabiler und zwischen den Arten unterschiedlicher) als bei der Untergattung *Hippochaete.*
- Der Verzweigungsgrad der Sprosse kann stark variieren und vom Standort, aber auch von Verletzungen abhängen (unverzweigte Sprosse können nach Verletzungen Seitenäste bilden).
- Im Zweifelsfall hilft nur die Beobachtung über einen längeren Zeitraum, am besten unter Kulturbedingungen (Lubienski 2011).

Mögliche Verwechslung

Schachtelhalme können höchstens mit dem Tannenwedel *(Hippuris vulgaris)* verwechselt werden. Der unauffällig blühende und zu den Samenpflanzen zählende Tannenwedel wächst in langsam fließenden oder stehenden, seichten Gewässern; er besitzt quirlig angeordnete, flache, schmale Blätter und die Internodien haben keine Blattscheiden.

Weiterführende Literatur

Für detaillierte Informationen zur Gattung und zu mikromorphologischen Merkmalen (Muster der Silikatauflagerungen auf den Rippen der Sprossinternodien) sei auf Lubienski et al. (2010) und Lubienski (2011) verwiesen, für detaillierte Artporträts auch auf Page (1997).

Schon gewusst?

Die Namen der beiden Untergattungen *Equisetum* und *Hippochaete* bedeuten übersetzt dasselbe, nämlich «Pferdehaar», und beziehen sich wie das deutsche «Katzenschwanz» auf das dichte, etwas buschige Aussehen gewisser Schachtelhalme (lateinisch *equus* und griechisch *hippos* für «Pferd», lateinisch *seta* und griechisch *chaite* für «Haar, Borste, Mähne»).

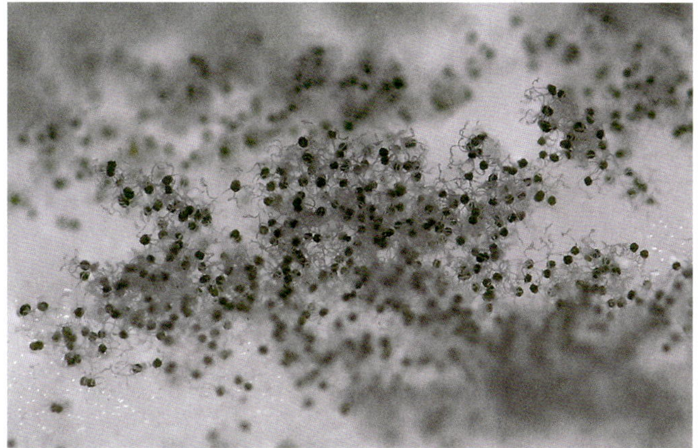

Sporenpulver wie Watte: Rund um die trockenen grünen Sporen breiten sich die weißen Sporenbänder aus.

Herausquellende Sporen beim Wald-Schachtelhalm *(Equisetum sylvaticum)*.

Die an den Enden verbreiterten Sporenbänder sind im trockenen Zustand ausgebreitet (links), im feuchten Zustand um die Sporen gerollt (rechts).

Vergleichstabelle Schachtelhalme

Equisétum

Allgemeine Merkmale
Sporangienähre mit aufgesetztem Spitzchen
Sporangienähre stumpf
Sprosse wintergrün
Sprosse sommergrün
Fertile Sprosse hellbraun bis weißlich
- nicht ergrünend
- später ergrünend, den sterilen Sprossen ähnlich werdend

Merkmale von grünen, voll entwickelten sterilen oder fertilen Sprossen
Sprossinternodien
- weißlich/elfenbeinfarbig
- mit hohen Silikathöckern
- Anteil der Zentralhöhle am Durchmesser
- innen mit weißlichem Gewebestrang
Blattscheiden
- Zähne mit breitem, weißem Rand
- teilweise leicht orange, gelblich oder rosa
Seitenäste
- fehlend
- vorhanden
- 3-kantig
- 2- bis 3-mal verzweigt
- unterstes Internodium kürzer als Blattscheide

Untergattung *Hippochaete*					Untergattung *Equisetum*						
E. hyemale Winter-Schachtelhalm	*E. ramosissimum* Ästiger Schachtelhalm	*E. variegatum* Bunter Schachtelhalm	*E. × moorei* Moores Schachtelhalm	*E. × trachyodon* Rauzähniger Schachtelhalm	*E. arvense* Acker-Schachtelhalm	*E. fluviatile* Schlamm-Schachtelhalm	*E. palustre* Sumpf-Schachtelhalm	*E. pratense* Wiesen-Schachtelhalm	*E. sylvaticum* Wald-Schachtelhalm	*E. telmateia* Riesen-Schachtelhalm	*E. × litorale* Ufer-Schachtelhalm
×	×	×	×	×							
					×	×	×	×	×	×	×
×		×	×	×							
	×				×	×	×	×	×	×	×
					×					×	
								×	×		
										×	
								×*(1)	×*(2)		
⅔ bis ⅘	⅓ bis ⅘	¼ bis ⅓	⅔ bis ⅘	½ bis ⅔	¼ bis ⅓	⅘ bis ⅞	⅙ bis ¼	½	½	½ bis ⅔	½ bis ¾
					×		×	×	×	×	
		×					(×)	(×)			
×		×				×	×				(×)
×	(×)	×	×	×		(×)	(×)				
	×		(×)		×	×	×	×	×	×	×
					(×)			×	(×)		
	(×)				(×)		(×)	(×)	×		
	×				(×)	×	×	(×)			(×)

* Internodien von fertilen, ergrünten Sprossen mit kurzen (1) resp. länglichen (2) Silikathöckern

Winter-Schachtelhalm

Equisétum hyemále L. subsp. *hyemále*

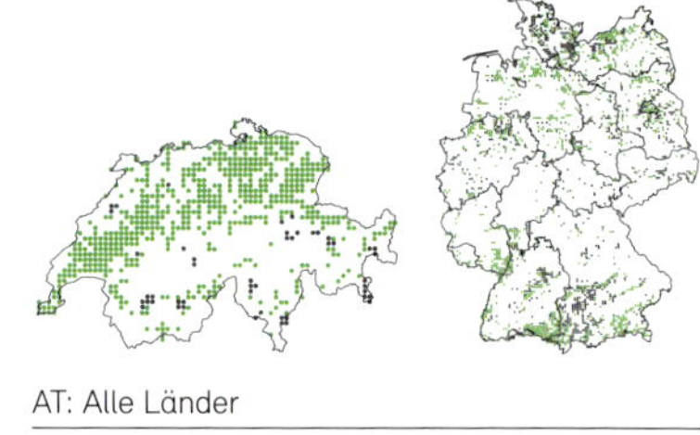

AT: Alle Länder

Prêle d'hiver · Equiseto invernale

Merkmale

- Rasig wachsend, Pflanzen 50–100 cm hoch
- Fertile und sterile Sprosse gleichzeitig erscheinend, gleich gestaltet, **unverzweigt; wintergrün**
- Sprossinternodien 3–6 mm dick, **dunkelgrün** (junge Sprosse im Frühling hellgrün, teilweise rosa bis orange), **sehr rau,** Zentralhöhle ⅔ bis ⅘ des Durchmessers, aufgebrochenes Sprossinternodium ohne weißen Gewebestrang
- **Blattscheiden** anliegend, **weiß bis grau,** ungefähr so lang wie breit, bei jungen Sprossen hellgrün bis rosa, Blattscheiden der älteren Sprosse mit zwei schwarzen Ringen (der untere breiter, der obere schmaler), junge Sprosse zuerst nur mit einem schwarzen, oberen Ring; Blattscheiden mit 15 bis 25 schwarzen, **sehr früh abfallenden Zähnen,** die sich teilweise bereits vor der Streckung der Internodien ablösen und als zusammenhängende Quirle an der Spitze der Sprosse zu kleinen **«Pagodenspitzen»** zusammengeschoben werden
- Sporangienähre mit aufgesetztem Spitzchen, 1–2 cm lang

Gefährdung/Schutz

CH: LC, nicht geschützt
DE: LC, nicht besonders geschützt
AT: -r, nicht geschützt

Chromosomenzahl

2n = 216, diploid

Mögliche Verwechslung

Die Zähne an den Blattscheiden des Ästigen Schachtelhalms *(E. ramosissimum)* brechen ebenfalls früh ab, die Blattscheiden (ohne Zähne) sind aber länger als breit und bleiben grünlich, die Sprosse sind meist verzweigt. Bei Moores Schachtelhalm *(E. × moorei)* sind die Blattscheiden (ohne Zähne) länger als breit, bei den oberen fehlt der basale schwarze Ring, die Silikathöcker auf den Rippen der Sprossinternodien laufen zu kurzen, waagrechten Bändern (Spangen) zusammen und sind nicht in zwei getrennten Reihen angeordnet (Lupe).

Standort

Planar bis montan (bis subalpin); auf feuchten, meist kalkreichen Böden; Auenwälder, wasserzügige Hänge, Bachufer

Verbreitung

Subsp. *hyemale:* eurasiatisch; subsp. *affine:* amerikanisch
CH/DE/AT: Zerstreut bis verbreitet; subsp. *affine* neophytisch in DE (Lubienski et al. 2018)

Sporenreife

Mai bis Juli

Die Blattscheiden sind weiß bis grau, die Zähne fallen sehr früh ab; links ein jüngerer, rechts ein älterer Spross.

Die Sprosse sind wintergrün und unverzweigt.

Dieser junge Spross zeigt eine typische «Pagodenspitze».

Schon gewusst?

Die rauen Sprosse wurden früher gesammelt, gebündelt und als Bürsten oder Schleifpapier verwendet. England konnte die Nachfrage nicht selbst decken und musste zu Beginn des 19. Jahrhunderts große Mengen aus Holland einführen. Deshalb wird der Winter-Schachtelhalm noch heute *Dutch rush* (Holländische Binse) oder *scouring rush* (Scheuer-Binse) genannt.

Ästiger Schachtelhalm

Equisétum ramosíssimum Desf.

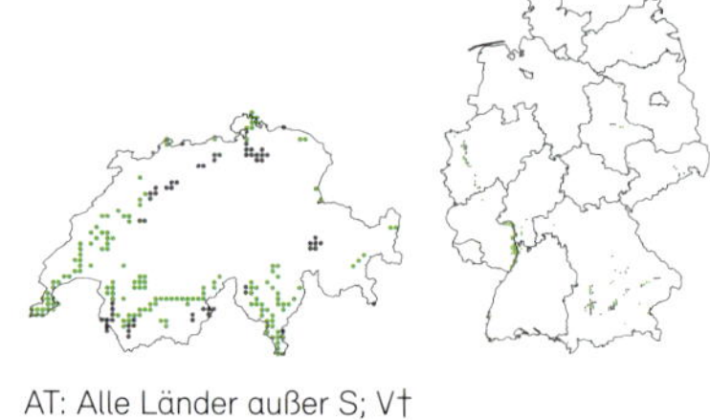

AT: Alle Länder außer S; V†

Prêle rameuse · Equiseto ramosissimo

Merkmale

- Rasig wachsend, Pflanzen 30–70(–100) cm hoch
- Fertile und sterile **Sprosse** gleichzeitig erscheinend und gleich gestaltet, in der unteren Hälfte **meist verzweigt,** selten unverzweigt, graugrün bis hellgrün; in Mitteleuropa **sommergrün**
- Sprossinternodien 2–8 mm dick, **rau,** Zentralhöhle ⅓ bis ⅘ des Durchmessers, aufgebrochenes Sprossinternodium ohne weißen Gewebestrang
- **Blattscheiden nach oben schmal trichterförmig erweitert, länger als breit; graugrün,** unterhalb der Zähne manchmal gelblich bis hellbraun; bei älteren Sprossen die Basis der unteren Blattscheiden selten mit einem dünnen, dunklen Ring; mit 8 bis 15 dunkelbraunen bis schwarzen, schmal weiß berandeten **Zähnen,** diese meist **in eine helle, gekräuselte, bald abbrechende Grannenspitze auslaufend**
- Seitenäste meist unverzweigt, ungleich lang, 5- bis 9-kantig; Zähne der Seitenäste anliegend, Spitzen meist dunkel, oft mit aufgesetzter, leicht abbrechender Grannenspitze; unterstes Seitenastinternodium kürzer als die dazugehörende Blattscheide; Ochreole dunkelbraun
- Sporangienähre mit aufgesetztem Spitzchen, 1–2 cm lang

Mögliche Verwechslung

Die Zähne an den Blattscheiden des Winter-Schachtelhalms *(E. hyemale)* brechen ebenfalls früh ab, seine Blattscheiden sind aber ungefähr so lang wie breit, bei ausgewachsenen Sprossen weiß bis grau und von zwei schwarzen Ringen eingefasst. Der Bunte Schachtelhalm *(E. variegatum)* hat bleibende, deutlich weiß berandete Zähne.

Standort

Planar bis montan; auf trockenen, sandigen, kalkhaltigen Böden; Flussufer, lichte Föhrenwälder, Wegränder, Bahnschotter, Rebberge

Verbreitung

Eurasiatisch-afrikanisch
CH/DE/AT: Zerstreut bis selten

Sporenreife

Mai bis Juni

Gefährdung/Schutz

CH: NT, kantonal geschützt
DE: VU, nicht besonders geschützt
AT: VU r!, regional geschützt

Chromosomenzahl

2n = 216, diploid

Raue, sommergrüne, meist verzweigte Sprosse zeichnen den Ästigen Schachtelhalm aus.

Rechts jüngere Sporangienähre mit aufgesetztem Spitzchen, links alte Sporangienähre.

Die Blattscheiden sind länger als breit und nach oben etwas erweitert.

Bunter Schachtelhalm

Equisétum variegátum Schleich.

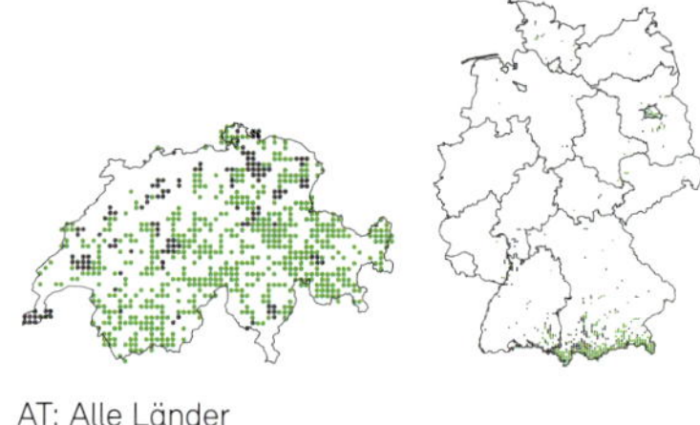

AT: Alle Länder

Prêle panachée · Equiseto variegato

Merkmale

- Rasig wachsend, Pflanzen 10–30(–40) cm hoch
- Fertile und sterile **Sprosse** gleichzeitig erscheinend und gleich gestaltet, **unverzweigt, wintergrün**
- Sprossinternodien 2–3 mm dick, rau, grün, selten orange bis gelblich; Zentralhöhle ¼ bis ⅓ des Durchmessers, aufgebrochenes Sprossinternodium ohne weißen Gewebestrang
- Blattscheiden anliegend oder leicht bauchig bis trichterförmig, grün, selten orange bis gelblich; **am Grund der Zähne meist mit einem schwarzen Ring,** dieser bei den obersten Blattscheiden schmal, nach unten breiter werdend, unterste Blattscheiden teilweise vollständig schwarz; Blattscheiden mit 5 bis 10 freien **Zähnen mit schmalem, dunklem Zentrum** und **breitem, weißem Rand sowie einer aufgesetzten, sehr schmalen, meist abspreizenden und bald abbrechenden Grannenspitze**
- **Sporangienähre mit aufgesetztem Spitzchen,** 0,5–1 cm lang

Schon gewusst?

«Bunt» (lateinisch *varius*) ist sehr relativ – beim Bunten Schachtelhalm *(E. variegatum)* genügten bereits die Farben der Blattscheide, um ihm zu seinem Artnamen zu verhelfen.

Mögliche Verwechslung

Für die Abgrenzung zwischen unverzweigten Sprossen des Sumpf-Schachtelhalms *(E. palustre)* und des Ästigen Schachtelhalms *(E. ramosissimum)* auf die Blattscheiden und Zähne achten, beim Sumpf-Schachtelhalm *(E. palustre)* auch auf die stumpfe Sporangienähre und die nur leicht rauen Sprossinternodien.

Standort

(Planar bis) kollin bis subalpin (bis alpin); auf nassen, meist sandigen bis kiesigen, kalkhaltigen Böden; Alluvionen, Kiesgruben, Flachmoore, seltener Wiesen

Verbreitung

Eurasiatisch-nordamerikanisch
CH/DE/AT: Alpen, Voralpen, sonst zerstreut

Sporenreife

Mai bis August

Gefährdung/Schutz

CH: LC, kantonal geschützt
DE: EN, nicht besonders geschützt
AT: -r, nicht geschützt

Chromosomenzahl

2n = 216, diploid

Der Bunte Schachtelhalm hat unverzweigte, wintergrüne Sprosse.

Die Zähne der Blattscheiden zeichnen sich durch einen breiten, weißen Rand und eine sehr schmale, bald abbrechende Grannenspitze aus.

Die Sporangienähre trägt ein aufgesetztes Spitzchen. (wb)

Acker-Schachtelhalm

Equisétum arvénse L.

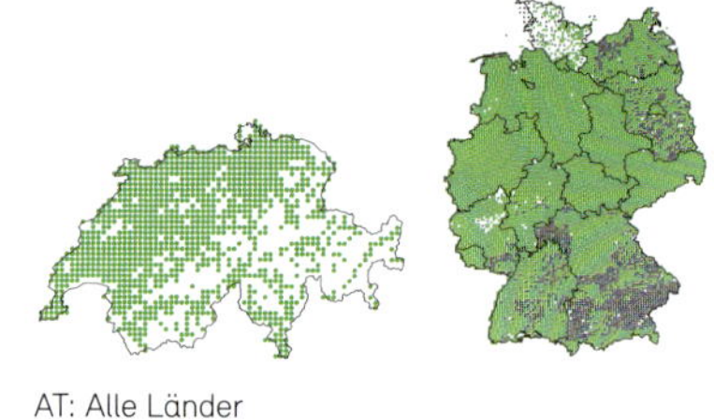

AT: Alle Länder

Prêle des champs · Equiseto dei campi

Merkmale

- Rasig wachsend, Pflanzen 5–50 cm hoch
- **Sterile Sprosse** 15–50(–70) cm hoch, mit Seitenästen, sommergrün
- Sprossinternodien 3–5 mm dick, grün bis graugrün, leicht rau, ohne hohe Silikathöcker, Zentralhöhle ¼ bis ⅓ des Durchmessers, **aufgebrochenes Sprossinternodium mit weißem Gewebestrang** («Hühnerdarm»)
- Blattscheiden anliegend, grün, mit 8 bis 14 zumindest in der vorderen Hälfte braunen, sehr schmal weißhäutig berandeten Zähnen
- Seitenäste meist unverzweigt, meist 4-kantig, selten 3- oder 5-kantig; Zähne der Seitenäste abspreizend, 2- bis 4-mal so lang wie breit, Spitzen meist grün, selten dunkel; **unterstes Seitenastinternodium länger als die dazugehörende Blattscheide,** im untersten Sprossabschnitt selten ungefähr gleich lang; Ochreole weißlich bis gelblich
- **Fertile Sprosse vor den sterilen erscheinend, 5–20 cm hoch, 4–7 mm dick, hellbraun bis weißlich;** ohne Seitenäste, nach der Sporenreife absterbend; Blattscheiden bauchig aufgeblasen, mit 6 bis 12 dunkelbraunen bis schwarzen Zähnen, oft 2 bis 3 Zähne miteinander verwachsen
- Sporangienähre stumpf, 1–3 cm lang

Schon gewusst?

Da der Acker-Schachtelhalm *(E. arvense)* wegen seines hohen Kieselsäuregehalts früher zum Reinigen von Zinngeschirr verwendet wurde, wird er auch Zinnkraut genannt. Sein buschiges Aussehen hat ihm zu weiteren Volksnamen wie Katzenschwanz oder Fuchsschwanz verholfen.

Mögliche Verwechslung

Beim Sumpf-Schachtelhalm *(E. palustre)* ist das unterste Seitenastinternodium immer kürzer als die dazugehörende Blattscheide. Die Seitenäste des Wiesen-Schachtelhalms *(E. pratense)* sind 3-kantig und die Sprossinternodien der sterilen Triebe mit hohen Silikathöckern besetzt.

Standort

Planar bis subalpin; auf feuchten bis trockenen, tonigen bis sandigen, leicht sauren bis kalkhaltigen Böden; sehr unterschiedliche Standorte besiedelnd, unter anderem Wegränder, Bahnschotter, Schuttplätze, Äcker, Wälder

Verbreitung

Eurasiatisch-nordamerikanisch
CH/DE/AT: Verbreitet und sehr häufig

Sporenreife

März bis Mai

Gefährdung/Schutz

CH/DE/AT: LC, nicht besonders geschützt

Chromosomenzahl

2n = 216, diploid

Die sommergrünen sterilen Sprosse tragen unverzweigte Seitenäste.

Das unterste Seitenastinternodium ist länger als die Blattscheide.

Vor den sterilen erscheinen im Frühling die fertilen, hellbraunen Sprosse.

Ein aufgebrochenes Sprossinternodium mit weißem Gewebestrang.

Sumpf-Schachtelhalm

Equisétum palústre L.

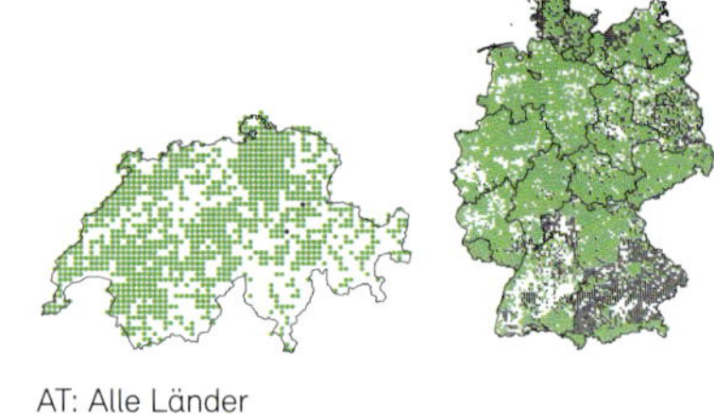

AT: Alle Länder

Prêle des marais · Equiseto palustre

Merkmale

- Rasig wachsend, Pflanzen 20–70(–80) cm hoch
- **Fertile und sterile Sprosse gleichzeitig erscheinend und gleich gestaltet,** meist mit Seitenästen, sommergrün
- Sprossinternodien 2–3 mm dick, grün, leicht rau, Zentralhöhle ⅙ bis ¼ des Durchmessers, **aufgebrochenes Sprossinternodium mit weißem Gewebestrang** («Hühnerdarm»)
- Blattscheiden anliegend, grün, teilweise vor allem unterhalb der Zähne leicht orange; mit 6 bis 12 freien, schwarzbraunen Zähnen, diese mit weißem Hautrand, ohne aufgesetzte Grannenspitze
- Seitenäste meist schräg nach oben gerichtet, meist unverzweigt und 5-kantig; Zähne der Seitenäste anliegend, so lang wie breit, Spitzen dunkel; **unterstes Seitenastinternodium kürzer als die dazugehörende Blattscheide;** Ochreole schwarz
- Sporangienähre stumpf, 1–3 cm lang

Schon gewusst?

Das Rhizom des Sumpf-Schachtelhalms *(E. palustre)* erreicht Tiefen von bis zu 4 m (Hegi 1984).

Mögliche Verwechslung

Beim Acker-Schachtelhalm *(E. arvense)* ist das unterste Seitenastinternodium länger als die Blattscheide (nur im untersten Sprossabschnitt selten ungefähr gleich lang). Unverzweigte Sprosse sehen dem Bunten Schachtelhalm *(E. variegatum)* ähnlich, dieser ist aber wintergrün, hat eine spitze Sporangienähre, die Zähne der Blattscheide haben einen breiteren Hautrand und am Grund meist einen schwarzen Ring.

Standort

Planar bis subalpin (bis alpin); auf feuchten bis nassen Böden; Sumpfwiesen, Gräben

Verbreitung

Eurasiatisch-nordamerikanisch
CH/DE/AT: Verbreitet, sehr häufig

Sporenreife

Juni bis September

Gefährdung/Schutz

CH/DE/AT: LC, nicht besonders geschützt

Chromosomenzahl

2n = 216, diploid

Das unterste Seitenastinternodium ist kürzer als die Blattscheide.

Die Sporangienähre ist stumpf … (wb)

… und die Blattscheide besitzt 6 bis 12 Zähne.

Die sommergrünen Sprosse sind meist verzweigt.

Schlamm-Schachtelhalm

Equisétum fluviátile L.

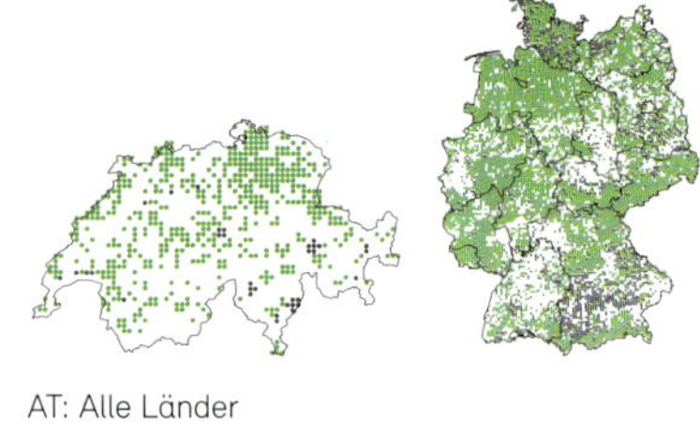

AT: Alle Länder

Prêle limicole · Equiseto fluviatile

Merkmale

- Rasig wachsend, Pflanzen 30–120(–150) cm hoch (falls im Wasser stehend: Höhe ab Wasseroberfläche messen)
- Fertile und sterile **Sprosse** gleichzeitig erscheinend und gleich gestaltet, an geschützten, (halb)-schattigen Standorten **meist mit Seitenästen,** an offenen, sonnigen Standorten oft unverzweigt; sommergrün
- **Sprossinternodien** 5–8(–10) mm dick, grün, **glatt, Zentralhöhle ⁴⁄₅ bis ⁷⁄₈ des Durchmessers («Trinkhalm-Test»: mit zwei Fingern zusammengedrückte Sprossinternodien geben schnell nach und kollabieren),** aufgebrochenes Sprossinternodium ohne weißen Gewebestrang
- Blattscheiden anliegend, grün, teilweise vor allem unterhalb der Zähne orange bis gelblich; mit 10 bis 25 dunkelbraunen bis schwarzen Zähnen, diese oft mit sehr schmalem weißem Rand und kleiner weißer Spitze
- Seitenäste schräg nach oben gerichtet oder waagrecht ausgebreitet, unverzweigt, 4- bis 5-kantig; Zähne der Seitenäste anliegend, etwas länger als breit, Spitzen meist grün, selten dunkel; unterstes Seitenastinternodium kürzer als die dazugehörende Blattscheide, im oberen Sprossdrittel teilweise nur wenig kürzer als die Blattscheide; Ochreole zuerst (hell-)braun, später dunkelbraun
- Sporangienähre stumpf, 1–3 cm lang

Mögliche Verwechslung

Sehr vielgestaltige Art. Mit zwei Fingern zusammengedrückte Sprossinternodien des Ufer-Schachtelhalms *(E. × litorale)* geben wenig nach, kollabieren aber nicht.

Standort

Planar bis subalpin; auf schlammigen Böden; Verlandungspionier an Seen, Teichen, Gräben; besiedelt bis zu 1,5 m, selten bis zu 2 m tiefe Gewässer

Verbreitung

Eurasiatisch-nordamerikanisch
CH/DE/AT: Zerstreut bis häufig

Sporenreife

Mai bis Juli

Gefährdung/Schutz

CH: LC, nicht geschützt
DE: LC, nicht besonders geschützt
AT: -r, regional geschützt

Chromosomenzahl

2n = 216, diploid

Schon gewusst?

Einzige europäische Schachtelhalm-Art mit einem gewissen Futterwert: Carl von Linné beobachtete bei seiner Lappland-Reise 1732, dass Rentiere gierig trockenen Schlamm-Schachtelhalm *(E. fluviatile)* fraßen (Øllgaard & Tind 1993).

Auf den Blattscheiden sitzen 10 bis 25 dunkelbraune bis schwarze Zähne.

Fertile und sterile Sprosse sind gleich gestaltet und bilden meist Seitenäste.

Die Zentralhöhle nimmt $\frac{4}{5}$ bis $\frac{7}{8}$ des Durchmessers des Sprossinternodiums ein.

Wiesen-Schachtelhalm

Equisétum praténse Ehrh.

AT: B, N, O, St, K, S, T

Prêle des prés · Equiseto pratense

Merkmale

- Rasig wachsend, Pflanzen 5–60 cm hoch
- **Sterile Sprosse** 10–60 cm hoch, mit Seitenästen, sommergrün; **Sprossinternodien** 1–3 mm dick, grün, **rau, mit hohen Silikathöckern** (Lupe), Zentralhöhle rund ½ des Durchmessers, aufgebrochenes Sprossinternodium mit weißem Gewebestrang («Hühnerdarm»); Blattscheiden anliegend, grün, mit 12 bis 20 Zähnen, diese meist mit schmaler, dunkler Mitte und breitem, weißlichem bis hellbraunem Hautrand
- **Seitenäste** unverzweigt (an gestörten Standorten manchmal unregelmäßig verzweigt), **meist 3-kantig;** Zähne der Seitenäste anliegend, so lang wie breit, meist mit hellem Hautrand, Spitzen meist grün, selten dunkel; unterstes Seitenastinternodium im oberen Sprossteil so lang wie die dazugehörende Blattscheide oder länger, im unteren Sprossteil kürzer; Ochreole kurz, braun und häutig
- **Fertile Sprosse gleichzeitig mit oder kurz vor den sterilen Sprossen erscheinend,** 5–30(–50) cm hoch, 2–5 mm dick, **hellbraun bis weißlich;** Blattscheiden trichterförmig bis bauchig aufgeblasen, graugrün, mit (12 bis) 15 bis 20 hellrandigen, verwachsenen, später freien Zähnen; Sprossinternodien hellbraun bis graugrün, glatt; **nach der Sporenreife grün werdend,** Seitentriebe bildend, Sprossinternodien etwas rau werdend (mit kurzen Silikathöckern), den sterilen Sprossen ähnlich sehend
- Sporangienähre stumpf, 1,5–4 cm lang

Mögliche Verwechslung

Die Sprossinternodien des Acker-Schachtelhalms *(E. arvense)* und des Sumpf-Schachtelhalms *(E. palustre)* sind leicht rau, aber nicht mit hohen Silikathöckern besetzt. Die Seitenäste des Wald-Schachtelhalms *(E. sylvaticum)* sind verzweigt und 4- bis 5-kantig, die Zähne der Blattscheiden hellbraun, häutig und zu Lappen verwachsen.

Standort

Planar bis subalpin; auf feuchten Böden; Wiesen, Auenwälder, Waldränder, Schluchten

Verbreitung

Eurasiatisch-nordamerikanisch
CH/DE/AT: Zerstreut, selten

Sporenreife

Mai bis Juni

Gefährdung/Schutz

CH: LC, nicht geschützt
DE: V, nicht besonders geschützt
AT: -r, nicht geschützt

Chromosomenzahl

2n = 216, diploid

Schon gewusst?
Auch ohne Sporangienähre lassen sich die fertilen gut von den sterilen Sprossen unterscheiden, nämlich aufgrund der Form der Blattscheiden: bei den fertilen sind sie trichterförmig bis aufgeblasen, bei den sterilen anliegend.

Die fertilen Sprosse erscheinen gleichzeitig mit oder kurz vor den sterilen. (kl)

Am sterilen Spross sind die hohen Silikathöcker auf den Internodien gut zu sehen.

Meist sind die Seitenäste des Wiesen-Schachtelhalms unverzweigt.

Wald-Schachtelhalm

Equisétum sylváticum L.

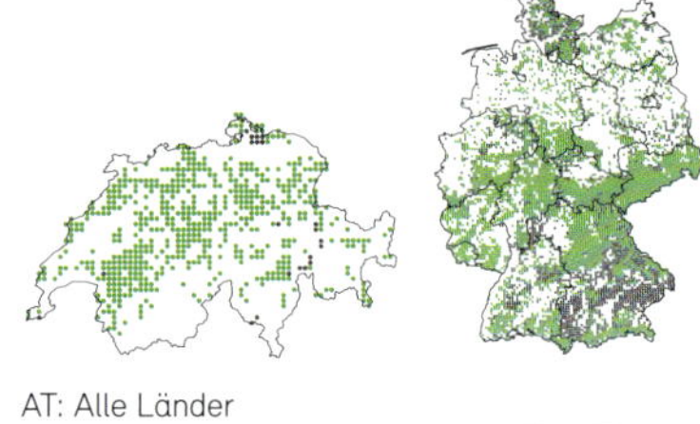

AT: Alle Länder

Prêle des bois · Equiseto selvatico

Merkmale

- Rasig wachsend, Pflanzen 10–80 cm hoch
- **Sterile Sprosse** 30–80 cm hoch, mit Seitenästen, sommergrün; **Sprossinternodien** 2–3 mm dick, hellgrün, manchmal braun bis schwarz werdend, rau, vor allem in der oberen Hälfte **mit hohen Silikathöckern besetzt** (Lupe), Zentralhöhle rund ½ des Durchmessers, aufgebrochenes Sprossinternodium mit weißem Gewebestrang («Hühnerdarm»); **Blattscheiden** etwas bauchig aufgeblasen, grün, mit 12 bis 20 langen, **braunen Zähnen,** diese gruppenweise **zu 2 bis 6 stumpfen, häutigen Lappen verwachsen**
- **Seitenäste** meist bogig überhängend, **2- bis 3-mal verzweigt,** 4- bis 5-kantig, Ästchen an der Spitze oft nur 3-kantig; Zähne der Seitenäste abspreizend, 2- bis 4-mal so lang wie breit, Spitzen grün; unterstes Seitenastinternodium ungefähr so lang wie die dazugehörende Blattscheide; Ochreole braun
- **Fertile Sprosse gleichzeitig mit oder kurz vor den sterilen Sprossen erscheinend,** 10–50 cm hoch, 3–5 mm dick, **hellbraun** bis weißlich oder rötlich; Blattscheiden bauchig aufgeblasen, grün, mit 12 bis 15 langen, **hellbraunen bis rötlich braunen Zähnen,** diese gruppenweise **zu 2 bis 6 stumpfen, häutigen Lappen verwachsen;** Sprossinternodien hellbraun bis graugrün, glatt; **nach der Sporenreife grün und rau werdend,** vor allem in der oberen Hälfte mit länglichen Silikathöckern besetzt (Lupe), Seitentriebe bildend, die den sterilen Sprossen ähnlich sehen
- Sporangienähre stumpf, 2–3 cm lang

Mögliche Verwechslung

Bei Schattenformen von Wiesen-Schachtelhalm *(E. pratense),* Acker-Schachtelhalm *(E. arvense)* und Sumpf-Schachtelhalm *(E. palustre),* die verzweigte Seitenäste aufweisen, auf die Blattscheidenzähne achten.

Standort

Planar bis subalpin; auf nassen, meist kalkarmen Böden; Wälder, Weiden, Moore

Verbreitung

Eurasiatisch-nordamerikanisch
CH/DE/AT: Verbreitet

Sporenreife

April bis Mai

Gefährdung/Schutz

CH/DE/AT: LC, nicht besonders geschützt

Chromosomenzahl

2n = 216, diploid

Die fertilen, zuerst hellbraunen Sprosse bilden nach der Sporenreife Seitentriebe.

Die sommergrünen Sprosse tragen verzweigte Seitenäste.

Braune, zu häutigen Lappen verwachsene Zähne der Blattscheiden sind ein gutes Erkennungsmerkmal für den Wald-Schachtelhalm.

Riesen-Schachtelhalm

Equisétum telmatéia Ehrh.

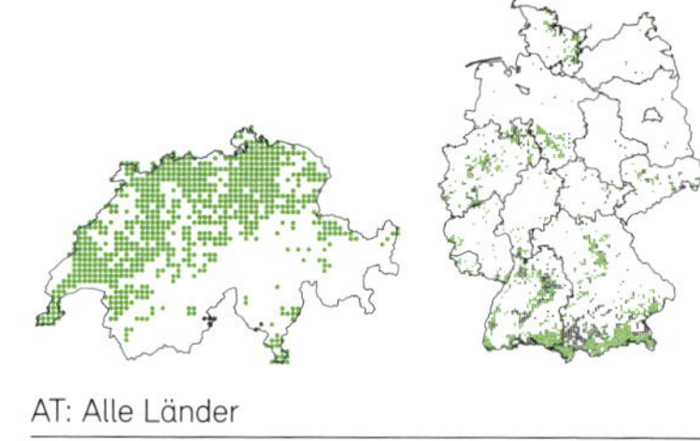

AT: Alle Länder

Prêle géante · Equiseto massimo

Merkmale

- Rasig wachsend, Pflanzen 10–150 cm hoch
- **Sterile Sprosse** 50–150 cm hoch, mit Seitenästen, sommergrün
- **Sprossinternodien** 6–10(–12) mm dick, **weißlich,** im Herbst vor allem unterhalb der Blattscheide teilweise vollständig dunkelbraun bis schwarz werdend, glatt oder leicht rau, ohne hohe Silikathöcker, Zentralhöhle ½ bis ⅔ des Durchmessers, aufgebrochenes Sprossinternodium mit weißem Gewebestrang («Hühnerdarm»)
- Blattscheiden anliegend, weißlich, mit (15 bis) 20 bis 40 braunen, sehr schmalen, leicht abbrechenden Zähnen
- Seitenäste meist unverzweigt, 8- bis 10-kantig; Zähne der Seitenäste anliegend, 2- bis 4-mal so lang wie breit, Spitzen meist dunkel; unterstes Seitenastinternodium kürzer als die dazugehörende Blattscheide; Ochreole dunkelbraun bis schwarz
- **Fertile Sprosse vor den sterilen Sprossen erscheinend, 10–25(–40) cm hoch, 8–15 mm dick, hellbraun** bis weißlich oder rötlich; ohne Seitenäste, nach der Sporenreife absterbend; Blattscheiden etwas bauchig aufgeblasen oder fast anliegend, mit 20 bis 35 dunkelbraunen, meist nicht miteinander verwachsenen Zähnen
- Sporangienähre stumpf, (3–)4–6(–9) cm lang

Standort

Planar bis montan; auf kalkhaltigen, nassen Böden; Wälder (oft an Wegrändern), Quellfluren, Rutschhänge, seltener Flachmoore

Verbreitung

Europäisch-mediterran-westasiatisch
CH/DE/AT: Zerstreut bis häufig

Sporenreife

März bis Mai

Gefährdung/Schutz

CH: LC, nicht geschützt
DE: LC, nicht besonders geschützt
AT: -r, regional geschützt

Chromosomenzahl

2n = 216, diploid

Schon gewusst?

Der frühere Artname *eburneum* (lateinisch für «elfenbeinfarbig») bezieht sich auf die nur bei dieser Schachtelhalm-Art auffallend hellen Sprossinternodien.
Im Vergleich zu den beiden süd- und mittelamerikanischen Arten *E. giganteum* (2–5 m hoch) und *E. myriochaetum* (2–5 m, selten bis zu 8 m hoch) ist unser Riesen-Schachtelhalm fast ein Winzling.

Die sterilen Sprosse werden 50–150 cm hoch.

Im Frühling erscheinen die fertilen, hellbraunen Sprosse vor den sterilen, grünen.

Die weißlichen Sprossinternodien sind für den Riesen-Schachtelhalm charakteristisch.

Junge sterile Sprosse im Frühling.

Schachtelhalm-Hybriden

Equisétum

In der Gattung der Schachtelhalme *(Equisetum)* sind zahlreiche Hybriden bekannt, wobei diese nur zwischen Arten entstehen, die der gleichen Untergattung angehören. Neben diploiden sind auch triploide Hybriden bekannt.
Im Folgenden werden drei regelmäßig auftretende, diploide Hybriden kurz mit den wichtigsten, möglichst feldtauglichen Merkmalen beschrieben. Für weiterführende Informationen zu diesen und weiteren Hybriden sei auf Lubienski et al. (2010) und Lubienski (2011) verwiesen.

Schon gewusst?

- Sporangienähren von Hybriden bleiben oft geschlossen.
- Bei offenen Sporangienähren lassen sich Hybriden mit dem Mikroskop oder einer guten Handlupe an den mehrheitlich abortierten, farblosen, unregelmäßig geformten Sporen mit fehlenden oder nur bruchstückhaft ausgebildeten Sporenbändern erkennen (in geringem Umfang produzieren die Hybriden aber auch grüne, runde Sporen mit zwei Sporenbändern).
  Die abortierten Sporen bilden im trockenen Zustand ein weißes, krümeliges Material, während die normal entwickelten Sporen und Sporenbänder im trockenen Zustand als grün-weiße, watteartige Gebilde erkennbar sind.
- Hybriden können auch weit entfernt von ihren Elternarten vorkommen und durch vegetatives Wachstum große Bestände bilden.

Oben: Wird die geschlossene Sporangienähre einer Hybride aufgeschnitten, kommen weiße, krümelige Sporen zum Vorschein (Rauzähniger Schachtelhalm *E. × trachyodon*).

Unten: Beim Winter-Schachtelhalm *(E. hyemale)* ist bereits kurz nach dem Aufschneiden einer geschlossenen Sporangienähre die typische grünweiße, watteartige Sporenmasse zu erkennen (beide Bilder im Oktober aufgenommen).

Moores Schachtelhalm

Equisétum × mōōrei Newman
Winter-Schachtelhalm *(E. hyemale)* ×
Ästiger Schachtelhalm *(E. ramosissimum)*

Prêle de Moore · Equiseto di Moore

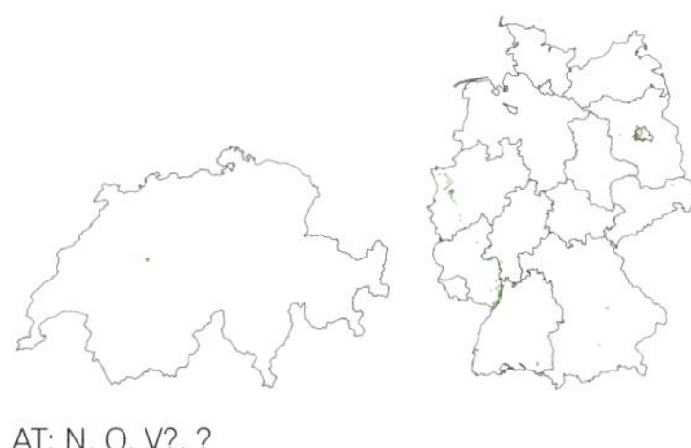

AT: N, O, V?, ?

Die unteren Blattscheiden erinnern an den Winter-Schachtelhalm *(E. hyemale)*, die oberen an den Ästigen Schachtelhalm *(E. ramosissimum)*.

Merkmale

- **Merkmalspolarität:** Blattscheiden an den **unteren Sprossabschnitten** jenen des **Winter-Schachtelhalms** *(E. hyemale)* ähnlich, an den **oberen Abschnitten** jenen des **Ästigen Schachtelhalms** *(E. ramosissimum)*
- Silikathöcker auf den Rippen der Sprossinternodien waagrecht zusammenlaufend, kurze Bänder («Spangen») bildend (am besten mit einem Mikroskop, für Geübte auch mit einer Handlupe zu sehen)

Gefährdung/Schutz

CH: DD, nicht geschützt
DE: EN, nicht besonders geschützt
AT: LC, nicht geschützt

Rauzähniger Schachtelhalm

Equisétum × trachýodon A. Braun
Winter-Schachtelhalm *(E. hyemale)* ×
Bunter Schachtelhalm *(E. variegatum)*

Prêle à dents rudes · Equiseto con denti ruvidi

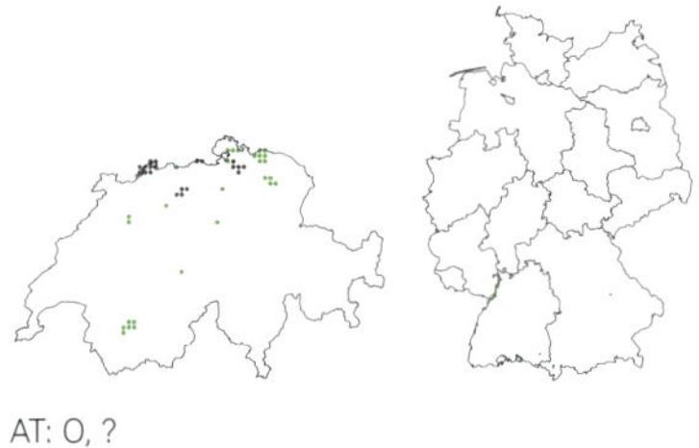

AT: 0, ?

Auf den Zähnen der Blattscheiden befinden sich zur Spitze gerichtete Stacheln.

Merkmale

- Erster Eindruck eines aufgeschossenen Bunten Schachtelhalms *(E. variegatum)*
- Blattscheiden etwas länger als breit, die oberen grün mit einem schwarzen Ring unterhalb der Zähne, die unteren mit einem zweiten Ring an der Basis der Blattscheide oder einfarbig schwarz werdend
- Zähne der Blattscheiden schwarz mit schmalem, weißem Hautrand, lang zugespitzt, meist bleibend; **Zähne auf der Außenseite mit zur Spitze gerichteten Stacheln** (Lupe mit 20-facher Vergrößerung), daher der Artname (griechisch *trachys* für «rau» und *odon* für «Zahn»)
- Silikathöcker auf den Rippen der Sprossinternodien in zwei getrennten Reihen, nicht waagrecht zusammenlaufend (am besten mit einem Mikroskop, für Geübte auch mit einer Handlupe zu sehen)

Gefährdung/Schutz

CH: VU, kantonal geschützt
DE: EN, nicht besonders geschützt
AT: LC, nicht geschützt

Ufer-Schachtelhalm

Equisétum × litorále Kühlew. ex Rupr.
Acker-Schachtelhalm *(E. arvense)* ×
Schlamm-Schachtelhalm *(E. fluviatile)*

Prêle du littoral · Equiseto litorale

CH: ? · AT: O, N, ?

Merkmale

- Zentralhöhle ½ bis ¾ des Sprossdurchmessers: **mit zwei Fingern zusammengedrückte Sprossinternodien leicht nachgebend** (mehr als beim Acker-Schachtelhalm *E. arvense*), **aber nicht kollabierend** (wie beim Schlamm-Schachtelhalm *E. fluviatile*)
- **Aufgebrochenes Sprossinternodium ohne weißen Gewebestrang** («Hühnerdarm»)
- **Unterstes Seitenastinternodium im unteren Sprossabschnitt ungefähr so lang wie die dazugehörende Blattscheide oder kürzer,** im oberen Sprossabschnitt deutlich länger
- Sporangienähren meist fehlend; wenn vorhanden, an den Spitzen von grünen Sprossen

Im unteren Sprossabschnitt ist das unterste Seitenastinternodium höchstens so lang wie die dazugehörende Blattscheide.

Gefährdung/Schutz

CH: ?
DE: LC, nicht besonders geschützt
AT: LC, nicht geschützt

Natternzungen-gewächse

Ophioglossáceae

Merkmale der mitteleuropäischen Arten

- Pflanzen 2–20(–45) cm hoch, jährlich meist nur ein Blatt bildend (Ausnahme: Vielspaltige Mondraute *Botrychium multifidum* mit 2, selten 3 bis 4 Blättern)
- Blatt kahl oder jung spärlich bis dicht behaart und später verkahlend; in einen vegetativen und einen fertilen Abschnitt gegliedert; vegetativer Abschnitt sommergrün oder wintergrün, gestielt oder sitzend, Blattspreite ungeteilt bis 3-fach gefiedert, Blattnerven verzweigt oder undeutlich und netzartig
- Blatt in der Knospenlage aufrecht oder hakenförmig eingekrümmt, nicht eingerollt
- Sporen alle gleich (isospor); Sporangienstand ährenartig mit zweizeiligen, tief in die Achse eingesenkten Sporangien (Natternzunge *Ophioglossum*) oder Sporangienstand rispenartig mit freien Sporangien (Mondraute *Botrychium*); ohne Schleier
- Prothallien länglich, langlebig, unterirdisch und chlorophyllfrei, Ernährung über Mykorrhizapilze

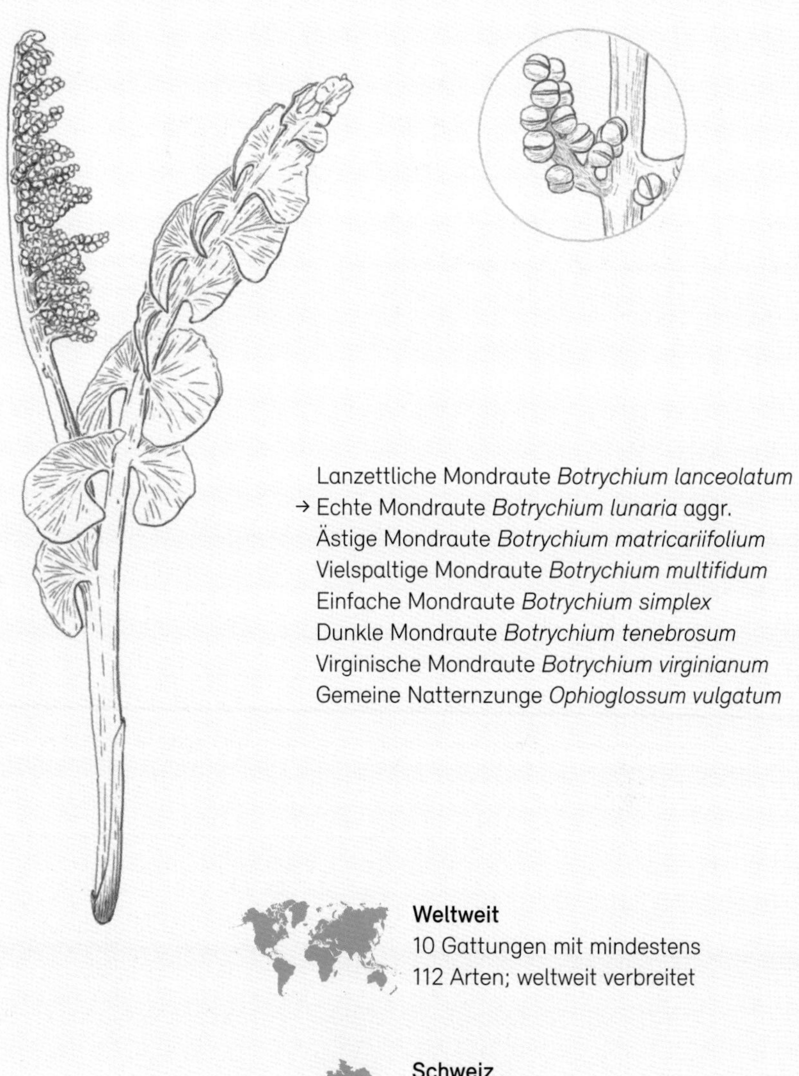

Lanzettliche Mondraute *Botrychium lanceolatum*
→ Echte Mondraute *Botrychium lunaria* aggr.
Ästige Mondraute *Botrychium matricariifolium*
Vielspaltige Mondraute *Botrychium multifidum*
Einfache Mondraute *Botrychium simplex*
Dunkle Mondraute *Botrychium tenebrosum*
Virginische Mondraute *Botrychium virginianum*
Gemeine Natternzunge *Ophioglossum vulgatum*

Weltweit
10 Gattungen mit mindestens
112 Arten; weltweit verbreitet

Schweiz
Deutschland
Österreich
2 Gattungen mit mindestens
8 Arten

Gemeine Natternzunge

Ophioglóssum vulgátum L.

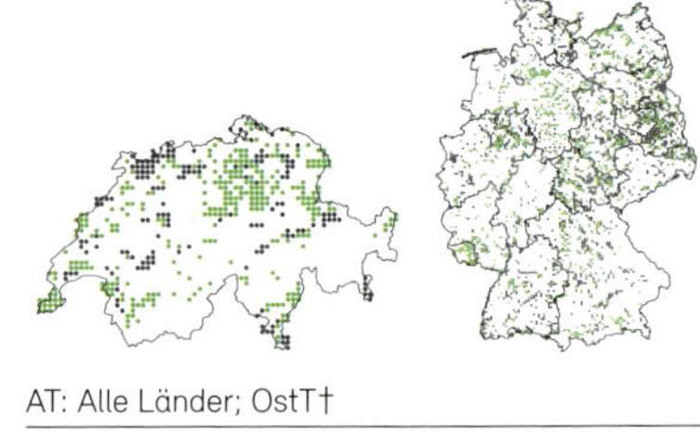
AT: Alle Länder; OstT†

Langue de serpent · Ofioglosso comune

Merkmale

- Pflanzen (5–)10–20(–25) cm hoch; Rhizom senkrecht, kurz; Wurzeln waagrecht, länger, neue Blätter bildend, Pflanzen deshalb meist in Gruppen wachsend
- **Blattspreite** sitzend, eiförmig bis oval, **ungeteilt, ganzrandig,** stumpf, am Grund trichterförmig verschmälert; gelbgrün, glänzend, etwas ledrig bis fleischig, sommergrün, kahl, ohne Mittelrippe; Blattnerven undeutlich, netzartig, im Gegenlicht schwach zu sehen
- Sporangienstand am Grund der Blattspreite abzweigend, gestielt, ährenförmig, vorn zugespitzt, zur Zeit der Sporenreife die Blattspreite meist weit überragend; **Sporangien zweizeilig angeordnet, tief in die Achse eingesenkt** (nicht frei); junge Sporangien grün, im reifen Zustand gelb

Schon gewusst?

Die Natternzungen *(Ophioglossum)* verdanken ihren Namen dem dünnen Sporangienstand (griechisch *ophis* für «Schlange», *glossa* für «Zunge»). Viele Natternzungen-Arten weisen auffallend hohe Chromosomenzahlen auf. Die in den Tropen und Subtropen verbreitete Art *Ophioglossum reticulatum* besitzt über 1000 Chromosomen in ihren Zellen (2n) und hält damit den Weltrekord aller Organismen (Khandelwal 2008, Zhang et al. 2020).

Mögliche Verwechslung

Bei manchen Arten, die auf den ersten Blick ähnliche Blätter aufweisen (beispielsweise Wegerich *Plantago* oder Teufelsabbiss *Succisa pratensis*), sind die Blattnerven deutlich sichtbar.

Standort

Planar bis montan; auf feuchten bis wechselfeuchten, sauren bis leicht kalkhaltigen Böden; Wiesen, Weiden, Dünentäler, lichte Wälder

Verbreitung

Eurasiatisch-amerikanisch
CH/DE/AT: Verbreitet, aber überall selten

Sporenreife

Juni bis Juli

Gefährdung/Schutz

CH: VU, kantonal geschützt
DE: VU, nicht besonders geschützt
AT: VU r!, regional geschützt

Chromosomenzahl

2n = meist 480, mindestens 32-ploid

Die Gemeine Natternzunge besitzt eine ungeteilte, ganzrandige Blattspreite.

Die zweizeilig angeordneten Sporangien sind tief in die Achse eingesenkt.

Zur Zeit der Sporenreife überragt der Sporangienstand die Blattspreite deutlich.

Echte Mondraute

Artengruppe

Botrýchium lunária aggr. (L.) Sw.

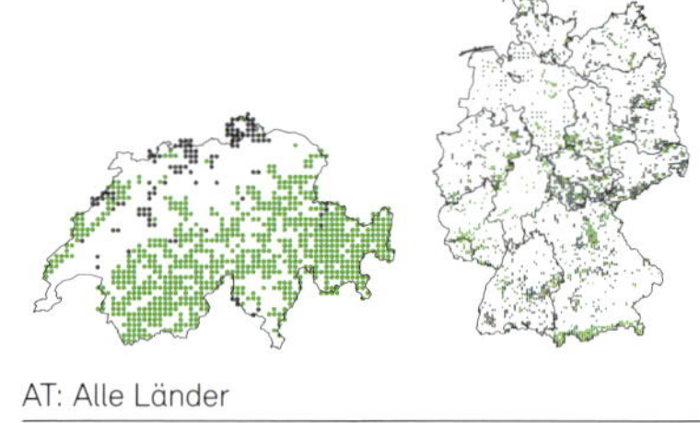

AT: Alle Länder

Botryche lunaire · Botrichio lunaria

Merkmale

- Pflanzen (2–)5–15(–20) cm hoch
- **Blattspreite** sitzend, **breitlanzettlich, 1-fach gefiedert oder fiederschnittig,** mit (3 bis) 5 bis 9 breit sitzenden Fiederpaaren (Abschnitten); grün bis gelblich grün, matt oder leicht glänzend, etwas ledrig, sommergrün, kahl
- **Fiedern** (Abschnitte) **halbmond- oder fächerförmig,** ganzrandig oder leicht gekerbt
- Vegetativer und fertiler Blattabschnitt mit langem, gemeinsamem Stiel
- Sporangienstand am Grund der Blattspreite abzweigend, lang gestielt, rispenartig; Sporangien frei, reif gelbbraun, nach dem Öffnen braun

Aktuelle Forschung

Neue Forschungen haben gezeigt, dass die Echte Mondraute *(B. lunaria)* eine Artengruppe ist, die etwa 10 kryptische Arten umfasst (bislang sind 3 davon in der Schweiz bekannt). Diese lassen sich genetisch und ökologisch, aber kaum morphologisch unterscheiden (Maccagni & Kessler 2019, Dauphin et al. 2014 und 2017).

Mögliche Verwechslung

Die Fiedern der Ästigen Mondraute *(B. matricariifolium)* sind länglich. Bei der Dunklen Mondraute *(B. tenebrosum)* ist die Blattspreite gestielt.

Standort

Planar bis alpin; auf nährstoffarmen, flachgründigen Böden; lückige Wiesen, Weiden, Sandheiden, Böschungen

Verbreitung

Eurasiatisch-nordamerikanisch, australisch, neuseeländisch

CH/DE/AT: Vor allem Alpen, Voralpen, Jura, Mittelgebirge; in den tieferen Lagen selten, sonst zerstreut bis häufig

Sporenreife

Mai bis August

Gefährdung/Schutz

CH: LC, kantonal geschützt

DE: VU, besonders geschützt

AT: -r, nicht geschützt

Chromosomenzahl

2n = 90, diploid

Zum Zeitpunkt der Sporenreife sind die Sporangien gelbbraun … (wb)

… nach der Sporenreife jedoch braun.

Die Fiedern der Echten Mondraute sind halbmond- oder fächerförmig, die jungen Sporangien grün. (ms)

Schon gewusst?

Der wissenschaftliche Artname bezieht sich auf die halbmondförmigen Fiedern (lateinisch *luna* für «Mond»), der Gattungsname auf die wie Weintrauben zusammengesetzten (damit rispenartigen, nicht traubigen) Sporangienstände (griechisch *botrys* für «Traube»). Auf Englisch werden die Arten der Gattung *moonwort* («Mondpflanze») oder *grapefern* («Traubenfarn») genannt.

Einfache Mondraute

Botrýchium símplex E. Hitchc.

Botryche simple · Botrichio minore

AT: St, OstT†, NordT

Die Blattspreite zweigt meist direkt über dem Boden vom fertilen Blattabschnitt ab. (alm)

Merkmale

- Pflanzen (2–)3–8(–15) cm hoch
- **Blattspreite** sitzend oder sehr kurz gestielt, direkt am oder wenig über dem Boden vom fertilen Blattabschnitt abzweigend, eiförmig bis eilanzettlich, **ungeteilt, gelappt oder fiederschnittig** mit 3 oder 5 (selten mehr) Abschnitten auf beiden Seiten, sehr vielgestaltig; gelblich grün, matt, etwas fleischig-ledrig, sommergrün, kahl
- Vegetativer und fertiler Blattabschnitt **ohne oder nur mit sehr kurzem gemeinsamem Stiel**
- Sporangienstand lang gestielt, schmal rispenartig, bei kleinen Pflanzen ährenartig; Sporangien gelbbraun, nach dem Öffnen braun

Mögliche Verwechslung

Bei der Echten Mondraute *(B. lunaria)* und der Dunklen Mondraute *(B. tenebrosum)* besitzen der vegetative und der fertile Blattabschnitt einen deutlichen gemeinsamen Stiel.

Standort

Planar bis subalpin (bis alpin); auf feuchten bis nassen, schwach sauren Böden; Wiesen, Bachränder

Verbreitung

Eurasiatisch-nordamerikanisch
CH/DE/AT: Sehr selten

Gefährdung/Schutz

CH: CR, national geschützt
DE: CR, besonders geschützt
AT: CR, regional geschützt

Chromosomenzahl

2n = 90, diploid

Dunkle Mondraute

Botrýchium tenebrósum A. A. Eaton

CH/DE: ? · AT: N, O, V?, ?

Merkmale

- Pflanzen (2–)3–7(–12) cm hoch
- **Blattspreite gestielt,** oval bis breitlanzettlich, **fiederschnittig** (oder 1-fach gefiedert) **mit (1 bis) 2 bis 4 Abschnitten** (Fiedern) **auf beiden Seiten,** sehr vielgestaltig; gelblich grün bis leicht bläulich, matt, etwas fleischig-ledrig, sommergrün, kahl
- Vegetativer und fertiler Blattabschnitt **mit kurzem bis längerem gemeinsamem Stiel**
- Sporangienstand schmal rispenartig, bei kleinen Pflanzen ährenartig; Sporangien gelbbraun, nach dem Öffnen braun

Aktuelle Forschung

Die Dunkle Mondraute *(B. tenebrosum)* wird in Europa erst seit Kurzem auf Artniveau von der Einfachen Mondraute *(B. simplex)* unterschieden (Dauphin et al. 2017).

Mögliche Verwechslung

Die Blattspreite der Echten Mondraute (*B. lunaria* aggr.) ist sitzend und der Sporangienstand zweigt am Grund der Blattspreite ab, die Abschnitte/Fiedern sind meist breiter.

Standort

Planar bis alpin; auf nährstoffarmen, flachgründigen, wechselfeuchten bis mäßig trockenen, schwach sauren Böden; Wiesen, Weiden, Heiden

Verbreitung

Eurasiatisch-nordamerikanisch
CH/DE/AT: Unklar, da bis vor Kurzem in Mitteleuropa nicht von der Einfachen Mondraute *(B. simplex)* unterschieden

Sporenreife

Juli bis August

Gefährdung/Schutz

CH: –, national geschützt
DE: –, besonders geschützt
AT: –

Chromosomenzahl

2n = 90, diploid

Die fiederschnittige Blattspreite ist gestielt. (alm)

Lanzettliche Mondraute

Botrýchium lanceolátum (S. G. Gmel.) Ångstr.

Botryche lancéolé · Botrichio lanceolato

DE: — · AT: K, OstT, NordT†

Merkmale

- Pflanzen 5–15 cm hoch
- **Blattspreite sitzend, eiförmig bis dreieckig,** kaum länger als breit, **1-fach gefiedert (oder fiederschnittig),** mit 3 bis 4 breit sitzenden Fiederpaaren (Abschnitten), leicht glänzend, etwas ledrig, sommergrün, kahl
- **Fiedern (Abschnitte) breitlanzettlich bis lanzettlich,** stumpf, gesägt bis fiederspaltig
- **Vegetativer und fertiler Blattabschnitt mit langem gemeinsamem Stiel**
- Sporangienstand rispenartig; Sporangien gelbbraun, nach dem Öffnen braun

Standort
(Montan bis) subalpin bis alpin; auf nährstoffarmen, kalkarmen Böden; Rasen, Weiden, Moränen

Verbreitung
Eurasiatisch-nordamerikanisch
CH/AT: Alpen, sehr selten

Sporenreife
Juli bis August

Gefährdung/Schutz
CH: CR, national geschützt
AT: CR, regional geschützt

Chromosomenzahl
2n = 90, diploid

Die Blattspreite ist meist 1-fach gefiedert und besitzt breitlanzettliche bis lanzettliche Fiedern. (ag)

Ästige Mondraute

Natternzungengewächse
Ophioglossaceae

Botrýchium matricariifólium (Döll) W. D. J. Koch

Botryche à feuilles de matricaire · Botrichio ramoso

AT: B, N, O, St, K, S, T, V†

Die Blattspreite ist meist 1-fach gefiedert, die Fiedern sind fiederschnittig. (ag)

Merkmale

- Pflanzen 5–15(–20) cm hoch
- **Blattspreite meist kurz gestielt,** selten sitzend, **breitlanzettlich, 1-fach gefiedert (oder fiederschnittig),** mit 2 bis 5 breit sitzenden Fiederpaaren (Abschnitten); grün, oft leicht graublau, matt oder leicht glänzend, etwas fleischig, sommergrün, kahl
- **Fiedern (Abschnitte) eiförmig bis breitlanzettlich, regelmäßig fiederschnittig**
- Vegetativer und fertiler Blattabschnitt mit gemeinsamem, auffallend kräftigem, bis zu 4 mm dickem Stiel
- Sporangienstand rispenartig; Sporangien gelbbraun, nach dem Öffnen braun

Standort

Planar bis montan; auf nährstoffarmen, kalkarmen, flachgründigen Böden; lückige Sand- und Magerrasen, Sandgruben, Wegränder, lichte Nadelwälder

Verbreitung

Europäisch-nordamerikanisch
CH/DE/AT: Sehr selten

Sporenreife

Juni bis Juli

Gefährdung/Schutz

CH: CR, national geschützt
DE: EN, streng geschützt
AT: EN, regional geschützt

Chromosomenzahl

2n = 180, tetraploid

Virginische Mondraute

Botrýchium virginiánum (L.) Sw.

Botryche de Virginie · Botrichio virginiano

AT: N, O, St, K, S, T†

Die Virginische Mondraute hat eine dreieckige Blattspreite und spitze Fiederchen. (kl)

Merkmale

- Pflanzen (10–)15–30(–45) cm hoch
- **Blattspreite** (fast) **sitzend, breit dreieckig,** meist breiter als lang, **2- bis 3-fach gefiedert,** mit 5 bis 10 Fiederpaaren, die untersten Fiedern kurz gestielt; matt bis leicht glänzend, etwas dünnhäutig, sommergrün; junge Blätter dicht behaart, später verkahlend
- **Fiederchen (Fiedern 2. Ordnung) lanzettlich, zugespitzt**
- **Vegetativer und fertiler Blattabschnitt mit langem gemeinsamem Stiel**
- Sporangienstand meist am Grund der Blattspreite abzweigend, lang gestielt, rispenartig; Sporangien gelbbraun, nach dem Öffnen braun

Mögliche Verwechslung

Bei der Vielspaltigen Mondraute *(B. multifidum)* ist die Blattspreite lang gestielt, die Fiederchen sind stumpf. Bei Doldenblütlern (Apiaceae) sind die Fiedern und Fiederchen genau gegenständig und nicht schief gegenständig oder wechselständig angeordnet.

Standort

Montan bis subalpin; auf leicht sauren bis neutralen Böden; lichte Wälder, Waldlichtungen

Verbreitung

Eurasiatisch-amerikanisch
CH/DE/AT: Alpen, sehr selten

Sporenreife

Juni bis August

Gefährdung/Schutz

CH: CR, national geschützt
DE: CR, besonders geschützt
AT: VU, regional geschützt

Chromosomenzahl

2n = 184, tetraploid

Vielspaltige Mondraute

Botrýchium multífidum
(S. G. Gmel.) Rupr.

Botryche multifide · Botrichio multifido

AT: N, O†?, St, K, S, OstT, NordT†

Die Vielspaltige Mondraute zeichnet sich durch eine dreieckige Blattspreite und stumpfe Fiederchen aus. (ag)

Merkmale

- Pflanzen (3–)5–15(–20) cm hoch; jährlich oft 2, selten 3 bis 4 vegetative Blätter entwickelnd
- **Blattspreite lang gestielt, breit dreieckig,** meist breiter als lang, **2- bis 3-fach gefiedert;** matt bis leicht glänzend, etwas fleischig, oft wintergrün; junge Blätter dicht behaart, später verkahlend
- **Fiederchen (Fiedern 2. Ordnung) eiförmig bis oval, stumpf**
- **Vegetativer und fertiler Blattabschnitt ohne gemeinsamen Stiel**
- Sporangienstand mit langem, auffallend kräftigem Stiel; rispenartig; Sporangien gelbbraun, nach dem Öffnen braun

Mögliche Verwechslung

Bei der Virginischen Mondraute *(B. virginianum)* und der Lanzettlichen Mondraute *(B. lanceolatum)* besitzen der vegetative und der fertile Blattabschnitt einen gemeinsamen Stiel. Die Fiederchen der Virginischen Mondraute *(B. virginianum)* sind lanzettlich und zugespitzt.

Standort

Planar bis subalpin; auf nährstoff- und kalkarmen, flachgründigen Böden; lückige Magerrasen, Weiden, Wegränder, lichte Wälder

Verbreitung

Eurasiatisch-nordamerikanisch
CH/DE/AT: Sehr zerstreut und sehr selten

Sporenreife

August bis September

Gefährdung/Schutz

CH: CR, national geschützt
DE: CR, streng geschützt
AT: EN, regional geschützt

Chromosomenzahl

2n = 90, diploid

Königsfarn

Osmúnda regális L.
Königs-Rispenfarn

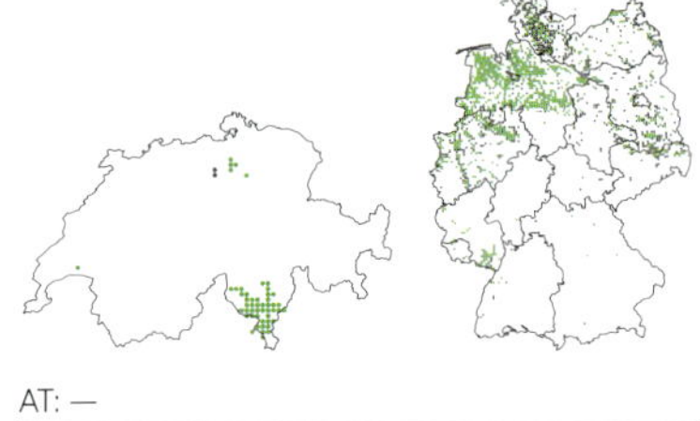

Fougère royale • Osmunda regale

Merkmale

- In **großen Rosetten** wachsend, Blätter 60–160(–200) cm lang
- **Sterile und fertile Blätter unterschiedlich** (dimorph)
- **Blattspreite der sterilen Blätter 2-fach gefiedert,** lanzettlich, matt, sommergrün, etwas ledrig, kahl, mit 7 bis 9 Fiederpaaren; Fiederchen ganzrandig oder fein und stumpf gesägt, kurz gestielt, am Grund meist asymmetrisch; Blattnerven gabelig verzweigt, bis an den Rand führend
- **Fertile Blätter** steif aufrecht **in der Mitte der Rosette,** Blattspreite 2-fach gefiedert, **aus einem unteren, sterilen und einem oberen, fertilen Teil bestehend**
- Sporangienstand rispenartig verzweigt; Sporangien auf den Spindeln der Fiederchen sitzend, Schleier fehlend; **Sporen grün;** Sporangien nach dem Ausschütten der Sporen rostbraun
- **Bischofsstab und Blattstiel zuerst braunwollig** (mit «Filz» bedeckt, der sich in Streifen ablöst), bald verkahlend
- Blattstiel bräunlich gelb, Oberseite rinnig, am Grund verbreitert; bei den sterilen Blättern deutlich kürzer als die Blattspreite, bei den fertilen Blättern gleich lang wie die Blattspreite oder ein wenig kürzer

Standort
Planar bis kollin; auf feuchten bis nassen, sauren, meist nährstoffreichen Böden; Auenwälder, Gräben, Bachufer, Moore, Wegböschungen

Verbreitung
Europäisch, mediterran, westasiatisch; *O. spectabilis* (Nord- und Südamerika) und *O. hilsenbergii* (Afrika) werden oft zu *O. regalis* gezählt
CH/DE: Norddeutsche Tiefebene, Tessin, sonst zerstreut; teilweise angepflanzt und verwildert

Sporenreife
Juni bis Juli

Gefährdung/Schutz
CH: VU, kantonal geschützt
DE: VU, besonders geschützt

Chromosomenzahl
2n = 44, diploid

Schon gewusst?
Das kräftige, von Blattstielresten und drahtigen Wurzeln umgebene Rhizom wurde unter dem Namen «Osmunda-Fasern» als Substrat für die Kultivierung von epiphytischen Orchideen verwendet, was in verschiedenen Regionen zum Rückgang des Königsfarns beitrug.

Der Königsfarn wächst in großen Rosetten. (wb)

Junge Blätter sind zuerst braunwollig. (wb)

Die reifen, grünen Sporen bedecken Teile des Sporangienstandes.

Die Blattspreite ist 2-fach gefiedert.

Prächtiger Dünnfarn

Trichómanes speciósum Willd.
Vandenbóschia speciósa (Willd.) G. Kunkel

CH/AT: –

Trichomanès remarquable · Felce Vandenboschia

Merkmale

- Rasig wachsend; Blätter dem kriechenden Rhizom entspringend, 1–8 cm (in Westeuropa 10–35 cm) lang
- Blattspreite in DE ungeteilt bis fiederschnittig (in Westeuropa sehr fein 2- bis 3-fach gefiedert), schmal dreieckig, hängend, dünn, zwischen den Blattnerven nur aus einer Zellschicht bestehend (reagiert daher sehr empfindlich auf Trockenheit), trotzdem erstaunlich steif; frischgrün bis dunkelgrün, leicht glänzend, wintergrün, mit Drüsenhaaren; Fiedern spitz zulaufend; Fiederchen an den Spindeln oft etwas herablaufend
- Sori meist nur in der vorderen Hälfte der Fiedern; Schleier röhrenförmig, zur Sporenreife mit einem herausragenden, borstenförmigen, die Sporangien tragenden Filament (Rezeptakel); Sporen grün
- Blattstiel 0,5-mal so lang wie die Blattspreite, grün, am Grund mit haarförmigen, braunen Spreuschuppen
- **In Mitteleuropa fast nur als Gametophyt bekannt, der intensiv grüne** (im trockenen Zustand bläulich grüne), **watteartige,** aber **etwas raue, dichte, fädige, ausdauernde, rund 5 mm hohe Polster bildet,** wenige Quadratzentimeter bis mehrere Quadratdezimeter bedeckend, sich vegetativ über kurzfädige Brutknospen (Gemmae) vermehrend

Mögliche Verwechslung

Der Gametophyt erinnert an einen Moosvorkeim (Protonema), seine Struktur ist jedoch watteartig und etwas rau. Für die sichere Bestimmung sind mikroskopische Merkmale heranzuziehen (Bennert 1999, Prelli 2001).

Standort

Gametophyt: meist auf saurem Gestein; geschützte Felsnischen und -spalten, Höhlendecken mit geeignetem Mikroklima; erträgt etwas ungünstigere Bedingungen als der Sporophyt
Sporophyt: dauerfeuchte bis nasse, schattige Felsen, in Westeuropa auch Ziehbrunnen

Verbreitung

Europäisch
Gametophyt: Ostwärts bis Tschechien und Polen, Erstnachweis in DE Anfang der 1990er-Jahre
Sporophyt: Makaronesien, Südwest- und Westeuropa
DE: Sehr selten

Sporenreife

In Westeuropa das ganze Jahr Sporen produzierend; Kümmerformen des Sporophyten in DE blieben steril

Gefährdung/Schutz

DE: LC, streng geschützt

Chromosomenzahl

2n = 144, tetraploid

Schon gewusst?
Die Gattung *Vandenboschia* wurde nach dem holländischen Botaniker Roelof Benjamin van den Bosch (1810–1862) benannt, einem Spezialisten für Farne und Moose.

Alle Fotos: Vogesen

Die Gametophyten (hier an einer Höhlenwand und -decke) sind intensiv grün …

… und besitzen eine watteartige, etwas raue Struktur.

Dieser Gametophyt hat zwei winzige Sporophyten gebildet.

Prächtiger Dünnfarn

Trichómanes speciósum Willd.
Vandenbóschia speciósa (Willd.) G. Kunkel

Trichomanès remarquable · Felce Vandenboschia

In Deutschland sind bisher fast nur Gametophyten des Prächtigen Dünnfarns bekannt. Aus der Schweiz und aus Österreich liegen (noch) keine Funde dieser Art vor. Der geografisch nächstgelegene Standort mit Sporophyten lag in den Vogesen, in der Grotte von Saint-Vit, und wurde von Rasbach et al. (1999) während viereinhalb Jahren beobachtet und dokumentiert. Der größte erfasste Sporophyt erreichte eine Länge von 12 Millimetern. Nach Renovierungsarbeiten in der Grotte – sie wird als Kapelle genutzt – waren 1997 die mehrere Quadratmeter bedeckenden Gametophyten-Polster fast vollständig und die kleinen Sporophyten komplett verschwunden. Rasbach et al. (1999) vermuten, dass entweder die Felswände «gereinigt» wurden oder sich die veränderte Wasserführung im Gestein negativ auf den speziellen Farn auswirkte.

Im Unterschied zu den sehr anspruchsvollen Sporophyten, die auf ganzjährig feuchte Bedingungen mit konstanten, relativ hohen Temperaturen angewiesen sind, ertragen die Gametophyten des Prächtigen Dünnfarns auch ein etwas weniger günstiges, kühleres Klima (Bennert 1999). Zwischen Dezember 2009 und Juli 2010 durchgeführte Messungen bei Gametophyten-Standorten in Oberfranken ergaben eine relative Luftfeuchte um 99 Prozent und eine Mitteltemperatur von 6 °C, wobei die niedrigste dokumentierte Temperatur −4 °C betrug (Wiedenbein et al. 2013). Je geringer die jahreszeitlichen Schwankungen der Luftfeuchte und Temperatur, desto vitaler waren die Populationen.

In einem Ziehbrunnen in der Bretagne ... (ph)

Die fadenförmigen Gametophyten des Prächtigen Dünnfarns bilden auf speziellen, sockelförmigen Zellen (sogenannten Gemmaeträgerzellen) kleine Brutknospen, die sich ablösen und zu neuen, unabhängigen, genetisch identischen Gametophyten heranwachsen können (Rasbach et al. 1999). Dies ermöglicht eine vegetative Vermehrung der Gametophyten über kurze Distanzen auch außerhalb des Verbreitungsgebiets der Sporophyten.

Alle Fotos: Bretagne

Die Blattspreite des Prächtigen Dünnfarns ist 2- bis 3-fach gefiedert. (rp)

Die grünen Sporen sind kurzlebig, was einen Eintrag aus den westeuropäischen Populationen bis nach Mitteleuropa sehr unwahrscheinlich macht. Somit stellen die bis nach Tschechien und Polen (Vogel et al. 1993, Krukowski & Świerkosz 2004) reichenden Gametophyten-Vorkommen vermutlich Relikte aus vergangenen, wärmeren Zeiten dar (Bennert 1999).

... wächst der seltene Prächtige Dünnfarn. (ph)

Im Vereinigten Königreich brach im 19. Jahrhundert ein regelrechtes Farnfieber aus. Sporophyten des Prächtigen Dünnfarns wurden wie viele andere Arten schonungslos gesammelt. In «The Flora of Ireland» notierte Johnson (1911) dazu, das Beispiel des Prächtigen Dünnfarns zeige, «wie die Flora durch Sorglosigkeit Verlust leiden kann. Diese Pflanze, die noch vor 60 Jahren als Viehstreu benutzt wurde, ist jetzt beinahe ausgerottet.»

Englischer Hautfarn

Hymenophýllum tunbrigénse (L.) Sm.

Hyménophyllum de Tunbridge · Felce apuana

CH/AT: –

Merkmale

- Rasig wachsend; Blätter 2–8(–10) cm lang, in unregelmäßigen Abständen dem auf Stein oder oberflächlich durch Moospolster oder dünnes Bodensubstrat kriechenden Rhizom entspringend
- **Blattspreite 1-fach gefiedert,** eiförmig, junge Blätter hellgrün und aufrecht, später dunkelgrün, leicht bläulich, **hängend, mit auffallend schwarzvioletten Blattnerven,** matt, wintergrün, ohne Spaltöffnungen; **sehr dünn,** zwischen den Blattnerven nur aus einer Zellschicht bestehend (reagiert daher sehr empfindlich auf Trockenheit); Blattspindel schwarzviolett, durch die herablaufenden, grünen Fiedern schmal geflügelt
- Fiedern fächerförmig, unregelmäßig gegabelt, mit 5 bis 8 (bis 11) Abschnitten; Abschnitte vor allem in der vorderen Hälfte grob und unregelmäßig gezähnt
- Sori meist nur in der vorderen Hälfte der Blattspreite, einzeln an der Basis der Fiedern; Schleier zweiklappig, grün, vorn unregelmäßig gezähnt, Klappen nur am Grund verwachsen; Sporen grün
- Blattstiel 0,5-mal so lang wie die Blattspreite, schwarz, kahl

Schon gewusst?

Die zarten Blätter des Englischen Hautfarns besitzen weder Spaltöffnungen noch Kutikula und nehmen die Feuchtigkeit direkt über die Blattoberfläche auf. Die schwach entwickelten Wurzeln dienen vor allem der Verankerung.

Mögliche Verwechslung

Mit Moosen; auf die dunklen Blattnerven und – falls vorhanden – die Sori achten.

Standort

Schattige Lagen mit ganzjährig hoher Luftfeuchtigkeit und geringen Temperaturschwankungen; nur auf sauren Unterlagen; bodennaher Bereich von Felswänden, Felsblöcke

Verbreitung

Europäisch (Makaronesien, Nordspanien bis Schottland, sonst sehr zerstreut), ost- bis südafrikanisch, mittel- bis südamerikanisch
DE: Ein aktuelles Vorkommen in Rheinland-Pfalz; in Sachsen ausgestorben

Sporenreife

In Westeuropa das ganze Jahr Sporen produzierend; Kleinstkolonie in DE steril

Gefährdung/Schutz

DE: CR, streng geschützt

Chromosomenzahl

2n = 26, diploid

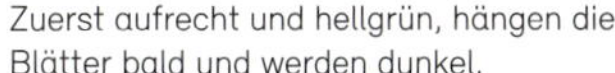

Zuerst aufrecht und hellgrün, hängen die Blätter bald und werden dunkel.

Schwarzviolette Blattnerven sind für den Englischen Hautfarn typisch.

Alle Fotos: Vogesen

Die hängende Blattspreite ist 1-fach gefiedert und dunkelgrün bis leicht bläulich.

Englischer Hautfarn

Hymenophýllum tunbrigénse (L.) Sm.

Hyménophyllum de Tunbridge · Felce apuana

Der Englische Hautfarn gilt als seltenste Farnart Deutschlands. Er ist vom Aussterben bedroht und streng geschützt (Bennert 1999).

In Deutschland lagen lange Zeit die einzigen Vorkommen der Art im Elbsandsteingebirge südöstlich von Dresden. Die erste Population wurde durch Zufall entdeckt, und zwar am 14. April 1847 von Herrn Papperitz bei einem «outdoor breakfast» im Uttewalder Grund (Vogel et al. 1993). 20 Jahre später war sie infolge starker Sammelaktivität praktisch zerstört. In den 1930er-Jahren waren diese und weitere kleine Populationen im Elbsandsteingebirge erloschen. Zwar wurden 1993 in dieser Region Gametophyten des Prächtigen Dünnfarns *(Trichomanes speciosum)*, eines anderen sehr seltenen Farns, gefunden (Vogel et al. 1993) – der Englische Hautfarn ließ sich aber trotz intensiver Suche nicht mehr nachweisen.

Ein weiteres Vorkommen wurde 1963 in Rheinland-Pfalz entdeckt. Damals umfasste die größte Fläche mehr als drei Quadratmeter, danach schrumpfte der Bestand jedoch stark und 1999 waren nur noch zwei kleine Teilpopulationen von 84 und 80 Quadratzentimetern mit insgesamt 110 Wedeln erhalten (Bennert 1999).

In Frankreich sind heute in den Vogesen mehr als ein Dutzend Standorte des Englischen Hautfarns bekannt. Christ (1910) erwähnte in seinem Werk «Die Geographie der Farne» zwar «*Hymenophyllum*» in den «unteren Vogesen», machte jedoch keine weiteren Angaben zur Lokalität. Der erste genaue Nachweis des seltenen Farns in dieser Region gelang dem deutschen Militär Gottfried Hanschke während des Ersten Weltkriegs 1916 (Tinguy et al. 2014, Pascal Holveck pers. comm.). Zu Beginn der 1960er-Jahre wurde angenommen, dass die Art verschwunden sei, doch wurde sie 1966 von Albert Nieschalk wiederentdeckt (Muller et al. 2006).

Vermutlich sind die Standorte des Englischen Hautfarns und des Prächtigen Dünnfarns in Mitteleuropa Reliktvorkommen aus einer wär-

Nur saure Unterlagen werden vom Englischen Hautfarn besiedelt, hier ein Felsblock.

Der Englische Hautfarn bildet dichte Rasen aus hängenden, 2–8(–10) cm langen Blättern.

meren Zeit. Vogel et al. (1993) erachten das Atlantikum (5000 bis 3000 v. Chr.) und die subatlantische Periode (500 v. Chr. bis 700 n. Chr.) als optimale Zeiträume, in welchen die beiden Arten in Europa eine weitere Ausdehnung erreichen konnten.

Der deutsche und der wissenschaftliche Gattungsname beziehen sich auf die zarte Beschaffenheit der Blattspreiten (griechisch *hymen* für «dünne Haut» und *phyllon* für «Blatt»). Der Artname *tunbrigense* leitet sich von der Stadt Tunbridge Wells südöstlich von London ab (Genaust 1996), wo der Farn von George Dare bei High Rocks entdeckt wurde (Ray 1686 in Rich & Rumsey 2004). Bei der Erstbeschreibung unterlief Carl von Linné in seinem Werk «Species Plantarum» von 1753 ein kleiner Schreibfehler beim wissenschaftlichen Artnamen – das «d» von Tunbridge ging verloren. Als James Edward Smith den Farn später der Gattung *Hymenophyllum* zuordnete, blieb der Artname korrekterweise beim eigentlich falsch geschriebenen *tunbrigense.*

Auf Zeichnungen werden die Wedel des Englischen Hautfarns und des Prächtigen Dünnfarns manchmal aufrecht dargestellt. Dies ist bei den jungen, hellgrünen, sich entrollenden Blättern tatsächlich der Fall – die älteren und alle sporangientragenden Blätter hängen jedoch vornüber.

Schwimmfarn-gewächse

Salviniáceae

Merkmale der mitteleuropäischen Arten

- Sprosse frei auf der Wasseroberfläche schwimmend
- Junge Blätter gefaltet
- Heterospor: Sporokarpe dünnwandig, mit Mikrosporangien oder Megasporangien; Prothallien stark reduziert, mehr oder weniger aus der Spore herausquellend

Großer Algenfarn *Azolla filiculoides* N
Lästiger Schwimmfarn *Salvinia molesta* N
→ Gewöhnlicher Schwimmfarn *Salvinia natans* (N)

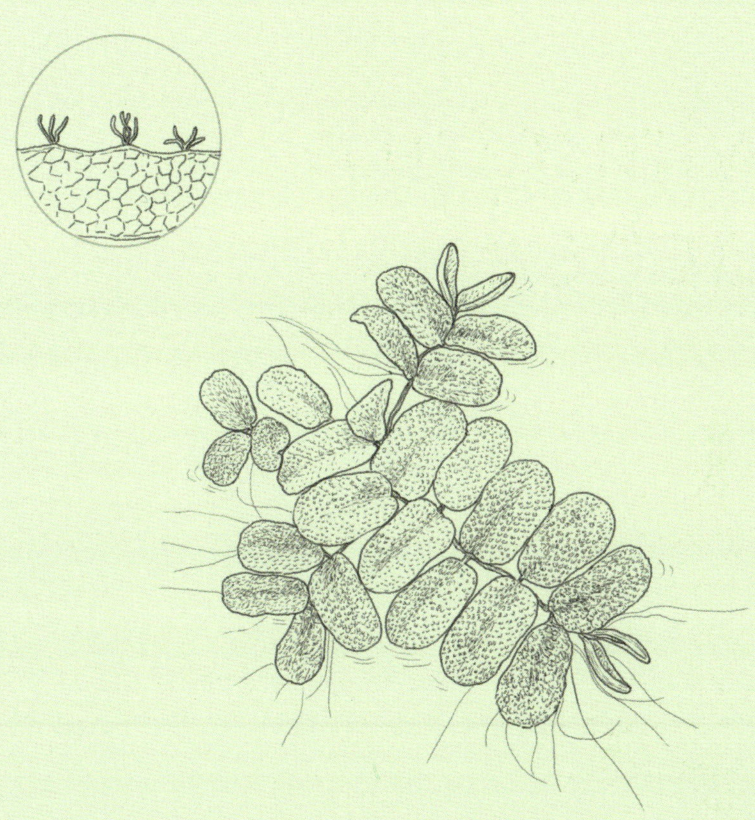

Weltweit
2 Gattungen mit 21 Arten; vor allem tropisch und subtropisch verbreitet

Schweiz
Deutschland
Österreich
2 Gattungen mit 3 Arten

Gewöhnlicher Schwimmfarn

Salvínia nátans (L.) All.

AT: Lokal eingebürgert?

Salvinie flottante · Erba pesce

Merkmale

- **Frei auf der Wasseroberfläche schwimmend, Sprosse 5–10 cm lang, wenig verzweigt, einjährig**
- Blätter in Quirlen zu 3: zwei Schwimmblätter, das dritte Blatt untergetaucht (Wasserblatt) und in haarförmige Abschnitte (Scheinwurzeln) geteilt
- **Schwimmblätter** gegenständig, dem Mittelnerv entlang leicht gefaltet; **oval** (10–14 mm × 6–9 mm), Unterseite mit braunen Haaren, Oberseite mit kleinen, 0,2–0,8 mm langen Papillen, auf denen (3 bis) 4 **kleine, an der Spitze nicht miteinander verwachsene Haare** wachsen **(Sternhaare)**
- Scheinwurzeln 2–7 cm lang
- Heterospor: weibliche Sporokarpe (Megasporokarpe) und männliche Sporokarpe (Mikrosporokarpe) bildend; Sporokarpe kugelig, 3 mm im Durchmesser, geklumpt zu 3 bis 8 an der Basis der Scheinwurzeln

Mögliche Verwechslung

Zum neophytischen Lästigen Schwimmfarn *(S. molesta)* siehe Kasten Seite 135.

Standort

Planar (bis kollin); flache, sich leicht erwärmende, stehende Gewässer, vor allem Altwasser größerer Flüsse

Verbreitung

Eurasiatisch

Sporenreife

August bis Oktober

Gefährdung/Schutz

CH: —
DE: EN, besonders geschützt

Chromosomenzahl

2n = 18, diploid

> **Schon gewusst?**
> Die Gattung *Salvinia* wurde nach dem Italiener Antonio Maria Salvini (1653–1729), Griechisch-Professor in Florenz, benannt.

Charakteristisch für den Gewöhnlichen Schwimmfarn sind die Sternhaare auf der Oberseite der Blätter. (jfc)

Seine Sprosse besitzen ovale Blätter und schwimmen frei auf der Wasseroberfläche. (jfc)

Die kugeligen Sporokarpe sitzen geklumpt an der Basis der Scheinwurzeln. (as)

Die Schwimmblätter des mehrjährigen **Lästigen Schwimmfarns** (*Salvinia molesta* D. S. Mitch.) sind fast rund (15 mm × 15–20 mm), besitzen auf der Oberseite 1–2 mm lange Papillen, auf denen 4 an ihren Spitzen miteinander verwachsene Haare ansetzen («Schneebesen-Haare», siehe Seite 138); Sporokarpe fehlend oder an den Scheinwurzeln zu 5 bis 30 in Trauben oder länglichen Rispen (Sporen abortiert). Es existieren auch kümmerliche Individuen mit kleineren Blättern (5 mm × 7 mm), kurzen Papillen und 2 an den Spitzen verwachsenen Haaren. Neophyt, aus Südostbrasilien. CH/DE/AT: Unbeständig. 2n = 45, pentaploid

Gewöhnlicher Schwimmfarn

Salvínia nátans (L.) All.

Salvinie flottante · Erba pesce

Die Sporangien des einjährigen Gewöhnlichen Schwimmfarns sinken im Winter nicht etwa auf den Gewässergrund ab, sondern bleiben an der Wasseroberfläche und überleben sogar eingefroren im Eis problemlos (Wolff & Schwarzer 2005). Die Autoren untersuchten dieses Überwinterungsverhalten in der Pfalz und kontrollierten alle Vorkommen der seltenen Art zwischen August 1995 und September 1996 regelmäßig. Sie beobachteten, dass die Keimfähigkeit ebenfalls erhalten bleibt, wenn die Sporangien trocken an Land liegen bleiben.

Der Gewöhnliche Schwimmfarn besiedelt mit Vorliebe stehende, sich leicht erwärmende Gewässer. (as)

Er schwimmt frei auf der Wasseroberfläche, hier zusammen mit der Kleinen Wasserlinse *(Lemna minor)* und der Teichlinse *(Spirodela polyrhiza)*. (as)

Der Gewöhnliche Schwimmfarn ist höchstwahrscheinlich in der Schweiz nicht heimisch, sondern nur in Einzelfällen eingeschleppt, wohl auch mit dem Lästigen Schwimmfarn *(S. molesta)* verwechselt worden. Der einzige uns bekannte erhaltene Beleg dieser Art in der Schweiz ist ein Herbarbogen mit zwei kleinen, sterilen Pflanzen, die 1945 in Cartigny bei Genf gesammelt wurden; er wird heute im Natur-Museum Luzern aufbewahrt.

Lästiger Schwimmfarn

Salvínia molésta D. S. Mitch.

Salvinie géante · Erba pesce molesta

Die Blätter des Lästigen Schwimmfarns sind dank eines ausgeklügelten Systems unbenetzbar und damit vor Nässe geschützt. Genau wie die Blattoberfläche sind auch die dicht stehenden Haare mit einer wasserabweisenden Wachsschicht überzogen – die Spitzen der immer zu vieren miteinander verbundenen Haare sind hingegen hydrophil (wasserliebend). Dadurch wird die Luft zwischen den Haaren eingeschlossen, das Wasser an den Haarspitzen aber richtiggehend angeklebt. Untergetauchte Pflanzen besitzen auf ihren Blattoberflächen somit eine äußerst stabile Luftschicht. Dieser «Salvinia-Effekt» eröffnet unter anderem für die Schifffahrt interessante Möglichkeiten: Ließe sich beispielsweise ein Schiffsrumpf mit einer solchen Oberfläche beschichten, würde dies die Reibung und somit auch den Treibstoffverbrauch deutlich reduzieren. In der Forschung wird zurzeit an der Entwicklung von Oberflächen nach dem Vorbild von *Salvinia molesta* gearbeitet.

Der aus Brasilien stammende Lästige Schwimmfarn kann sich außerhalb seines ursprünglichen Verbreitungsgebiets unter geeigneten Bedingungen explosionsartig vermehren und innerhalb weniger Tage seine Biomasse verdoppeln. Heute kommt die Art auf allen Kontinenten vor, mit Ausnahme der Antarktis. Die Ursache für ihre globale Verbreitung liegt beim Menschen, der die Pflanzen in die Tropen und Subtropen verschleppt oder mit Absicht eingeführt hat. Die Pflanzen können Gewässer vollständig zuwuchern und dicke Matten bilden – Thomas & Room (1986) erwähnen bis zu einen Meter dicke Schichten auf Seen und langsam fließenden Flüssen. Seit 2013 steht der auch *monster fern* genannte Lästige Schwimmfarn deshalb auf der Liste der «100 world's worst invasive alien species» der Weltnaturschutzunion IUCN (Courchamp 2013).

Die Sprosse schwimmen frei auf der Wasseroberfläche.

Die erfolgreichste Methode gegen die Ausbreitung des Lästigen Schwimmfarns ist nicht mechanisch oder chemisch, sondern biologisch: Seit den 1980er-Jahren wird der aus Südbrasilien stammende Rüsselkäfer *Cyrtobagous salviniae* mit Erfolg für die Bekämpfung ein-

Typisch für den Lästigen Schwimmfarn sind die «Schneebesen-Haare» auf der Blattoberseite.

gesetzt. Der kleine Käfer und vor allem seine Larven fressen ausschließlich *Salvinia* und können große Vorkommen sehr stark reduzieren.

Mehrere nah verwandte, aber nur sehr schwer unterscheidbare Arten (*Salvinia auriculata* Aubl., *S. biloba* Raddi, *S. herzogii* de la Sota, *S. molesta* D. S. Mitchell) werden in der Artengruppe *Salvinia molesta* aggr. zusammengefasst. Allen gemeinsam sind die vier an der Spitze miteinander verbundenen und auf dünnen Papillen wachsenden Haare, die auf Englisch sehr treffend *egg-beater hair* («Schneebesen-Haare») genannt werden.

Der Lästige Schwimmfarn besitzt einen fünffachen Chromosomensatz und ist höchstwahrscheinlich aus einer Kreuzung zwischen zwei Schwimmfarnarten entstanden. Seine Sporen sind abortiert und nicht keimfähig. Die Pflanzen vermehren sich ausschließlich vegetativ.

Großer Algenfarn

Azólla filiculoídes Lam.

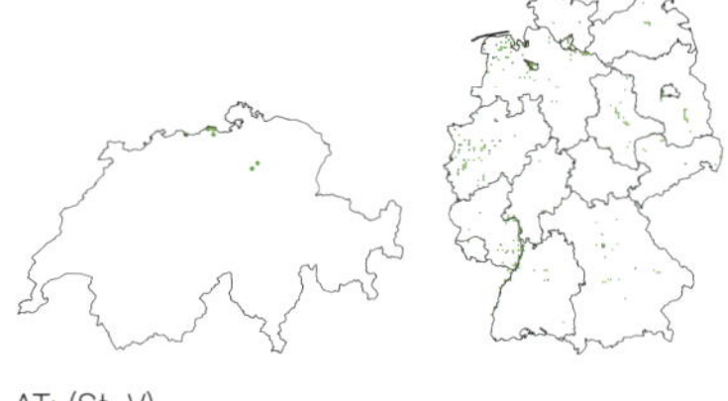

Azolla fausse filicule · Azolla maggiore

AT: (St, V)

Merkmale

- **Frei auf der Wasseroberfläche schwimmend,** Sprosse 1–5(–10) cm lang, gabelig verzweigt; in Mitteleuropa im Winter oft absterbend und mit kleinen Sprossstückchen überdauernd
- **Blätter** wechselständig, **dachziegelartig angeordnet, 1–2(–3) mm lang,** in 2 Lappen geteilt: Oberlappen eiförmig, gewölbt, schräg aus dem Wasser ragend, **sattgrün,** ab Spätsommer **meist rotbraun,** mit schmalem, weißem Rand, Oberseite mit einzelligen (Mikroskop), weißlichen Papillen, Unterseite mit winziger, vom Cyanobakterium *Anabaena azollae* besetzter Höhlung (Mikroskop); Unterlappen etwas schmaler, schräg ins Wasser getaucht, ohne Papillen, weiß oder nur am Grund grün
- Heterospor: weibliche Sporokarpe (Megasporokarpe) und männliche Sporokarpe (Mikrosporokarpe) an den untersten Unterlappen der Seitenzweige; teilweise steril bleibend
- Wurzeln unverzweigt, meist einzeln

Schon gewusst?

Dank der Symbiose mit dem Luftstickstoff fixierenden Cyanobakterium *Anabaena azollae* können die Algenfarne auch in nährstoffarmen Gewässern bestens gedeihen.

Mögliche Verwechslung

Mit Wasserlinsen (*Lemna:* ovale, grüne Sprosse), Teichlinse (*Spirodela polyrhiza:* fast runde, auf der Unterseite dunkelrote Sprosse) oder dem seltenen Schwimm-Lebermoos *(Ricciocarpos natans)* – die Blätter dieser Arten sind aber weder dachziegelartig angeordnet noch haben sie Papillen.

Standort

Planar bis kollin; warme, stehende oder sehr langsam fließende Gewässer

Verbreitung

Südamerika bis südliches Nordamerika. Alle *Azolla*-Vorkommen in Europa sind neophytisch. Unklar ist, ob in DE eine zweite *Azolla*-Art vorkommt.
CH/DE: Etabliert, selten bis zerstreut
AT: Unbeständig

Sporenreife

Juli bis Oktober

Chromosomenzahl

2n = 40, diploid

Ein Teich mit dichtem Algenfarn-Bestand.

Die sattgrünen Blätter werden ab Spätsommer meist rotbraun.

Die Blätter sind 1–2(–3) mm lang, dachziegelartig angeordnet und besitzen auffällige Papillen auf der Oberseite.

Großer Algenfarn

Azólla filiculoídes Lam.

Azolla fausse filicule · Azolla maggiore

Die Algenfarne der Gattung *Azolla* sind die kleinsten Farne der Welt. Sie gehen mit dem Cyanobakterium *Anabaena azollae* eine ausgeklügelte Symbiose ein. Dabei stellt der Algenfarn dem Bakterium in winzigen Höhlungen auf der Unterseite der Oberlappen Nährstoffe und organisch gebundenen Kohlenstoff zur Verfügung. Der «Untermieter» kann Luftstickstoff (N_2) fixieren und gibt seinerseits das daraus hergestellte Ammonium (NH_4^+) an den Algenfarn weiter. Dieser kann so auch in stickstoffarmen Gewässern prächtig gedeihen. Watanabe et al. (1977, in Wagner 1997) zeigten in Laborstudien, dass in stickstofffreier Lösung wachsende Algenfarne ihre Biomasse in drei bis fünf Tagen verdoppeln und in zwei Wochen 30 bis 40 Kilogramm Stickstoff pro Hektar akkumulieren. Unter optimalen Bedingungen im Gewächshaus ist das Wachstum noch schneller und eine Verdoppelung der Biomasse in zwei bis drei Tagen möglich (Peters et al. 1980).

Wegen seines schnellen Wachstums und der damit verbundenen Stickstoffanreicherung wird der Gefiederte Algenfarn *(Azolla pinnata)* in Südostasien seit Jahrhunderten für die Gründüngung in Reisfeldern verwendet (Moran 2004). 1977 wurde der aus Amerika stammende, tiefere Temperaturen ertragende Große Algenfarn in China eingeführt und ersetzte in der Folge in den Reisfeldern der kühleren Regionen *Azolla pinnata* fast vollständig (Moran 2004).

In Mitteleuropa ist der Große Algenfarn mäßig kälteresistent: Die Pflanzen können milde Winter und erste Fröste überdauern, in strengeren Wintern sterben sie ab und nur kleine, auf den Gewässergrund sinkende Sprossstückchen überleben (Bennert 1999). In Experimenten in Großbritannien zeigte sich jedoch, dass die Pflanzen im Freien eingefroren im Eis während mindestens einer Woche überlebten – nur die übers Eis hinausragenden

Der Große Algenfarn kann kleine Teiche vollständig zuwuchern.

Ein schwimmender «Teppich», bestehend aus Großem Algenfarn und Kleiner Wasserlinse *(Lemna minor)*.

Sprossstücke starben ab (Janes 1998). Spezialisierte Strukturen wie Turionen (Knöllchen) für das Überdauern im Winter bildet der Große Algenfarn nicht aus, doch genügen ein paar kleine Sprossspitzen, um im Frühling eine neue Population aufzubauen (Janes 1998). An wärmebegünstigten Lagen, wie beispielsweise in Baden-Württemberg (Sebald et al. 1993), bildet er reichlich Sporangien. An kühleren Standorten bleiben die Pflanzen steril.

Der Große Algenfarn ist ein Spätzünder. In Mitteleuropa bildet er bis in den Hochsommer nur kleine, eher unscheinbare Pflänzchen. Erst danach (üblicherweise Juli/August) setzt eine schnelle Vermehrung ein: Er überwuchert andere Wasserpflanzen wie die Kleine Wasserlinse *(Lemna minor)* und die Teichlinse *(Spirodela polyrhiza)* und füllt kleinere Teiche vollständig aus (eigene Beobachtungen) oder bildet in größeren Gewässern schwimmende Matten mit einer Fläche von bis zu einem Hektar (Bennert 1999). Dank seiner papillösen, wasserabweisenden Oberfläche kann der Große Algenfarn kaum untergehen. Trocknet ein Gewässer aus, ist er in der Lage, auf dem schlammigen Boden weiterzuwachsen (Bennert 1999). Bruchstücke des Großen Wasserfarns können vom Wasser an neue Standorte verfrachtet werden, über weitere Strecken kommen auch Wasservögel als Verbreitungsvektoren infrage.

Außerhalb seines natürlichen Verbreitungsgebiets kann der Große Algenfarn unter geeigneten Bedingungen als invasiver Neophyt große Schäden anrichten. Als Beispiel sei die explosionsartige Verbreitung im Doñana-Nationalpark in Südwestspanien erwähnt: Die Art wurde dort erstmals im Jahr 2000 beobachtet (García Murillo et al. 2007). Bereits 2007 wurde die vom Großen Algenfarn bedeckte Fläche im Nationalpark auf 4363 Hektar geschätzt (Cirujano et al. 2008 in García Murillo 2010). Die schwimmenden Matten waren teilweise mehr als zehn Zentimeter dick.

Kleefarngewächse

Marsileáceae

Merkmale der mitteleuropäischen Arten

- Amphibische Pflanzen: besiedeln Tümpel oder Flachwasserbereiche von Gewässern, die im Sommer meist trockenfallen
- Mit Rhizomen oberflächlich im oder direkt auf dem Boden kriechend
- Junge Blätter spiralig eingerollt (Bischofsstab)
- Heterospor: Sporokarpe hartwandig, mit mehreren Sori, die sowohl Mikrosporangien als auch Megasporangien enthalten; Prothallien stark reduziert, sich in den aufgeplatzten Sporen entwickelnd

→ Vierblättriger Kleefarn *Marsilea quadrifolia*
Pillenfarn *Pilularia globulifera*

Weltweit
3 Gattungen mit 61 Arten;
fast weltweit verbreitet

Schweiz
Deutschland
Österreich
2 Gattungen mit 2 Arten

Vierblättriger Kleefarn

Marsílea quadrifólia L.

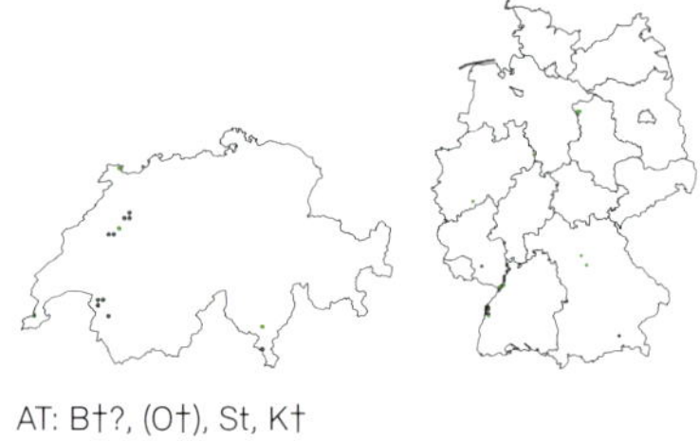

Marsilée à quatre feuilles · Trifoglio acquatico comune

Merkmale

- Rasig wachsend; Blätter entfernt stehend (im Abstand von 2–5 cm), einzeln dem auf dem Teichgrund oder an der Bodenoberfläche kriechenden, verzweigten Rhizom entspringend; Blätter 5–15(–20) cm lang, Schwimmblätter bis zu 50 cm
- **Blattspreite** 1-fach gefiedert, 2 Fiederpaare nahe zusammenstehend und Blattspreite deshalb **4-zählig gefingert** erscheinend; Fiedern fächerförmig, am Grund breit keilförmig, vorn abgerundet, ganzrandig, 6–15 mm lang (bei Schwimmblättern bis zu 30 mm), grün bis braungrün, sommergrün, Blattnerven netzartig; jung spärlich behaart, später verkahlend; Schwimmblätter glänzend, Landblätter matt; Landblätter waagrecht ausgebreitet, in der prallen Sonne oft schräg nach oben gerichtet; junge Blätter spiralig eingerollt (Bischofsstab)
- Im Laufe der Vegetationszeit verschiedene **Blatttypen** bildend: Unterwasserblätter, **Schwimmblätter** und **Landblätter;** Sporokarpe nur an Landblättern gebildet, wenn der Wasserspiegel im Sommer gesunken und der Boden trockengefallen ist
- Blattstiel 4–18 cm lang (bei Schwimmblättern knapp 50 cm)
- Fruchtstiel 2–12 mm oberhalb des Blattstielgrunds entspringend; **Sporokarpe meist zu 2 (oder 3), bohnenförmig,** 4–6 mm lang, hart, jung hellbraun und behaart, später braunschwarz und fast oder vollständig kahl; Sporokarpe mit Mikrosporangien und Megasporangien (heterospor)

Standort

Planar bis kollin; schlammige oder kiesige Böden; seichte, bis zu 25 cm, selten bis zu 40(–50) cm tiefe, trockenfallende Tümpel, Teichufer und Gräben

Verbreitung

Eurasiatisch
CH/DE/AT: Sehr selten

Sporenreife

Juli bis Oktober

Gefährdung/Schutz

CH: CR, national geschützt
DE: CR, streng geschützt
AT: CR r!, regional geschützt

Chromosomenzahl

2n = 40, diploid

Der Vierblättrige Kleefarn bildet glänzende Schwimmblätter …

… und matte Landblätter.

Die bohnenförmigen, braunen Sporokarpe entspringen meist zu 2 etwas über dem Grund des Blattstiels.

Vierblättriger Kleefarn

Marsílea quadrifólia L.

Marsilée à quatre feuilles · Trifoglio acquatico comune

Die Kleefarne sind die einzigen bekannten Farne, die vom Licht abhängige Schlafbewegungen machen. An der Fiederbasis der Landblätter befindet sich ein kleines Gelenk (Pulvinus), mit dessen Hilfe die Fiedern über Nacht hochgeklappt und am Morgen wieder waagrecht gestellt werden. Im Sommer (in Bern: August) bleiben die Fiedern bis 7 Uhr hochgeklappt, danach entfalten sie sich innerhalb einer Stunde. Nach 19.15 Uhr hebt der Farn seine Fiedern langsam, bis um 20.30 Uhr wieder alle geschlossen sind (eigene Beobachtungen). Rabenhorst (1889) beschreibt, dass der Vierblättrige Kleefarn im August die Blätter gegen 6 Uhr entfalte und abends nach 18 Uhr allmählich schließe, erst gegen 20 Uhr seien sie vollständig hochgeklappt. Die zeitliche Verschiebung zwischen unseren und Rabenhorsts Beobachtungen ist mit der heute geltenden Sommerzeit zu erklären: Ende des 19. Jahrhunderts galt das ganze Jahr Normal- respektive Winterzeit.

Die jungen Blätter sind spiralig eingerollt.

Die Schlafbewegungen sind übrigens auf die grünen Landblätter beschränkt; im Herbst führen die älteren, bereits bräunlichen Landblätter sie nicht mehr aus. Die Schwimmblätter bleiben in der Nacht auf der Wasseroberfläche liegen, ohne irgendwelche Schlafbewegungen zu machen.

In der Literatur finden sich Abbildungen des Kleefarns mit vermeintlich schlafenden, aber nickend gezeichneten Blättern. Das kann jedoch nicht auf Schlafbewegungen zurückzuführen sein; vielmehr handelt es sich um junge, noch nicht voll entfaltete Blätter. Im Unterschied zu den Farnen sind Schlafbewegungen bei den Blütenpflanzen keine Seltenheit: So klappen beispielsweise der Klee *(Trifolium)* und der Sauerklee *(Oxalis)* – zwei nicht näher verwandte Namensvettern des Kleefarns *(Marsilea)* –, aber auch Bohnen *(Phaseolus)* ihre Blättchen in der Nacht nach unten.

Der Vierblättrige Kleefarn macht Schlafbewegungen und klappt seine Landblätter jeden Abend nach oben.

Die in den hartwandigen Sporokarpen enthaltenen Mikrosporen und Megasporen behalten ihre Keimfähigkeit nicht nur dann, wenn sie trocken oder unter Luftabschluss gelagert werden, sondern auch, wenn sie von einem Vogel gefressen und wieder ausgeschieden werden; sie überstehen sogar eine Behandlung mit Alkohol oder den beim Herbarisieren verwendeten Giften (Bennert 1999). William W. Bloom konnte 1953 bei sieben von zehn Sporokarpen, die 1922 gesammelt und in einer Kartonschachtel mehr schlecht als recht gelagert worden waren, keimfähige Sporen nachweisen; die durchschnittliche Fertilität der Megasporen dieser sieben Sporokarpe lag bei stolzen 98,3 Prozent. Werden Bodenschichten freigelegt, die Sporokarpe enthalten, kann sich der Vierblättrige Kleefarn auf ehemaligen Standorten deshalb nach Jahrzehnten wieder aus der Sporenbank regenerieren.

Netzartige Blattnerven sind typisch für die Fiedern des Vierblättrigen Kleefarns.

Der konkurrenzschwache Vierblättrige Kleefarn ist mit seiner amphibischen Lebensweise sehr gut an flache, im Sommer trockenfallende Kleingewässer angepasst. Steigt der Wasserspiegel in der Vegetationszeit an, steht dem Vierblättrigen Kleefarn das Wasser nicht nur bis zum Hals, sondern es schlägt buchstäblich über seinen Blättern zusammen: Weil sich ihre Stiele nicht strecken können, gehen sie unter und sterben ab. In der Folge bildet der Farn neue Blätter mit genügend langen Blattstielen aus, welche die Wasseroberfläche erreichen (Sebald et al. 1993).

Pillenfarn

Pilulária globulífera L.

Pilulaire à globules · Pilularia comune

AT: –

Merkmale

- Dicht **rasig wachsend;** Blätter eng stehend (im Abstand von 0,5–2 cm), dem oberflächlich oder knapp unter der Erde kriechenden, spärlich verzweigten Rhizom entspringend, einzeln oder bis zu 5 pro Knoten; **Blätter** am Grund **1 mm dick,** 3–10 cm lang, bogig aufsteigend bis aufrecht, **binsenartig,** gelblich grün bis frischgrün, rund, kahl, vorn zugespitzt; nur aus dem Blattstiel bestehend, ohne Blattspreite; Wasserformen meist steril, mit längeren, dünneren Blättern; **junge Blätter spiralig eingerollt** (Bischofsstab)
- **Sporokarpe einzeln** auf sehr kurzen Stielen am Blattstielgrund entspringend, **kugelig,** hart, bis zu 3 mm im Durchmesser; jung hellbraun und dicht behaart, später braunschwarz und fast oder vollständig kahl; Sporokarpe mit Mikrosporangien und Megasporangien (heterospor)
- Sporokarpe im Spätsommer und Herbst vor allem auf trockengefallenen Standorten gebildet, überschwemmte Pflanzen meist steril

Mögliche Verwechslung

Binsen *(Juncus),* Sumpfbinsen *(Eleocharis)* und Haarbinsen *(Trichophorum)* besitzen am Grund der Sprosse kurze Blattscheiden. Beim Pillenfarn *(Pilularia globulifera)* auf die fehlenden Blattscheiden, die jungen, spiralig eingerollten Blätter und – bei fertilen Pflanzen – auf die Sporokarpe achten.

Standort

Planar bis kollin; auf nährstoffarmen, meist kalkarmen Sand- und Tonböden; Flachwasserbereiche von Gewässern, seichte Tümpel, die im Winter überstaut werden und im Sommer meist trockenfallen

Verbreitung

Europäischer Endemit
CH/DE: Selten bis sehr selten

Sporenreife

Juli bis September

Gefährdung/Schutz

CH: CR, nicht geschützt
DE: EN, nicht besonders geschützt

Chromosomenzahl

2n = 40, diploid

Die binsenartigen Blätter des Pillenfarns sind nur 1 mm dick.

Am Blattgrund befinden sich die kugeligen, braunschwarzen Sporokarpe.

Die jungen Blätter sind spiralig eingerollt.

Schon gewusst?
Doppelt genäht hält besser: Sowohl der wissenschaftliche Gattungsname (lateinisch *pilula* für «Kügelchen, Pille») als auch der Artname (lateinisch *globus* für «Kugel», *ferre* für «tragen») beziehen sich auf die kugeligen Sporokarpe.

Saumfarngewächse

Pteridáceae

Merkmale der mitteleuropäischen Arten

- Sehr vielgestaltige, mit morphologischen Merkmalen kaum fassbare Familie
- Sori ohne Schleier
- Sori entweder randständig und vom umgerollten Rand bedeckt (Pseudoindusium bei *Adiantum, Cryptogramma, Pteris*), nackt *(Anogramma)* oder von dichten, schmalen Spreuschuppen bedeckt *(Notholaena)*

Echter Frauenhaarfarn *Adiantum capillus-veneris* (N)
Raddis Frauenhaarfarn *Adiantum raddianum* N
Dünnblättriger Nacktfarn *Anogramma leptophylla*
→ Krauser Rollfarn *Cryptogramma crispa*
Pelzfarn *Notholaena marantae*
Kretischer Saumfarn *Pteris cretica* (N)
Vielteiliger Saumfarn *Pteris multifida* N
Gebänderter Saumfarn *Pteris vittata* N

Weltweit
53 Gattungen mit 1211 Arten; weltweit verbreitet, Schwerpunkt in den Subtropen und Tropen

Schweiz
Deutschland
Österreich
5 Gattungen mit 8 Arten

Krauser Rollfarn

Cryptográmma críspa (L.) Hook.

Cryptogramme crépu · Felcetta crespa

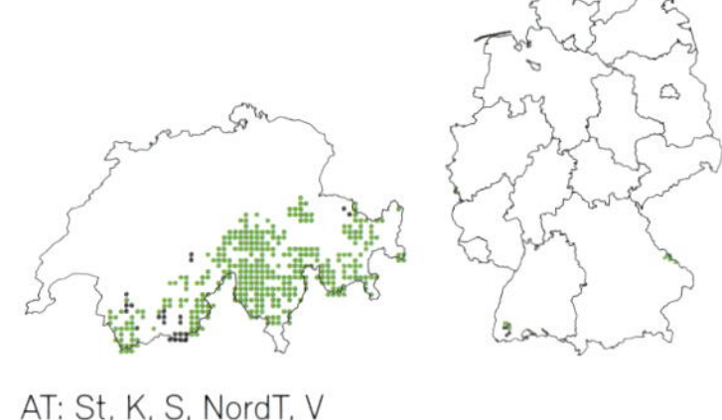

AT: St, K, S, NordT, V

Merkmale

- Dicht rasig bis büschelig wachsend, Blätter 15–30(–35) cm lang
- **Fertile und sterile Blätter unterschiedlich** (dimorph), aber auch Übergangsformen auftretend
- **Blattspreite** der **sterilen Blätter 3- bis 4-fach gefiedert,** kahl, **flach, hellgrün,** zart, sommergrün, dreieckig bis eiförmig, größte Breite unterhalb der Mitte; Fiederchen letzter Ordnung am Grund keilförmig verschmälert, vorn mit stumpfen Zähnen
- **Fertile Blätter** nach den sterilen in der Mitte der Büschel erscheinend, steif aufrecht und meist länger als die sterilen; Blattspreite eilanzettlich, **2- bis 4-fach gefiedert,** kahl; Fiederchen schmaler als bei den sterilen Blättern; **Sori** am Rand der Fiederchen, rundlich oder länglich, zuerst einzeln, später zusammenfließend, Schleier fehlend, **vom umgerollten Rand** bedeckt (Pseudoindusium), Rand erst zur Zeit der Sporenreife ausgerollt
- Blattstiel 1- bis 2-mal (sterile Blätter) oder mindestens 2-mal (fertile Blätter) so lang wie die Blattspreite; bei allen Blättern blassgrün, später gelbbraun, nur am Grund dunkel und mit wenigen Spreuschuppen besetzt

Schon gewusst?

Auf Englisch wird die Art wegen der dicht wachsenden, fein gefiederten Blätter *parsley fern* (Petersilien-Farn) genannt.

Mögliche Verwechslung

Der Zerbrechliche Blasenfarn (*Cystopteris fragilis* aggr.) und der Alpen-Blasenfarn *(C. alpina)* wachsen nicht im Silikatgesteinsschutt, ihre Blätter sind alle gleich (nicht dimorph) und am Rand nicht umgerollt.

Standort

(Montan bis) subalpin bis alpin; auf sauren Böden; Grobschutthalden, Geröll, Spalten silikatischer Gesteine

Verbreitung

Europäisch-westasiatisch
CH/DE/AT: Vor allem in den Alpen; zerstreut

Sporenreife

August bis September

Gefährdung/Schutz

CH: LC, nicht geschützt
DE: EN, besonders geschützt
AT: LC, nicht geschützt

Chromosomenzahl

2n = 120, tetraploid

Saumfarngewächse
Pteridaceae

Am Rand der dichten Büschel wachsen die ausgebreiteten sterilen Blätter, in der Mitte die steif aufrechten und meist längeren fertilen Blätter. (mb)

Bis zur Sporenreife bedeckt der umgerollte Blattrand die Sori.

Die sterilen Blattspreiten sind flach und 3- bis 4-fach gefiedert.

Dünnblättriger Nacktfarn

Anográmma leptophýlla (L.) Link

DE/AT: –

Anogramme à limbe mince · Felcetta annuale

Merkmale

- Blätter **einjährig,** 5–15 cm lang
- **Blattspreite 3–8 cm lang,** sehr **dünn, zart,** kahl, flach, schon im Juni absterbend
- Form, Teilung und Länge der Blattspreite abhängig vom Alter: erste Blattspreiten im Frühling steril, klein, rundlich, mehr oder weniger tief geteilt; später erscheinende Blattspreiten fertil, länger, eiförmig bis eilanzettlich, 1- bis 3-fach gefiedert
- **Sori ohne Schleier,** länglich oder oft die ganze Unterseite der Abschnitte bedeckend
- Blattstiel glänzend, rotbraun, kahl, gleich lang wie die Blattspreite oder länger
- Prothallien dunkelgrün, nieren- oder herzförmig, vor allem im Frühling gut zu sehen

Mögliche Verwechslung

Mit Jungpflanzen anderer Farne; auf die fertilen Blätter und die Prothallien achten.

Standort

Kollin bis montan; auf leicht sauren Böden; feuchte, schattige Mauern und Felsen, vor Frost geschützte Felsnischen, unter überhängenden Steinen (Balmen)

Verbreitung

Weltweit; in Europa vor allem im Mittelmeergebiet (nordwärts bis ins Südtirol) und im atlantischen Küstengebiet bis in die Bretagne
CH: Wallis, Tessin

Sporenreife

April bis Juni

Gefährdung/Schutz

CH: EN, kantonal geschützt

Chromosomenzahl

2n = 52, diploid

Schon gewusst?

Beim Dünnblättrigen Nacktfarn *(A. leptophylla)* stirbt der Sporophyt nach der Sporenreife ab – der Gametophyt überdauert die trockenen Sommermonate als kleines, unterirdisches, Nährstoffe speicherndes Knöllchen.

Die Sori des Dünnblättrigen Nacktfarns besitzen keine Schleier.

Zarte, einjährige, nur 3–10 cm lange Blätter zeichnen diesen seltenen Farn aus.

Die ersten Blattspreiten sind rundlich, die späteren eilanzettlich und 1- bis 3-fach gefiedert.

Dünnblättriger Nacktfarn

Anográmma leptophýlla (L.) Link

Anogramme à limbe mince · Felcetta annuale

Die Prothallien des Dünnblättrigen Nacktfarns sehen auf den ersten Blick einem Lebermoos ähnlich. Bei seiner Entdeckung 1846 beschrieb ihn Thomas Taylor fälschlicherweise als neue Lebermoos-Art, wobei er zweifelte, welcher Gattung er ihn zuordnen sollte (Pangua et al. 2011).

Die dunkelgrünen, nieren- oder herzförmigen Prothallien des Dünnblättrigen Nacktfarns erinnern an ein Lebermoos.

Bereits im Juni stirbt die zarte Blattspreite ab.

Der Dünnblättrige Nacktfarn besiedelt vor Frost geschützte Standorte, hier eine Felsnische.

Der Dünnblättrige Nacktfarn ist gut an längere Dürreperioden angepasst. In sehr trockenen Jahren entwickelt er keine Blätter (Sporophyten). Die Gametophyten-Knöllchen hingegen überdauern die trockenen Monate und können bei genügender Feuchtigkeit im Winter oder zu Beginn des Frühlings wieder austreiben. Molnàr et al. (2008) beschreiben, dass dormante (schlafende) Knöllchen, die nach einer zweieinhalbjährigen Trockenheit bewässert wurden, neue Blätter bildeten.

Kretischer Saumfarn

Ptéris crética L.

Ptéris de Crète · Pteride di Creta

DE: Unbeständig · AT: —

Merkmale

- In lockeren Rosetten wachsend; Blätter 30–70(–80) cm lang, aufrecht bis ausgebreitet oder hängend
- **Blattspreite 1-fach gefiedert,** breit oval bis eiförmig, nach unten wenig oder nicht verschmälert, etwas steif, dunkelgrün, wintergrün, kahl, leicht glänzend, mit **3 bis 5 (bis 7) Fiederpaaren; Fiedern nicht** (oder nur beim obersten Fiederpaar) **an der Blattspindel herablaufend, das unterste Fiederpaar ungeteilt oder bis zum Grund gabelig geteilt**
- Fiedern schmallanzettlich, leicht unterschiedlich (dimorph): sterile Fiedern breiter, scharf gesägt, Rand meist gewellt; fertile Fiedern schmaler, bei den Sori flach, ganzrandig, sonst scharf gesägt
- **Sori randlich, vom umgerollten Rand bedeckt** (Pseudoindusium), **eine durchgehende Linie bildend;** Rand umgerollt, zur Zeit der Sporenreife zurückgerollt
- Blattstiel nur am Grund spärlich mit Spreuschuppen besetzt, 1- bis 2-mal so lang wie die Blattspreite

Schon gewusst?

Auch wenn es sein Name vermuten lässt, kommt der Kretische Saumfarn auf der griechischen Insel Kreta nicht vor.

Beim aus Südostasien stammenden **Vielteiligen Saumfarn** *(Pteris multifida)* sind die oberen Fiedern auffällig herablaufend, die Blattspindel ist deshalb zumindest in der vorderen Hälfte der Blattspreite geflügelt.
CH/DE/AT: Tessin (fraglich); NRW (unbeständig), BW (tendenziell etabliert); Wien (unbeständig)

Mögliche Verwechslung

Beim Vielteiligen Saumfarn *(P. multifida)* ist die Blattspindel zumindest in der vorderen Hälfte geflügelt. Der Gebänderte Saumfarn *(P. vittata)* besitzt 10 bis 20 Fiederpaare und eine nach unten deutlich verschmälerte Blattspreite, sein stark beschuppter Blattstiel ist viel kürzer als die Blattspreite.

Standort

Kollin; feuchte, schattige Felsen und Tobel, kleine Bäche

Verbreitung

Mediterran-asiatisch-afrikanisch; im Mittelmeergebiet nordwärts bis ins Tessin
CH: Tessin
DE: *P. cretica* var. *albolineata* = *P. nipponica* (unbeständiger Neophyt)

Sporenreife

Juni bis August

Gefährdung/Schutz

CH: VU, kantonal geschützt

Chromosomenzahl

In Europa meist 2n = 58, diploid

Die 1-fach gefiederte Blattspreite des Kretischen Saumfarns besitzt 3 bis 5 (bis 7) Fiederpaare. (rp)

Bis zur Sporenreife werden die randlichen Sori vom umgerollten Blattrand bedeckt.

Beim Kretischen Saumfarn laufen die Fiedern nicht (oder nur beim obersten Fiederpaar) an der Blattspindel herab.

Gebänderter Saumfarn

Ptéris vittáta L.

DE/AT: –

Ptéris rubané · Pteride a foglie lunghe

Merkmale

- In lockeren bis dichten Rosetten wachsend, Blätter 30–90(–120) cm lang
- **Blattspreite 1-fach gefiedert,** lanzettlich, nach unten deutlich verschmälert, ledrig, dunkelgrün, wintergrün, matt oder leicht glänzend; mit **10 bis 20 (bis 30) Fiederpaaren**
- Fiedern schmallanzettlich bis linealisch, ungeteilt, an der Basis schief herzförmig, nicht an der Blattspindel herablaufend; die unteren rechtwinklig von der Blattspindel abstehend, die oberen schräg nach vorn gerichtet; Endfieder vor allem bei jungen Pflanzen auffällig verlängert; **das unterste Fiederpaar nie geteilt;** sterile Fiedern fein gesägt, fertile Fiedern bei den Sori ganzrandig, an der Spitze fein gesägt; Blattspindel und Fiedern vor allem auf der Unterseite mit zerstreuten hellen, schmalen Spreuschuppen; junge Bischofsstäbe dicht mit weißen, haarförmigen Spreuschuppen bedeckt (dadurch pelzig erscheinend); Fiedern beim Entrollen oft rötlich
- **Sori randlich, vom umgerollten Fiederrand bedeckt** (Pseudoindusium), eine durchgehende Linie bildend; Fiederrand zur Zeit der Sporenreife zurückgerollt
- Blattstiel dicht mit schmalen, meist hellen Spreuschuppen bedeckt; deutlich kürzer als die Blattspreite

Mögliche Verwechslung

Der Kretische Saumfarn *(P. cretica)* und der Vielteilige Saumfarn *(P. multifida)* besitzen nach unten kaum verschmälerte Blattspreiten und nur 3 bis 5 (bis 7) Fiederpaare, wobei das unterste Fiederpaar oft gabelig geteilt ist.

Standort

Kollin; feuchte Stein- und Mauerritzen

Verbreitung

Tropen und Subtropen; in Europa im südlichen Mittelmeergebiet, sonst neophytisch
CH: Tessin (etabliert)

Sporenreife

Juli bis Oktober

Chromosomenzahl

Meist 2n = 116, tetraploid

> **Schon gewusst?**
> Diese Art kann auf Böden mit sehr hohem Arsengehalt gut gedeihen und ist als «Arsen-Hyperakkumulator» bekannt: Sie nimmt den giftigen Stoff effizient auf und lagert ihn in den Blättern ein, ohne Schaden zu erleiden (Ma et al. 2001).

Die Sori des Gebänderten Saumfarns bilden einen randlichen Saum.

Die Blattspreite ist 1-fach gefiedert und hat 10 bis 20 (bis 30) Fiederpaare.

Echter Frauenhaarfarn

Adiántum capíllus-véneris L.
Venushaar

DE: Unbeständig · AT: —

Cheveu-de-Vénus · Capelvenere comune

Merkmale

- Dicht rasig wachsend, Blätter 10–40 cm lang, meist hängend
- Blattspreite 2- bis 3-fach gefiedert, oval; **Fiederchen zart,** meist wintergrün, **fächerförmig, am Grund breit keilförmig, mit haardünnen, schwarzen Stielen;** Fiederchen vorn unregelmäßig gesägt, sonst ganzrandig, Blattnerven in den Spitzen der Zähne endend (bei sterilen Blättern meist besser zu sehen als bei fertilen)
- **Sori** ohne Schleier, **auf dem zur Unterseite gebogenen Rand** (Pseudoindusium); **Pseudoindusium länglich,** 2- bis 5-mal so lang wie breit, zuerst weiß, zur Zeit der Sporenreife dunkelbraun
- Blattstiel 1 mm dick, gleich lang wie die Blattspreite oder etwas kürzer, dunkelbraun bis schwarz, glänzend, nur am Grund spärlich mit schmalen, dunklen Spreuschuppen besetzt, sonst kahl

Schon gewusst?

Im Altertum wurden die dünnen Stiele und Spindeln mit dunklen, langen Frauenhaaren verglichen und den Pflanzen Kräfte zur Förderung des Haarwuchses und zur Erhaltung der dunklen Haarfarbe zugeschrieben.

Mögliche Verwechslung

Verschiedene *Adiantum*-Arten werden als Zimmerpflanzen oder im Wintergarten kultiviert. Raddis Frauenhaarfarn *(A. raddianum)* besitzt ein nierenförmiges Pseudoindusium.

Standort

Kollin; schattige, feuchte oder überrieselte Kalkfelsen, Quellen, Wasserfälle, Brunnen, Grotten, Wegböschungen

Verbreitung

Weltweit; in Europa vor allem mediterran (nordwärts bis ins Südtirol) und atlantisch
CH: Vor allem im Tessin; zerstreut
DE: Unbeständiger Neophyt

Sporenreife

Juni bis September

Gefährdung/Schutz

CH: VU, national geschützt

Chromosomenzahl

2n = 60, diploid

Die fächerförmigen Fiederchen des Echten Frauenhaarfarns sitzen auf dünnen, schwarzen Stielen.

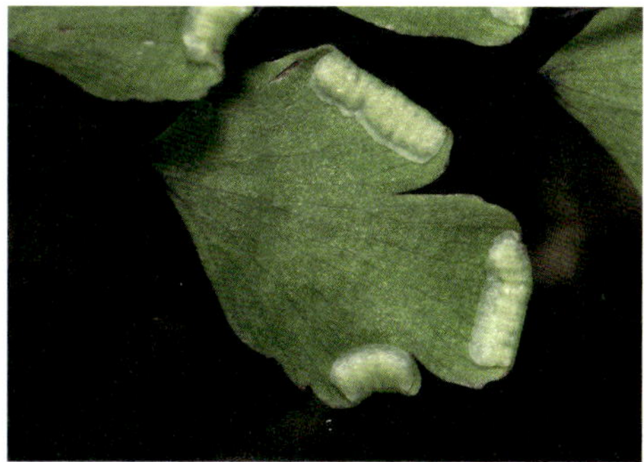

Der Fiederchenrand ist mit den Sori zur Unterseite gebogen und bildet ein längliches Pseudoindusium.

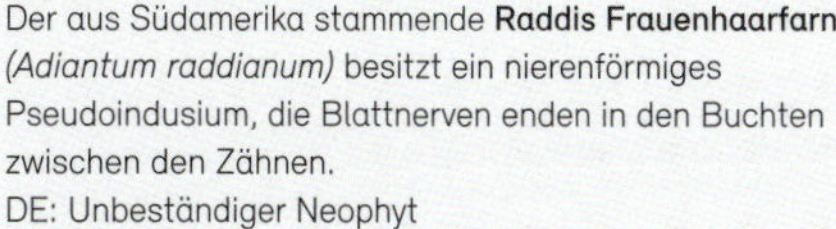

Der aus Südamerika stammende **Raddis Frauenhaarfarn** *(Adiantum raddianum)* besitzt ein nierenförmiges Pseudoindusium, die Blattnerven enden in den Buchten zwischen den Zähnen.
DE: Unbeständiger Neophyt
CH/AT: –

Raddis Frauenhaarfarn *(A. raddianum)* zeichnet sich durch ein nierenförmiges Pseudoindusium aus.

Pelzfarn

*Notholǣna maránta*e (L.) Desv.

Fougère laineuse · Felcetta lanosa

DE: — · AT: B†?, N, St

Merkmale

- In lockeren bis dichten Rosetten wachsend, mit kurzen Ausläufern, Blätter 10–35(–45) cm lang
- **Blattspreite 1-fach gefiedert,** lanzettlich, starr, ledrig, wintergrün; **Fiedern fiederschnittig,** ganzrandig, Rand leicht umgerollt, vor allem die unteren Fiedern oft waagrecht ausgerichtet (wie geöffnete Jalousien); Oberseite dunkelgrün, matt, der Mittelrippe entlang meist mit wenigen hellen, haarförmigen Spreuschuppen; **Unterseite dicht mit** dachziegelartig angeordneten, **schmal-eilanzettlichen, braunroten (bei jungen Blättern zuerst silbrig-weißen) Spreuschuppen bedeckt;** während sommerlicher Dürreperioden vollständig eingerollt, sodass nur noch die schuppige Unterseite sichtbar ist
- Sori rund, ohne Schleier, erst zur Zeit der Sporenreife zwischen den Spreuschuppen sichtbar
- Blattstiel ungefähr so lang wie die Blattspreite, dunkelbraun, relativ dicht mit hellen, haarförmigen Spreuschuppen bedeckt

Schon gewusst?

W. S. Iljin (1931) untersuchte die Austrocknungsresistenz des Pelzfarns *(N. marantae)* und ließ Wedel ohne Wasserzugabe im Labor bei 50 Prozent Luftfeuchtigkeit liegen. Die Blätter hatten nach zwei Monaten bis zu 94 Prozent ihres Wassergehalts verloren; wurden sie aber für 24 Stunden in Wasser gelegt, zeigte sich, dass die Zellen am Leben geblieben waren.

Der wissenschaftliche Artname ehrt Bartolomeo Maranta, einen venezianischen Botaniker und Mediziner des 16. Jahrhunderts, der die Art beschrieben hat.

Mögliche Verwechslung

Der Schriftfarn *(Asplenium ceterach)* sieht kleinen Individuen des sehr seltenen Pelzfarns *(N. marantae)* ähnlich, besitzt aber eine fiederschnittige Blattspreite und auf der Unterseite breitere Spreuschuppen.

Standort

Kollin (bis montan); auf sehr sonnigen, trockenen, kalkarmen Felsen, meist auf Serpentin

Verbreitung

Mediterran-afrikanisch-asiatisch
CH/AT: Sehr selten

Sporenreife

Mai bis Juli

Gefährdung/Schutz

CH: EN, kantonal geschützt
AT: EN, regional geschützt

Chromosomenzahl

2n = 58, diploid

Die Blattunterseite des Pelzfarns ist dicht mit silbrig-weißen, später rostrot werdenden Spreuschuppen bedeckt.

Seine Blattspreite ist 1-fach gefiedert, die Fiedern sind fiederschnittig. (mb)

Abhängig vom Standort bildet der Pelzfarn lockere bis dichte Rosetten; im Bild junge, dicht wachsende Pflanzen. (mb)

Adlerfarn

Pterídium aquilínum (L.) Kuhn

Fougère aigle · Felce aquilina

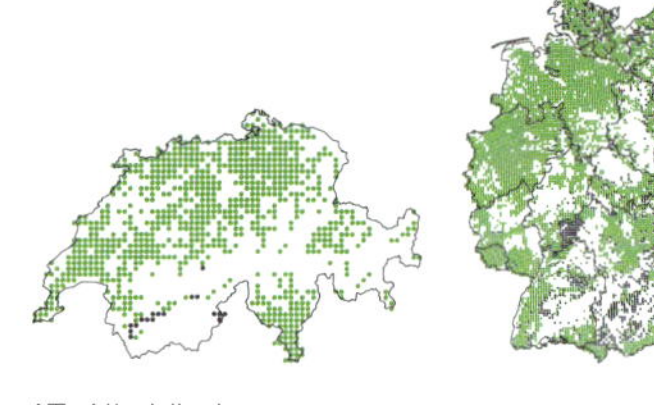

AT: Alle Länder

Merkmale

- **Locker rasig** wachsend; **Blätter 1–2,5 m lang** (selten länger), in unregelmäßigen Abständen dem Rhizom entspringend
- Blattspreite 2- bis 3- (bis 4-)fach gefiedert; dreieckig, sommergrün, etwas ledrig, Oberseite matt, kahl oder sehr spärlich behaart; Fiederchen letzter Ordnung und Abschnitte ganzrandig oder gekerbt, am Grund manchmal unregelmäßig fiederschnittig, Rand bei den fertilen und den meisten sterilen Fiederchen umgerollt; Unterseite vor allem auf dem Mittelnerv behaart; Spindeln rundherum behaart; vor allem die unteren Fiedern meist waagrecht ausgerichtet («stufiger Aufbau»); Ansatzstelle der unteren Fiedern und Fiederchen bei sich entrollenden Blättern mit Nektarien; Bischofsstäbe mit schmalen, weißen Spreuschuppen und rostroten Haaren
- **Sori randlich,** eine mehr oder weniger durchgehende Linie bildend, **vom umgerollten Rand etwas bedeckt;** Sori von zwei durchgehenden, bewimperten Schleiern eingefasst, der größere am Spreitenrand auf der Außenseite der Sori, der kleinere, meist rudimentär ausgebildete auf der Innenseite unter den Sori angewachsen; Sporen in Mitteleuropa nur selten ausreifend
- Blattstiel halb so lang bis gleich lang wie die Blattspreite, grün bis gelblich, am Grund mit braunen, haarförmigen Spreuschuppen, sonst kahl; mit 10 bis 20 Leitbündeln
- Im Unterschied zur oben beschriebenen Unterart subsp. *aquilinum* hat die meist kleinere Unterart subsp. *pinetorum* (Kiefernwald-Adlerfarn) kahle Spindeln, dicht rostrot behaarte Bischofsstäbe, glänzende Blattoberseiten und dünnere, rötliche Blattstiele.

Mögliche Verwechslung

Der Adlerfarn *(P. aquilinum)* ist der größte Farn in Mitteleuropa; mit den langen, etwas ledrigen Blättern ohne abgeschlossene Blattspitze, dem stufigen Aufbau und locker rasigen Wuchs ist er unverwechselbar.

Standort

Planar bis subalpin; auf sauren, meist nährstoffarmen Böden; lichte Wälder, Zwergstrauchheiden, Weiden, Waldschläge

Verbreitung

Fast weltweit (einige Unterarten werden teilweise als Arten abgegrenzt)
CH/DE/AT: Weit verbreitet und sehr häufig

Sporenreife

Juli bis September

Gefährdung/Schutz

CH/DE/AT: LC, nicht geschützt

Chromosomenzahl

2n = 104, diploid

Fertile Abschnitte mit reifenden Sporangien. (rp)

Der rasig wachsende Adlerfarn bildet meist große Bestände.

Seine Blattspreite ist 2- bis 3- (bis 4-)fach gefiedert.

In Mitteleuropa bleibt der Adlerfarn meist steril; unter dem umgerollten Rand reifen keine Sporen.

Adlerfarn

Pterídium aquilínum (L.) Kuhn

Fougère aigle • Felce aquilina

Während der Blattentwicklung im Frühling produzieren die an den untersten Fiedern – oft auch an der Basis der unteren Fiederchen – paarweise angeordneten Nektarien Tröpfchen einer zuckerhaltigen Flüssigkeit, die vor allem von Ameisen, aber auch von anderen Insekten gesammelt wird. Ob die Ameisen als Gegenleistung die jungen Adlerfarnsprossen vor gierigen Fressfeinden schützen, ist noch nicht abschließend geklärt (vgl. beispielsweise Oldenkamp & Douglas 2011). Von anderen Farnen mit Nektarien ist bekannt, dass die patrouillierenden Ameisen die Pflanzen wirkungsvoll schützen, so beispielsweise beim Tüpfelfarn *(Polypodium plebeium)* in Mexiko (Koptur et al. 1998).

Zwei Ameisen besuchen die Nektarien an einem jungen Adlerfarnspross.

Im Frühling produzieren die Nektarien Tröpfchen mit zuckerhaltiger Flüssigkeit.

Später sind die versiegten Nektarien als kleine, im Herbst meist hellbraune bis dunkelbraune Schwellungen zu erkennen.

An großen Blättern des Adlerfarns konnten über 50 Nektarien gezählt werden; die untersten sind mit einem Durchmesser von 2 bis 3 Millimetern am größten, nach oben nehmen die Anzahl und die Größe ab (Page 1982). Besonnte Pflanzen bilden meist größere Nektarien als Pflanzen an schattigen Standorten. Sobald die Blätter vollständig entrollt sind, versiegt die Nektarproduktion; die Nektarien bleiben aber als kleine, teilweise dunkel gefärbte Schwellungen bis zum Herbst sichtbar.

Ein nahe am Boden abgeschnittener Blattstiel zeigt die zahlreichen Leitbündel, die mit einer großen Portion Fantasie an die Form eines heraldischen Doppeladlers – eines Adlers mit zwei getrennten Köpfen – erinnern. Der wissenschaftliche Artname (lateinisch *aquila* für «Adler») soll sich darauf beziehen.

Blasenfarngewächse

Cystopteridáceae

Merkmale der mitteleuropäischen Arten

- Blätter in lockeren Rosetten oder einzeln wachsend, kaum länger als 40(–50) cm
- Blattspreite 2- bis 4-fach gefiedert, sommergrün
- Rand ganzrandig bis stumpf gezähnt, Zähne ohne Stachelspitzen
- Sori rund, Schleier fehlend oder Schleier die Sori blasenförmig bedeckend und zur Zeit der Sporenreife zurückgeschlagen
- Blattstiel 0,5- bis 2- (bis 3-)mal so lang wie die Blattspreite, ohne Sollbruchstelle

Gattung Eichenfarn, Ruprechtsfarn *(Gymnocarpium)*
Blätter in unregelmäßigen Abständen dem Rhizom entspringend; Blattspreite sommergrün, breit dreieckig; unterstes Fiederpaar viel größer als die oberen, 2-fach gefiedert, Fiederchen fiederschnittig; Blatt- und Fiederspindeln auf der Oberseite leicht rinnig; Sori rund, ohne Schleier, nahe am Rand

→ Eichenfarn *Gymnocarpium dryopteris*
Ruprechtsfarn *Gymnocarpium robertianum*

Gattung Blasenfarn *(Cystopteris)*
Blätter in lockeren Rosetten oder teilweise einzeln wachsend; Blattspreite sommergrün, dünn, schlaff, 2- bis 4-fach gefiedert, breit dreieckig oder länglich oval (mindestens 2-mal so lang wie breit); Blatt- und Fiederspindeln auf der Oberseite rinnig; Sori rund, in der Mitte der Abschnitte; Schleier eiförmig, unter den Sporangien angewachsen und die Sori blasenförmig bedeckend, zur Zeit der Sporenreife zurückgeschlagen und bald schrumpfend

Alpen-Blasenfarn *Cystopteris alpina*
Zerbrechlicher Blasenfarn *Cystopteris fragilis* aggr.
Berg-Blasenfarn *Cystopteris montana*
Sudeten-Blasenfarn *Cystopteris sudetica*

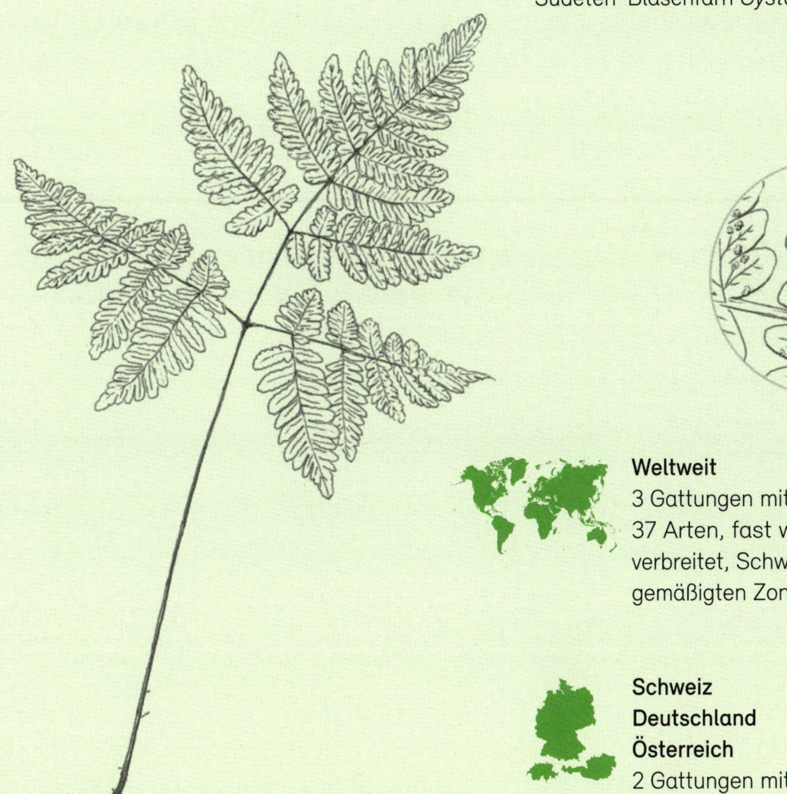

Weltweit
3 Gattungen mit mindestens 37 Arten, fast weltweit verbreitet, Schwerpunkt in der gemäßigten Zone

Schweiz
Deutschland
Österreich
2 Gattungen mit mindestens 6 Arten

Zerbrechlicher Blasenfarn

Artengruppe

Cystópteris frágilis aggr.

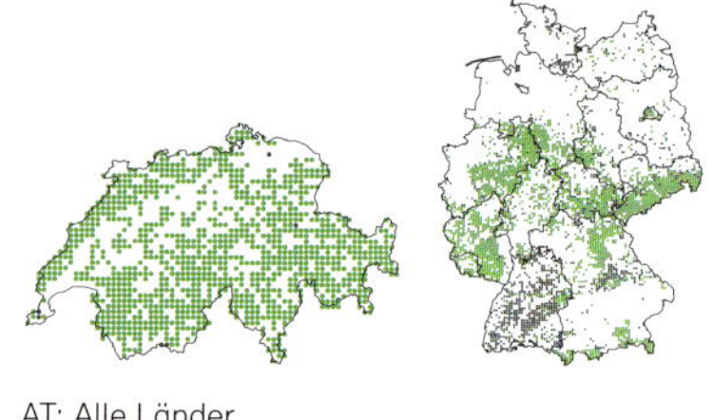

AT: Alle Länder

Cystoptère fragile · Felcetta fragile

Merkmale

- In lockeren Rosetten wachsend, Blätter 10–30(–35) cm lang
- **Blattspreite 2- bis 3-fach gefiedert,** 2- bis 3-mal so lang wie breit, nach unten wenig verschmälert; **sommergrün, dünn,** matt; meist kahl, selten drüsig und spärlich behaart; Blattspindel auf der Oberseite rinnig
- Fiederchen sehr variabel, eiförmig bis schmallanzettlich; Rand gebuchtet bis gezähnt, Zähne ohne aufgesetzte Stachelspitzen; Zähne vorn nicht ausgerandet, Blattnerven kräftig und durchscheinend, alle oder die meisten **Blattnerven in den Spitzen der Zähne endend**
- **Sori rund; Schleier eiförmig,** an seiner Basis unter den Sporangien angewachsen, **die Sori** zuerst **blasenförmig bedeckend,** zur Sporenreife zurückgeschlagen und bald schrumpfend, Schleier kahl
- Blattstiel gelblich grün, am Grund (selten bis zur Blattspreite) rotbraun; vor allem am Grund spärlich mit hellen Spreuschuppen besetzt, Oberseite rinnig; kürzer bis wenig länger als die Blattspreite

Aktuelle Forschung

Sehr vielgestaltige Artengruppe (Hanušová et al. 2019) mit ungelöster Systematik. Dickies Blasenfarn *(C. dickieana)* wird teilweise nicht mehr vom Zerbrechlichen Blasenfarn *(C. fragilis)* unterschieden (Parks et al. 2000). Wir fassen für Mitteleuropa beide Taxa als Artengruppe (Aggregat) zusammen. Andere Autoren (beispielsweise Gilli et al. 2019, Jäger et al. 2013) fassen die Artengruppe weiter und schließen auch den Alpen-Blasenfarn *(C. alpina)* ein.

Mögliche Verwechslung

Beim Alpen-Blasenfarn *(C. alpina)* enden die meisten Blattnerven in den Buchten der ausgerandeten Blattzähne. Der 1-fach gefiederte Zierliche Wimperfarn *(Woodsia pulchella)* hat in lange Fransen aufgelöste Schleier und am Blattstiel eine spürbare, knotige Verdickung. Bei kleinen, sterilen Individuen des Wald-Frauenfarns *(Athyrium filix-femina)* auf die vor dem Rand endenden Blattnerven und den dunklen, verbreiterten Blattstielgrund achten.

Standort

(Planar bis) kollin bis alpin; auf feuchten, kalkhaltigen bis kalkarmen Böden; Felsspalten, Blockfelder

Verbreitung

Weltweit verbreitet
CH/DE/AT: Verbreitet und häufig

Sporenreife

Juli bis September

Gefährdung/Schutz

CH/DE/AT: —

Chromosomenzahl

2n = 168, 252, 336, tetra-, hexa-, octoploid, oft auch pentaploide sterile Hybriden zwischen tetra- und hexaploiden Pflanzen

Die eiförmigen Schleier bilden eine Blase über den Sori (Gattungsmerkmal).

Die Blattspreite ist 2- bis 3-fach gefiedert, sommergrün und auffallend dünn.

Beim Zerbrechlichen Blasenfarn enden die Blattnerven in den Spitzen der Zähne.

Alpen-Blasenfarn

Cystópteris alpína (Lam.) Desv.

Cystoptère des Alpes · Felcetta reale

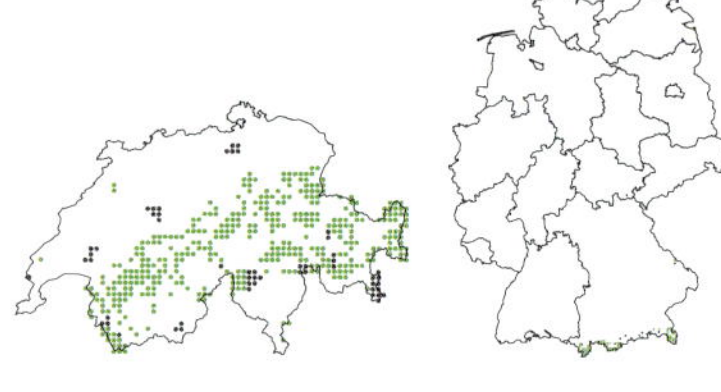

AT: Alle Länder außer B, W

Merkmale

- In lockeren Rosetten wachsend, Blätter 5–20 cm lang
- **Blattspreite 2- bis 3-fach gefiedert,** 2- bis 3- (bis 5-)mal so lang wie breit, nach unten nicht oder nur wenig verschmälert; **sommergrün, dünn,** matt; kahl oder mit zerstreuten Drüsen; Blattspindel auf der Oberseite rinnig
- Fiederchen fiederschnittig, Abschnitte schmal, ganzrandig, bandartig, vorn ausgerandet bis zweizähnig; Blattnerven kräftig und durchscheinend, alle oder die meisten **Blattnerven in der Bucht zwischen den beiden stumpfen Zähnen endend**
- **Sori rund; Schleier eiförmig,** an seiner Basis unter den Sporangien angewachsen, **die Sori** zuerst **blasenförmig bedeckend,** zur Zeit der Sporenreife zurückgeschlagen und bald schrumpfend, Schleier kahl
- Blattstiel grün, am Grund dunkel, Oberseite rinnig; kürzer bis wenig länger als die Blattspreite

Schon gewusst?

Der deutsche und der wissenschaftliche Gattungsname beziehen sich auf die blasenförmigen Schleier (griechisch *kystis* für «Blase» und *pteris* für «Farn»).

Mögliche Verwechslung

Beim Zerbrechlichen Blasenfarn (*C. fragilis* aggr.) enden die meisten Blattnerven in den Spitzen der Blattzähne. Die Unterscheidung im Feld ist jedoch manchmal schwierig, zudem gibt es Übergänge zwischen den Arten (beide hybridisieren gelegentlich). Der sehr seltene Zerschlitzte Streifenfarn *(Asplenium fissum)* hat schwache, oft undeutliche Blattnerven und längliche Sori.

Standort

Subalpin bis alpin; auf kalkreichen Böden; feuchte Felsspalten, seltener ruhender Schutt

Verbreitung

Europäisch-westasiatisch
CH/DE/AT: Alpen, Alpennordhang, Jura; selten

Sporenreife

Juli bis September

Gefährdung/Schutz

CH/DE/AT: LC, nicht besonders geschützt

Chromosomenzahl

2n = 252, hexaploid; anderswo in Europa auch tetra-, penta- und octoploid; diese Ploidiestufen treten möglicherweise auch in Mitteleuropa auf.

Beim Alpen-Blasenfarn enden die meisten Blattnerven in der Bucht zwischen den beiden stumpfen Zähnen.

Die Blattspreite ist 2- bis 3-fach gefiedert.

Die eiförmigen Schleier bilden eine Blase über den Sori (Gattungsmerkmal).

Berg-Blasenfarn

Cystópteris montána (Lam.) Desv.

Cystoptère des montagnes · Felcetta montana

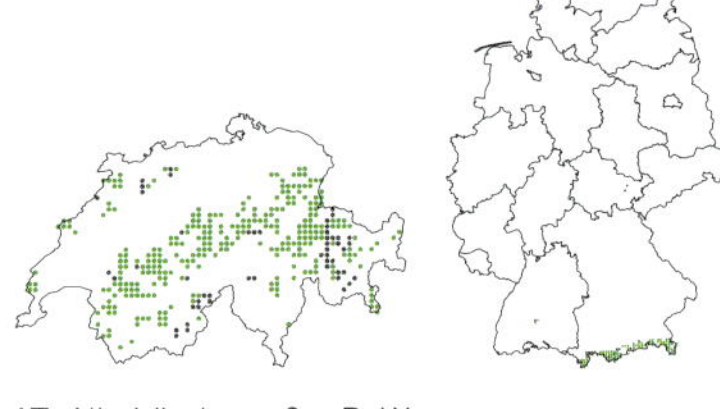

AT: Alle Länder außer B, W

Merkmale

- **Locker rasig** wachsend; Blätter 15–30(–45) cm lang, in unregelmäßigen Abständen dem Rhizom entspringend
- **Blattspreite 3- bis 4-fach gefiedert, dreieckig, ungefähr so lang wie breit;** sommergrün, matt; auf der Unterseite vor allem auf den Spindeln und Blattnerven mit zerstreuten Drüsen; Blatt- und Fiederspindeln auf der Oberseite rinnig
- Fiederchen fiederschnittig; **unterstes Fiederpaar am größten, deutlich asymmetrisch,** innerstes, nach unten gerichtetes Fiederchen (Fieder 2. Ordnung) stark vergrößert; Zähne der Abschnitte vorn ausgerandet, alle oder die meisten Blattnerven in der Bucht zwischen den beiden stumpfen Zähnen endend
- Sori rund; Schleier eiförmig, an seiner Basis unter den Sporangien angewachsen, die Sori zuerst blasenförmig bedeckend, zur Zeit der Sporenreife zurückgeschlagen und bald schrumpfend, Schleier kahl
- Blattstiel dünn, gelblich grün, am Grund dunkelbraun, mit wenigen Spreuschuppen; Oberseite rinnig; 1- bis 3-mal so lang wie die Blattspreite

Beim sehr seltenen **Sudeten-Blasenfarn** *(Cystopteris sudetica)* ist im Unterschied zum Berg-Blasenfarn *(C. montana)* beim unteren Fiederpaar das innerste, nach unten gerichtete Fiederchen (Fieder 2. Ordnung) kürzer oder höchstens gleich lang wie das benachbarte nach unten gerichtete Fiederchen, die Schleier sind drüsig. Montan; feuchte, kalkhaltige Böden, Laubmischwälder; ein Standort in Südostbayern. 2n = 168

Mögliche Verwechslung

Der Ruprechtsfarn *(Gymnocarpium robertianum)* und der Eichenfarn *(G. dryopteris)* sind 2-fach gefiedert, ihre Blattnerven enden in den Spitzen der Blattzähne und die Sori besitzen keinen Schleier.

Standort

(Montan bis) subalpin; auf schattigen, steinigen, feuchten, kalkreichen Böden; Felsspalten, Schutthalden, Blockwälder

Verbreitung

Eurasiatisch-nordamerikanisch
CH/DE/AT: Jura, Voralpen, Alpen; selten

Sporenreife

Juli bis August

Gefährdung/Schutz

CH: LC, nicht geschützt
DE: LC, besonders geschützt
AT: LC, nicht geschützt

Chromosomenzahl

2n = 168, tetraploid

Der Berg-Blasenfarn zeichnet sich durch eine dreieckige, 3- bis 4-fach gefiederte Blattspreite aus, sein unterstes Fiederpaar ist deutlich asymmetrisch.

Zur Zeit der Sporenreife ist der blasenförmige Schleier zurückgeschlagen und schrumpft bald ein.

Eichenfarn

Gymnocárpium dryópteris (L.) Newman

Gymnocarpe dryoptéris · Felce delle querce

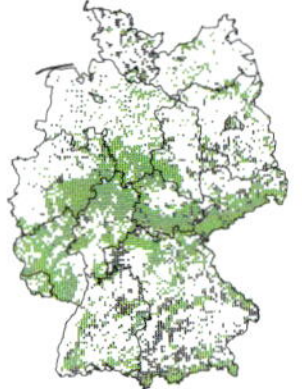

AT: Alle Länder

Merkmale

- **Locker rasig** wachsend, Blätter 15–30(–40) cm lang, in unregelmäßigen Abständen dem Rhizom entspringend
- **Blattspreite breit dreieckig** (gleichseitiges Dreieck), 10–15(–20) cm lang, leicht zurückgebogen, hellgrün, weich, sommergrün; **unterstes Fiederpaar viel größer als die oberen Fiederpaare, 2-fach gefiedert** mit fiederschnittigen Fiederchen; obere Fiederpaare meist nur 1-fach gefiedert mit fiederschnittigen Fiedern; Blattnerven bis zum Rand oder bei stumpfen Zähnen bis in deren Spitzen führend; Rand flach; Blatt- und Fiederspindeln auf der Oberseite leicht rinnig
- Blattstiel, Blattspreite, Blatt- und Fiederspindel **kahl** oder selten mit sehr wenigen Drüsen (Lupe)
- Sori rund, ohne Schleier, nahe am Rand
- Blattstiel dünn, 1 mm dick, 1,5- bis 2,5-mal so lang wie die Blattspreite, bis über die Mitte hinauf mit wenigen Spreuschuppen

Schon gewusst?

Der Gattungsname *Gymnocarpium* bedeutet wörtlich übersetzt «nackte Frucht» (griechisch *gymnos* für «nackt» und *karpos* für «Frucht») und bezieht sich auf die schleierlosen Sori.

Mögliche Verwechslung

Der Ruprechtsfarn *(G. robertianum)* ist stark drüsig. Die Blattspreite des seltenen Berg-Blasenfarns *(Cystopteris montana)* ist 3- oder 4-fach gefiedert, die Blattnerven führen in die Buchten der ausgerandeten Zähne und die eiförmigen Schleier schrumpfen bald.

Standort

Planar bis subalpin; auf kalkarmen, feuchten, steinigen Böden

Verbreitung

Eurasiatisch-nordamerikanisch
CH/DE/AT: Verbreitet und ziemlich häufig

Sporenreife

Juli bis September

Gefährdung/Schutz

CH/DE/AT: LC, nicht besonders geschützt

Chromosomenzahl

2n = 160, tetraploid

Die nahe am Blattrand liegenden Sori besitzen keine Schleier, die Pflanzen sind (meist) drüsenlos.

Die Blattspreite des Eichenfarns ist breit dreieckig, das unterste Fiederpaar 2-fach gefiedert.

Ruprechtsfarn

Gymnocárpium robertiánum (Hoffm.) Newman

Gymnocarpe Herbe à Robert · Felce del calcare

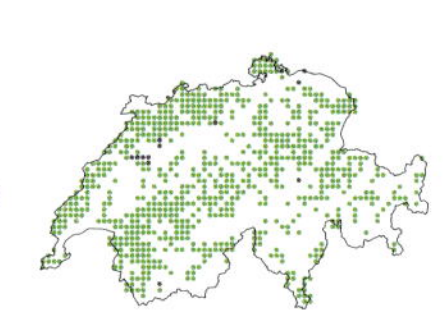

AT: Alle Länder

Merkmale

- **Locker rasig, in Mauer- oder Felsspalten oft büschelig** wachsend; Blätter 20–50 cm lang
- **Blattspreite breit dreieckig** (gleichschenkliges Dreieck), 10–20(–25) cm lang, leicht zurückgebogen, vor allem die unteren Fiederpaare in der Sonne oft nach oben gerichtet, sommergrün, etwas ledrig; **unterstes Fiederpaar viel größer als die oberen, 2-fach gefiedert** mit fiederschnittigen Fiederchen; obere Fiederpaare meist 1-fach gefiedert mit fiederschnittigen Fiedern; Blattnerven bis zum Rand oder bei stumpfen Zähnen bis in deren Spitzen führend; Rand vor allem in der Sonne oft leicht umgerollt; Blatt- und Fiederspindeln auf der Oberseite leicht rinnig
- Vor allem der obere Teil des Blattstiels, die Blatt- und Fiederspindeln und die Unterseite der Blattspreite dicht **mit kleinen, hellen Drüsen** bedeckt (Lupe)
- Sori rund, ohne Schleier, nahe am Rand
- Blattstiel ziemlich robust, 2,5 mm dick, 1,5-mal so lang wie die Blattspreite, vom Grund bis über die Mitte mit wenigen Spreuschuppen

Mögliche Verwechslung

Der Eichenfarn *(G. dryopteris)* ist drüsenlos. Die Blattspreite des seltenen Berg-Blasenfarns *(Cystopteris montana)* ist 3- bis 4-fach gefiedert, die Blattnerven führen in die Buchten der ausgerandeten Zähne und die eiförmigen Schleier schrumpfen bald.

Standort

(Kollin bis) montan bis subalpin; Kalkblockschutt, Felsen, Mauern, steinige Wälder

Verbreitung

Eurasiatisch-nordamerikanisch
CH/DE/AT: Verbreitet und ziemlich häufig

Sporenreife

Juli bis September

Gefährdung/Schutz

CH: LC, nicht geschützt
DE: LC, nicht besonders geschützt
AT: -r, nicht geschützt

Chromosomenzahl

2n = 160, tetraploid

Die Blattspreite des Ruprechtsfarns ist breit dreieckig, das unterste Fiederpaar 2-fach gefiedert.

Vor allem die Spindeln und die Unterseiten der Fiedern sind dicht mit Drüsen bedeckt.

In Mauer- und Felsspalten wächst der Ruprechtsfarn oft büschelig.

Streifenfarngewächse

Aspleniáceae

Merkmale der mitteleuropäischen Arten

- Blätter in Rosetten wachsend, 5–40(–70) cm lang
- Blattspreite ungeteilt, gegabelt, fiederschnittig oder 1- bis 4-fach gefiedert; meist kahl, selten drüsig oder auf der Unterseite dicht mit Schuppen besetzt, meist wintergrün
- Sori 2- bis 6- (bis 10-)mal so lang wie breit, gerade; Schleier auf der Längsseite angewachsen, zur Zeit der Sporenreife meist zurückgeschlagen und von den Sporangien bedeckt

Weltweit
2 Gattungen mit mindestens 730 Arten; weltweit verbreitet, Schwerpunkt in den Tropen

Schweiz
Deutschland
Österreich
1 Gattung mit 17 Arten und zahlreichen Hybriden

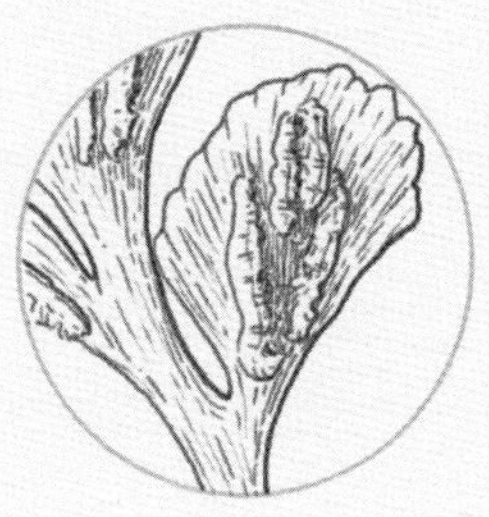

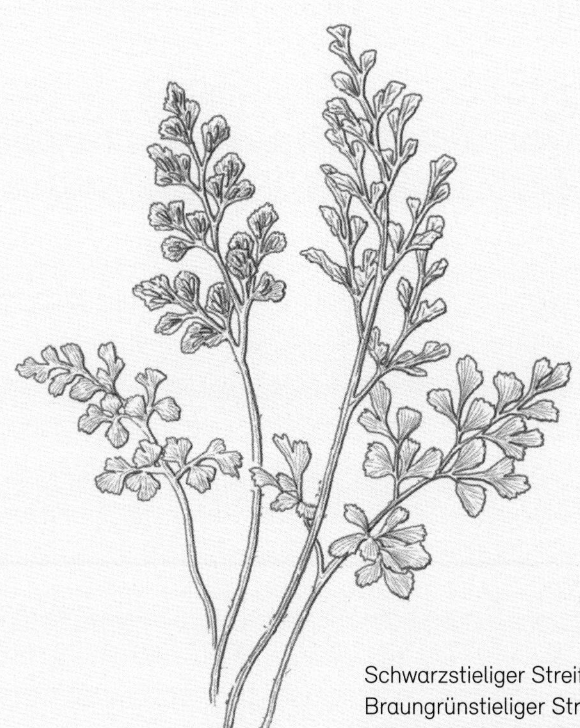

Schwarzstieliger Streifenfarn *Asplenium adiantum-nigrum*
Braungrünstieliger Streifenfarn *Asplenium adulterinum*
Billots Streifenfarn *Asplenium billotii*
Schriftfarn *Asplenium ceterach*
Keilblättriger Streifenfarn *Asplenium cuneifolium*
Zerschlitzter Streifenfarn *Asplenium fissum*
Quell-Streifenfarn *Asplenium fontanum*
Foreser Streifenfarn *Asplenium foreziense* (N)
Zarter Streifenfarn *Asplenium lepidum*
Spitzer Streifenfarn *Asplenium onopteris*
Strichfarn *Asplenium petrarchae* N
→ Mauerraute *Asplenium ruta-muraria*
Hirschzunge *Asplenium scolopendrium*
Dolomiten-Streifenfarn *Asplenium seelosii*
Nordischer Streifenfarn *Asplenium septentrionale*
Braunstieliger Streifenfarn *Asplenium trichomanes*
Grünstieliger Streifenfarn *Asplenium viride*

Hirschzunge

Asplénium scolopéndrium L.
subsp. *scolopéndrium*
Phyllítis scolopéndrium (L.) Newman
subsp. *scolopéndrium*

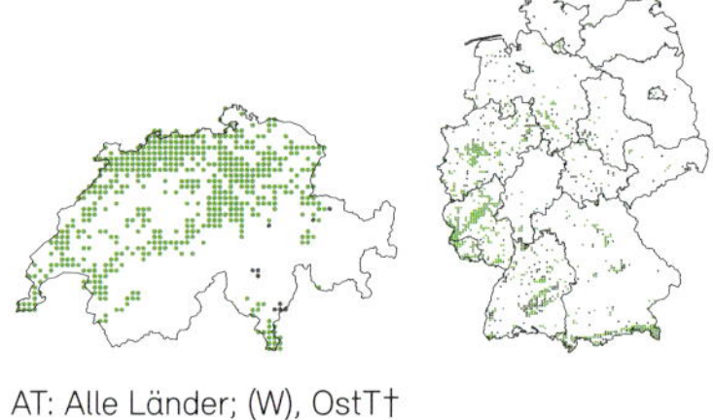

AT: Alle Länder; (W), OstT†

Langue de cerf · Scolopendria comune

Merkmale

- In dichten Rosetten wachsend, Blätter 20–50(–70) cm lang
- **Blattspreite ungeteilt, 5- bis 8-mal so lang wie breit, ganzrandig oder leicht gewellt,** am Grund herzförmig, dunkelgrün, ledrig, glänzend, überwinternd; zuerst mit hellen Spreuschuppen, bald verkahlend; Mittelrippe grün, auf der Unterseite oft bis über die Mitte braun
- Sori sehr lang, gerade, in Paaren («Doppelsori»); Schleier auf den Außenseiten der Sori, zur Zeit der Sporenreife zurückgeschlagen und von den Sporangien bedeckt
- Blattstiel am Grund braun, oben grün, auf der Unterseite meist bis zur Blattspreite braun; am Grund dicht, oben lockerer mit braunen Spreuschuppen bedeckt; 0,3- bis 0,5-mal so lang wie die Blattspreite

Schon gewusst?

Die Hirschzunge *(Asplenium scolopendrium)* verdankt ihren deutschen Namen der speziellen, langen Blattspreite. Der wissenschaftliche Artname hat vermutlich weniger mit Tausendfüßlern (griechisch *skolopendros*) als vielmehr mit kleinen Würmern (griechisch *skolekes*) zu tun: Der griechische Arzt Dioskurides (1. Jahrhundert) bemerkte zur Hirschzunge, dass die Blattunterseite mit den langen Sori aussehe, als ob viele kleine Würmer darauf verteilt wären (Genaust 1996).

Standort

(Planar bis) kollin bis montan; auf feuchten, nährstoffreichen, meist kalkreichen, seltener kalkarmen Böden; schattige Felsen, steinige Wälder, Schluchtwälder, Mauern

Verbreitung

Europäisch-westasiatisch, tetraploide Sippen in Amerika
CH/DE/AT: Zerstreut, nicht häufig

Sporenreife

Juli bis August

Gefährdung/Schutz

CH: LC, national geschützt
DE: LC, besonders geschützt
AT: LC, regional geschützt

Chromosomenzahl

2n = 72, diploid

Die Hirschzunge wächst in Rosetten.

Die Blattspreite ist ungeteilt und 5- bis 8-mal so lang wie breit.

Reifestadien (von links): junge Doppelsori; mit reifenden Sporangien; nach der Sporenreife.

Schriftfarn

Asplénium céterach L. subsp. *céterach*
Céterach officinárum Willd. subsp. *officinárum*
Milzfarn

AT: B, (N, St, K), S, V

Cétérach officinal · Cedracca comune

Merkmale

- In dichten Rosetten wachsend, Blätter 5–15(–20) cm lang
- **Blattspreite fiederschnittig** mit wechselständigen Abschnitten; schmallanzettlich, nach unten allmählich verschmälert, ledrig, wintergrün; **Oberseite dunkelgrün,** matt, **kahl** oder Mittelrippe mit wenigen Spreuschuppen; **Unterseite dicht mit** dachziegelartig angeordneten, eiförmigen, zuerst silbrigen, bald hellbraun bis rostbraun werdenden **Spreuschuppen bedeckt;** während sommerlicher Dürreperioden vollständig einrollend, sodass nur die braune, schuppige Unterseite sichtbar ist
- Abschnitte 1- bis 1,5-mal so lang wie breit, ganzrandig oder leicht gewellt
- Sori strichförmig, erst zur Zeit der Sporenreife zwischen den Spreuschuppen sichtbar, ohne Schleier
- Blattstiel vor allem am Grund dicht mit Spreuschuppen besetzt, bedeutend kürzer als die Blattspreite

Schon gewusst?

Der Schriftfarn *(Asplenium ceterach)* ist hervorragend an Dürreperioden angepasst: Im Experiment ertrug er sogar ein Wassersättigungsdefizit von 96 bis 98 Prozent, ohne Schaden zu nehmen (Bennert 1999). Sobald wieder genügend Feuchtigkeit vorhanden ist, entrollen sich die trockenen Wedel und nehmen die Fotosynthese wieder auf.

Mögliche Verwechslung

Junge Blätter des sehr seltenen Pelzfarns *(Notholaena marantae)* sind bereits 1-fach gefiedert, die Spreuschuppen auf der Blattunterseite sind schmaler.

Standort

Kollin bis montan; auf nährstoffarmen, meist kalkreichen, seltener kalkarmen Böden; Mauern, Felsspalten

Verbreitung

Eurasiatisch-mediterran
CH/DE/AT: In wärmeren Lagen, zerstreut

Sporenreife

Mai bis August

Gefährdung/Schutz

CH: LC, kantonal geschützt
DE: VU, besonders geschützt
AT: LC, nicht geschützt

Chromosomenzahl

2n = 144, tetraploid (subsp. *bivalens:* diploid, mediterran)

Der Schriftfarn wächst in Mauern und Felsspalten.

Während Dürreperioden sind die Blätter vollständig eingerollt. (rp)

Die silbrigen Spreuschuppen auf der Unterseite der Blattspreite färben sich später rostbraun.

Erst zur Zeit der Sporenreife werden die Sori zwischen den Schuppen sichtbar.

Mauerraute

Asplénium ruta-murária L.
Mauer-Streifenfarn

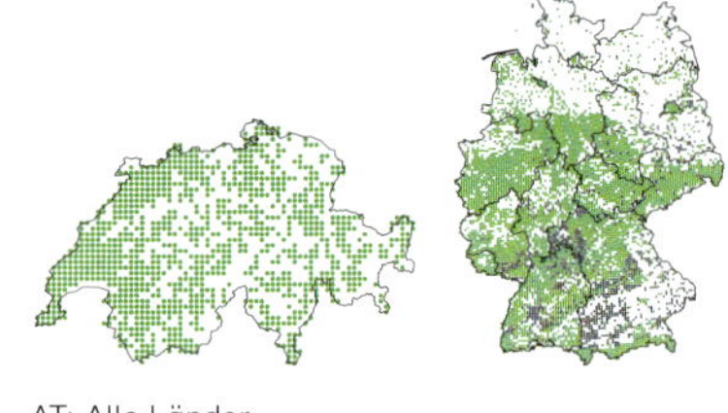

AT: Alle Länder

Rue des murailles · Asplenio ruta di muro

Merkmale

- In dichten Rosetten wachsend, **Blätter (3–)5–15 cm lang**
- **Blattspreite 2- bis 3-fach gefiedert;** zuerst hellgrün, später **dunkelgrün,** etwas ledrig, **wintergrün,** matt, breit dreieckig, mit 2 bis 5 Fiederpaaren, **unterstes Fiederpaar länger als die oberen;** Blattspindel grün; junge Blätter oft drüsig und sehr spärlich mit Spreuschuppen besetzt, verkahlend oder mit bleibenden zerstreuten Drüsen
- Fiederchen 1,5- bis 2,5-mal so lang wie breit, verkehrteiförmig; Rand vorn mit kurzen, meist stumpfen Zähnen; Fiedern und Fiederchen meist deutlich gestielt; größere Fiederchen über 3 mm breit
- **Sori länglich;** Sporangien zur Zeit der Sporenreife geöffnet und fast die ganze Unterseite der Fiederchen bedeckend; Schleier gefranst
- **Blattstiel** auf beiden Seiten **grün, nur am Grund dunkelbraun;** nicht verdickt, am Grund 1 mm Durchmesser und mit wenigen braunen Spreuschuppen; 1- bis 2-mal so lang wie die Blattspreite
- Von der hier beschriebenen Unterart subsp. *ruta-muraria* weicht die Unterart subsp. *dolomiticum* (Dolomit-Mauerraute; Südtessin, Kärnten, Osttirol, Südtirol) durch drüsige, nicht verkahlende, etwas dünnere Blätter und sehr lang gefranste Schleier ab; für eine sichere Ansprache muss die Sporengröße gemessen oder die Chromosomenzahl bestimmt werden.

Mögliche Verwechslung

Ausgesprochen vielgestaltig: Je nach Standort und Alter der Blätter kann das Aussehen stark variieren. Der Blattstiel des Schwarzstieligen Streifenfarns (*A. adiantum-nigrum* aggr.) ist am Grund verdickt und bis über die Mitte, auf der Unterseite oft bis zur Blattspreite dunkelbraun. Die Blattspreite des Zarten Streifenfarns *(A. lepidum)* ist hellgrün und dicht mit Drüsen besetzt; die Art ist von der Dolomit-Mauerraute *(A. ruta-muraria* subsp. *dolomiticum)* im Feld aber nur schwer zu unterscheiden, Sporengröße oder Chromosomenzahl sollten mitberücksichtigt werden.

Standort

Planar bis subalpin (bis alpin); auf kalkhaltigen Böden; Fels- und Mauerspalten

Verbreitung

Eurasiatisch-nordamerikanisch
CH/DE/AT: Verbreitet und sehr häufig

Sporenreife

Juli bis September

Gefährdung/Schutz

CH/DE/AT: LC, nicht besonders geschützt

Chromosomenzahl

2n = 72, 144; diploid (subsp. *dolomiticum*), tetraploid (subsp. *ruta-muraria*)

Im Frühling heben sich die neuen Blätter deutlich von den dunkelgrünen letztjährigen ab.

Kennzeichnend für die Gattung der Streifenfarne sind die länglichen Sori.

Die Blattspreite ist 2- bis 3-fach gefiedert, der Blattstiel nur am Grund dunkelbraun.

Braunstieliger Streifenfarn

Asplénium trichómanes L.

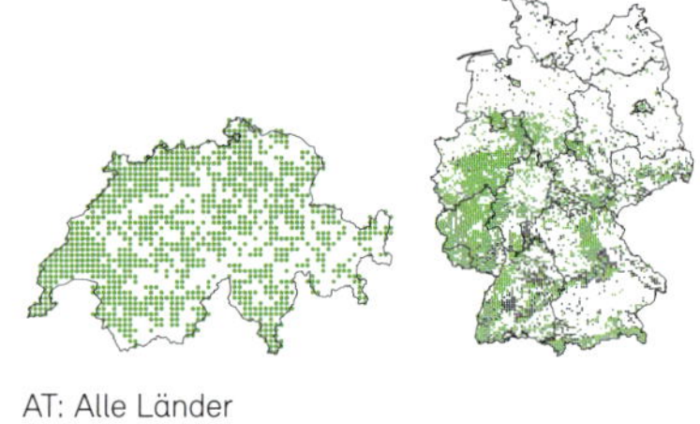

AT: Alle Länder

Capillaire rouge · Asplenio tricomane

Merkmale

- In Rosetten wachsend, **Blätter 5–20(–30) cm lang**
- **Blattspreite 1-fach gefiedert,** schmallanzettlich, mit 15 bis 30 Fiederpaaren; gelblich grün bis bläulich grün, wintergrün, matt oder leicht glänzend; **Blattspindel bis zur Spitze rotbraun bis schwarzbraun,** bei jungen Blättern an der Spitze grün, bald vollständig braun werdend; auf der **Oberseite rinnig, Seitenränder in helle, häutige,** 0,1–0,2 mm breite **Flügel ausgezogen** (Lupe); kahl oder vor allem Fiederunterseite spärlich mit Drüsen besetzt
- **Fiedern rundlich bis oval,** asymmetrisch (nach vorn gerichtete Hälften größer), sitzend oder sehr kurz und braun gestielt; Rand grob gekerbt bis fast ganzrandig; Fiedern in der Blattspreitenebene liegend, an sonnigen Standorten teilweise senkrecht zur Blattspreitenebene gedreht; einzeln von der Blattspindel abfallend, Pflanzen deshalb vor allem im Winterhalbjahr mit leeren Blattspindeln
- Sori länglich, Schleier ganzrandig
- Blattstiel rotbraun bis schwarzbraun, meist kahl, auf der Oberseite sehr schmal geflügelt, 0,2- bis 0,3-mal so lang wie die Blattspreite

Schon gewusst?

In Mitteleuropa sind 5 Unterarten des Braunstieligen Streifenfarns *(A. trichomanes)* bekannt. Für die sichere Unterscheidung sind gut entwickelte Blätter, reife Sporen (Mikroskop) und weiterführende Literatur (Ekrt & Štech 2008, Fischer et al. 2008, Stöhr 2010, Kessler 2020) nötig.

Mögliche Verwechslung

Der Grünstielige Streifenfarn *(A. viride)* besitzt eine vollständig grüne Blattspindel. Beim sehr seltenen Braungrünstieligen Streifenfarn *(A. adulterinum)* ist sie an der Spitze bleibend grün und auf der Oberseite rinnig, aber nicht geflügelt.

Standort

(Planar bis) kollin bis subalpin; je nach Unterart auf kalkreichen bis kalkfreien Böden; Fels- und Mauerspalten, steinige Wälder

Verbreitung

Fast weltweit
CH/DE/AT: Weit verbreitet und häufig

Sporenreife

Juli bis August

Gefährdung/Schutz

CH: LC, nicht geschützt
DE: LC, nicht besonders geschützt
AT: LC (NT: subspp. *hastatum* und *pachyrachis*), nicht geschützt

Chromosomenzahl

2n = 72, 144; di- und tetraploide Unterarten

Die Blätter sind 5–20(–30) cm lang, ihre Blattspreiten 1-fach gefiedert.

Im Winterhalbjahr fallen die Fiedern einzeln von der Blattspindel ab.

Bei jungen Blättern ist die Blattspindel an der Spitze grün, bevor sie sich braun färbt.

Die Seitenränder der Blattspindel sind in häutige Flügel ausgezogen.

Grünstieliger Streifenfarn

Asplénium víride Huds.

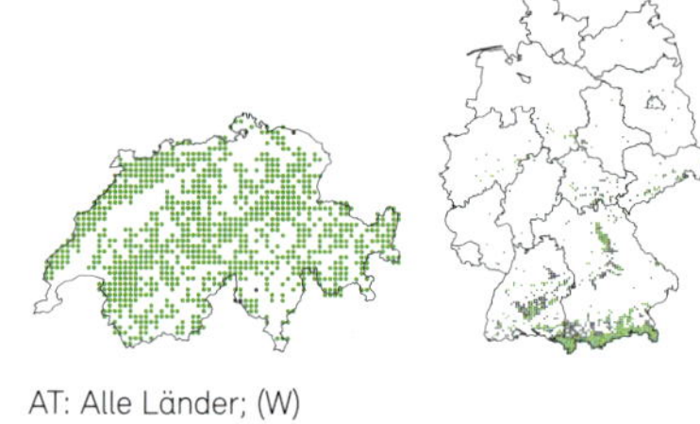

AT: Alle Länder; (W)

Capillaire vert · Asplenio verde

Merkmale

- In Rosetten wachsend, **Blätter 10–15(–25) cm lang**
- **Blattspreite 1-fach gefiedert,** schmallanzettlich, mit 15 bis 30 Fiederpaaren; hellgrün, an exponierten Standorten gelblich grün, oft wintergrün, matt oder leicht glänzend; **Blattspindel vollständig grün,** Oberseite rinnig, Seitenränder abgerundet, nicht in häutige Flügel ausgezogen (Lupe); junge Triebe im Frühling oft fein behaart, bald verkahlend
- **Fiedern rundlich,** 1- bis 1,5-mal so lang wie breit, kurz gestielt, Rand grob gekerbt; Fiedern in der Blattspreitenebene liegend, an sonnigen Standorten teilweise senkrecht zur Blattspreitenebene gedreht und Fiederrand etwas umgerollt; im Herbst nicht von der Blattspindel abfallend, Pflanzen deshalb ohne leere Blattspindeln
- Sori länglich, Schleier bald schrumpfend
- Blattstiel grün, am Grund (sehr selten bis zur Blattspreite) rotbraun bis schwarz, spärlich mit braunen, haarförmigen Spreuschuppen besetzt, auf der Oberseite leicht rinnig, nicht geflügelt; 0,2- bis 0,3-mal so lang wie die Blattspreite

Mögliche Verwechslung

Die Blattspindel des Braunstieligen Streifenfarns *(A. trichomanes)* ist bis zur Spitze braun, diejenige des Braungrünstieligen Streifenfarns *(A. adulterinum)* mindestens in der unteren Hälfte.

Standort

(Kollin bis) montan bis subalpin (bis alpin); auf feuchten, meist kalkreichen, sehr selten auf kalkarmen Böden; meist schattige, selten sonnige Fels- und Mauerspalten

Verbreitung

Eurasiatisch-nordamerikanisch
CH/DE/AT: Alpen, Alpenvorland, Mittelgebirge, sonst sehr zerstreut

Sporenreife

Juli bis August

Gefährdung/Schutz

CH: LC, nicht geschützt
DE: V, nicht besonders geschützt
AT: -r, nicht geschützt

Chromosomenzahl

2n = 72, diploid

Auf den rundlichen Fiedern sind längliche Sori zu sehen.

Die Blattspindel zeichnet sich durch abgerundete, nicht häutige Seitenränder aus.

Die Blätter sind 10–15(–25) cm lang, ihre Spreiten 1-fach gefiedert.

Braungrünstieliger Streifenfarn

Asplénium adulterínum Milde
subsp. *adulterínum*

AT: B, N, St, K, S, T

Capillaire brunâtre · Asplenio ibrido

Merkmale

- In Rosetten wachsend, **Blätter 5–15(–20) cm lang**
- **Blattspreite 1-fach gefiedert,** mit 10 bis 20 Fiederpaaren, schmallanzettlich; grün, matt, meist wintergrün; **Blattspindel rotbraun bis schwarzbraun, die oberen 10 bis 35 (bis 50) Prozent grün bleibend; Oberseite** der Blattspindel **rinnig, Seitenränder abgerundet** und nicht in häutige Flügel ausgezogen (Lupe); kahl oder sehr spärlich mit Drüsen besetzt
- **Fiedern rundlich,** 1- bis 1,5-mal so lang wie breit, asymmetrisch (nach vorn gerichtete Hälften größer), grün und sehr kurz gestielt; Rand grob gekerbt; einzeln von der Blattspindel abfallend, Pflanzen deshalb vor allem im Winterhalbjahr mit leeren Blattspindeln
- Sori länglich, Schleier bald schrumpfend
- Blattstiel rotbraun bis schwarzbraun, spärlich mit braunen, haarförmigen Spreuschuppen besetzt, auf der Oberseite leicht rinnig, aber nicht geflügelt, 0,2- bis 0,3-mal so lang wie die Blattspreite

Mögliche Verwechslung

Bei jungen Pflanzen des Braunstieligen Streifenfarns *(A. trichomanes)* auf die schmal geflügelte Blattspindel und, falls vorhanden, auf die Farbe der letztjährigen Blattspindeln achten. Die Blattspindel des Grünstieligen Streifenfarns *(A. viride)* ist vollständig grün. Der Deutsche Streifenfarn *(A. × alternifolium)* kann eine am Grund braune und an der Spitze grüne Blattspindel aufweisen, er besitzt aber nur wenige, locker stehende Fiederpaare.

Standort

Kollin bis subalpin; fast ausschließlich auf Serpentin- und Magnesitfelsen

Verbreitung

Europäisch, ein isoliertes Vorkommen im westlichen Nordamerika
CH/DE/AT: Sehr selten

Sporenreife

Juli bis August

Gefährdung/Schutz

CH: NT, kantonal geschützt
DE: EN, streng geschützt
AT: VU r!, regional geschützt

Chromosomenzahl

2n = 144, tetraploid

Die Blattspindel bleibt zur Spitze hin grün.

Die Blätter sind 5–15(–20) cm lang, ihre Blattspreiten 1-fach gefiedert.

Schon gewusst?

Der hybridogene Braungrünstielige Streifenfarn (in Mitteleuropa *A. adulterinum* subsp. *adulterinum*) ist aus einer Kreuzung zwischen einer Unterart des Braunstieligen Streifenfarns (*A. trichomanes* subsp. *trichomanes*, diploid, kalkmeidend) und dem Grünstieligen Streifenfarn (*A. viride*, diploid, vorzugsweise auf kalkreichen Böden) mit anschließender Chromosomenverdoppelung entstanden.
An der Entstehung des nur aus den Bergamasker Alpen bekannten *A. adulterinum* subsp. *presolanense* war eine andere Unterart des Braunstieligen Streifenfarns (*A. trichomanes* subsp. *inexpectans*, diploid, vorzugsweise auf kalkreichen Böden) beteiligt.

Quell-Streifenfarn

Asplénium fontánum (L.) Bernh.
Jura-Streifenfarn

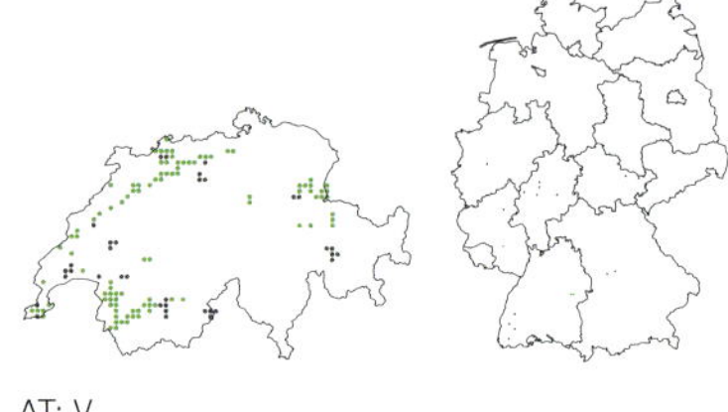

AT: V

Capillaire des sources · Asplenio delle fonti

Merkmale

- In Rosetten wachsend, **Blätter 7–15(–25) cm lang**
- **Blattspreite 2-fach gefiedert,** kleinere Pflanzen teilweise 1-fach gefiedert mit fiederschnittigen Fiedern; mit 12 bis 24 Fiederpaaren; **lanzettlich,** (4- bis) 5- bis 6-mal so lang wie breit, **nach unten allmählich verschmälert, größte Fiedern in der Mitte der Blattspreite;** sattgrün, matt oder leicht glänzend, etwas ledrig, **an geschützten Standorten wintergrün;** Blattspindel grün, meist kahl, selten mit wenigen Drüsen oder haarförmigen Spreuschuppen, Oberseite leicht rinnig
- Fiedern eiförmig bis eilanzettlich; größte Fiedern 2- bis 3-mal so lang wie breit
- Fiederchen 1- bis 2-mal so lang wie breit; Rand vorn grob gezähnt, Buchten zwischen den Zähnen oft geschweift; Zähne mit kurzen, weißen Spitzen
- Sori länglich oval; Schleier ganzrandig, zur Zeit der Sporenreife noch nicht geschrumpft
- **Blattstiel grün, am Grund dunkelbraun,** spärlich mit braunen, haarförmigen Spreuschuppen besetzt oder kahl; 0,2- bis 0,5-mal so lang wie die Blattspreite

Mögliche Verwechslung

Die Blattspreite des nur auf sauren Böden wachsenden Foreser Streifenfarns *(A. foreziense)* ist am Grund nicht oder nur wenig verschmälert.

Standort

Kollin bis montan; auf trockenen bis mäßig feuchten, kalkhaltigen Böden; Felsspalten, Mauerfugen

Verbreitung

Westeuropäisch; europäischer Endemit
CH/DE/AT: Vor allem Jura, Westalpen; sehr selten

Sporenreife

Juli bis September

Gefährdung/Schutz

CH: LC, kantonal geschützt
DE: R, besonders geschützt
AT: LC, nicht geschützt

Chromosomenzahl

2n = 72, diploid

Schon gewusst?

Der Artname (lateinisch *fons* für «Quelle») ist irreführend: Die Art wächst in Mauer- und Felsspalten, aber nicht in der Nähe von Quellen.

Die 2-fach gefiederte Blattspreite ist nach unten allmählich verschmälert.

An den Fiederchen lassen sich wenige, helle Zähne erkennen.

Der Quell-Streifenfarn wächst nur auf kalkhaltigen Böden, seine Blätter sind 7–15(–25) cm lang.

Schwarzstieliger Streifenfarn

Asplénium adiántum-nígrum L.
Teil der Artengruppe Schwarzstieliger Streifenfarn (*A. adiantum-nigrum* aggr.)

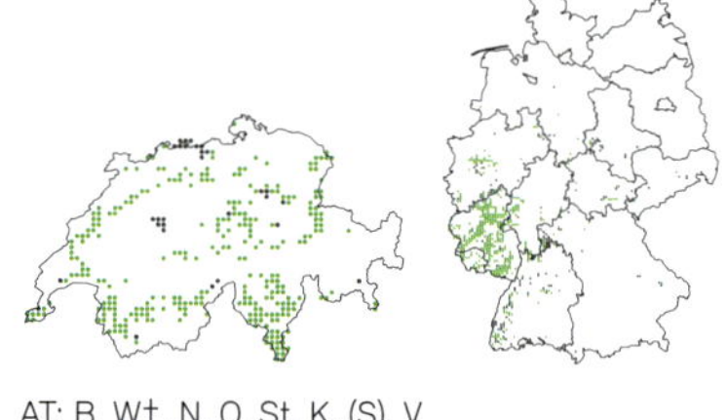

AT: B, W†, N, O, St, K, (S), V

Capillaire noir · Asplenio adianto nero

Merkmale

- In **Rosetten** wachsend, Blätter 10–30(–40) cm lang
- **Blattspreite 2- bis 3-fach gefiedert,** vorn zugespitzt, meist **dunkelgrün,** etwas ledrig, kahl, **wintergrün, glänzend,** dreieckig bis eiförmig, mit 5 bis 12 (bis 15) Fiederpaaren, unterstes Fiederpaar länger als die oberen; **Fiedern zugespitzt** (aber nicht in eine lange Spitze ausgezogen); Blattspindel oben grün, unten meist am Grund oder bis über die Mitte rotbraun
- Fiederchen 1,5- bis 2,5-mal so lang wie breit; oval bis verkehrteiförmig; am Grund ganzrandig, vorn gesägt
- **Sori länglich,** Schleier ganzrandig
- **Blattstiel auf der Oberseite bis über die Mitte,** auf der Unterseite oft bis zur Blattspreite **braunschwarz;** am Grund knollig verdickt (Durchmesser 2–3 mm), mit wenigen, schmalen Spreuschuppen; 0,7- bis 2-mal so lang wie die Blattspreite

Gefährdung/Schutz

CH: LC, kantonal geschützt
DE: VU, nicht besonders geschützt
AT: VU r!, regional geschützt

Chromosomenzahl

2n = 144, tetraploid

Mögliche Verwechslung

Ausgesprochen vielgestaltige Art; eine klare Abgrenzung zum Keilblättrigen Streifenfarn *(A. cuneifolium)*, zum Spitzen Streifenfarn *(A. onopteris)* und zu den Hybriden innerhalb der Artengruppe ist unter Umständen ohne Berücksichtigung von Mikromerkmalen nicht möglich (siehe Seite 204). Der Blattstiel der häufigeren, kleineren Mauerraute *(A. ruta-muraria)* ist nicht verdickt und nur am Grund dunkel, ihre Blattspreite ist breiter, matt und nur am Grund 2-fach gefiedert.

Standort

Kollin bis montan; auf mäßig trockenen, kalkarmen, seltener kalkreichen Böden; Fels- und Mauerspalten, felsige Wälder

Verbreitung

Eurasiatisch-nordamerikanisch-afrikanisch
CH/DE/AT: Wärmere Lagen, zerstreut bis selten

Sporenreife

Juni bis Oktober

Auf den vorn gesägten Fiederchen befinden sich längliche Sori.

Ein langer, braunschwarzer Stiel trägt die Blattspreite.

Die wintergrüne Blattspreite ist glänzend und etwas ledrig.

Spitzer Streifenfarn

Asplénium onópteris L.
Teil der Artengruppe Schwarzstieliger Streifenfarn (*A. adiantum-nigrum* aggr.)

Capillaire onoptère · Asplenio maggiore

DE/AT: –

Die Fiedern sind in lange, meist nach vorn gebogene Spitzen ausgezogen. (ag)

Merkmale

- In **Rosetten** wachsend, Blätter 20–40 cm lang
- **Blattspreite 2- bis 4-fach gefiedert,** vorn zugespitzt, **dunkelgrün,** etwas ledrig, kahl, **wintergrün, glänzend,** dreieckig, mit 10 bis 20 Fiederpaaren, unterstes Fiederpaar länger als die oberen; **Fiedern in lange, meist nach vorn gebogene Spitzen ausgezogen;** Blattspindel auf der Oberseite grün, auf der Unterseite oft bis über die Hälfte rotbraun
- Fiederchen 2,5- bis 4-mal so lang wie breit; eiförmig bis lanzettlich; am Grund ganzrandig, Rand gesägt
- **Sori länglich,** Schleier ganzrandig
- **Blattstiel auf der Oberseite bis über die Mitte,** auf der Unterseite oft bis zur Blattspreite **braunschwarz;** am Grund knollig verdickt (Durchmesser 2–3 mm), mit wenigen, schmalen Spreuschuppen; 0,7- bis 2-mal so lang wie die Blattspreite

Standort
Kollin; meist auf kalkfreien Böden (im Mittelmeergebiet aber regelmäßig auch auf Kalk); Felsen, steinige Wälder

Verbreitung
Mediterran-atlantisch
CH: Tessin, Puschlav; genaue Verbreitung unklar

Sporenreife
Mai bis Oktober

Gefährdung/Schutz
CH: VU, nicht geschützt

Chromosomenzahl
2n = 72, diploid

Keilblättriger Streifenfarn

Asplénium cuneifólium Viv.
Teil der Artengruppe Schwarzstieliger Streifenfarn (*A. adiantum-nigrum* aggr.)

Capillaire à feuilles en coin · Asplenio del serpentino

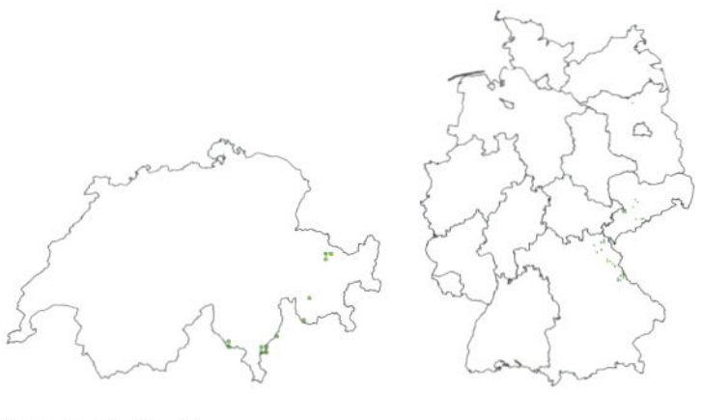

AT: B, N, St, S

Die grüne bis hellgrüne Blattspreite ist matt bis leicht glänzend und etwas steif. (mb)

Merkmale

- In **dichten Büscheln bis locker rasig** wachsend, Blätter 10–20(–40) cm lang
- **Blattspreite 2- bis 3-fach gefiedert,** vorn zugespitzt, **grün bis hellgrün, etwas steif, sommergrün, selten überwinternd, matt bis leicht glänzend,** kahl, breit dreieckig, mit 5 bis 7 (bis 10) Fiederpaaren, unterstes Fiederpaar meist länger als die oberen

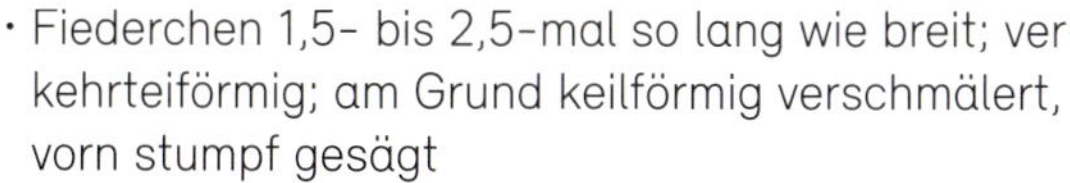

- Fiederchen 1,5- bis 2,5-mal so lang wie breit; verkehrteiförmig; am Grund keilförmig verschmälert, vorn stumpf gesägt
- **Sori länglich,** Schleier ganzrandig
- **Blattstiel auf der Oberseite knapp bis zur Mitte, auf der Unterseite oft bis zur Blattspreite rotbraun;** am Grund knollig verdickt (Durchmesser 2–3 mm), mit wenigen Spreuschuppen; 0,7- bis 1,5-mal so lang wie die Blattspreite

Die Fiederchen sind vorn stumpf gesägt.

Standort
Kollin bis subalpin; auf Serpentin und Magnesit; steinige Hänge, Geröll, Felsen

Verbreitung
Europäisch-westasiatisch
CH/DE/AT: Sehr selten

Sporenreife
Juli bis Oktober

Gefährdung/Schutz
CH: VU, kantonal geschützt
DE: EN, besonders geschützt
AT: VU r!, regional geschützt

Chromosomenzahl
2n = 72, diploid

Artengruppe Schwarzstieliger Streifenfarn

Asplenium adiantum-nigrum aggr. mit Hybriden

Die Arten und Hybriden dieser Gruppe sind sehr vielgestaltig und können im Zweifelsfall nur über die Sporengröße oder die Chromosomenzahl sicher bestimmt werden. Der Fundort mit der Angabe zum Gestein (kalkreich, kalkarm respektive Serpentin) kann nur als Hinweis, aber nicht als Bestimmung dienen. So wächst beispielsweise nicht nur der Keilblättrige Streifenfarn *(A. cuneifolium)* auf Serpentin, sondern auch eine Form des Schwarzstieligen Streifenfarns *(A. adiantum-nigrum),* die ihm morphologisch äußerst ähnlich sieht (Prelli 2001); diese spezielle Form wird gelegentlich auch als *A. adiantum-nigrum* var. *silesiacum* (Milde) Viane & Reichst. angesprochen, beispielsweise in Frey et al. (2006).

Hegi (1984) erwähnt Pflanzen aus dem Tessin, die sich aufgrund ihrer Morphologie von bestentwickelten Exemplaren des Spitzen Streifenfarns *(A. onopteris)* nicht unterscheiden ließen, sich aber als tetraploid (statt wie erwartet diploid) herausstellten.

Bei der Bestimmung der Arten und Hybriden ist deshalb Vorsicht geboten. Pragmatisch können die drei Arten zu einer Artengruppe (Aggregat) zusammengefasst werden.

Ausführliche Informationen zu Streifenfarn-Hybriden finden sich bei Reichstein (1981) und Hegi (1984).

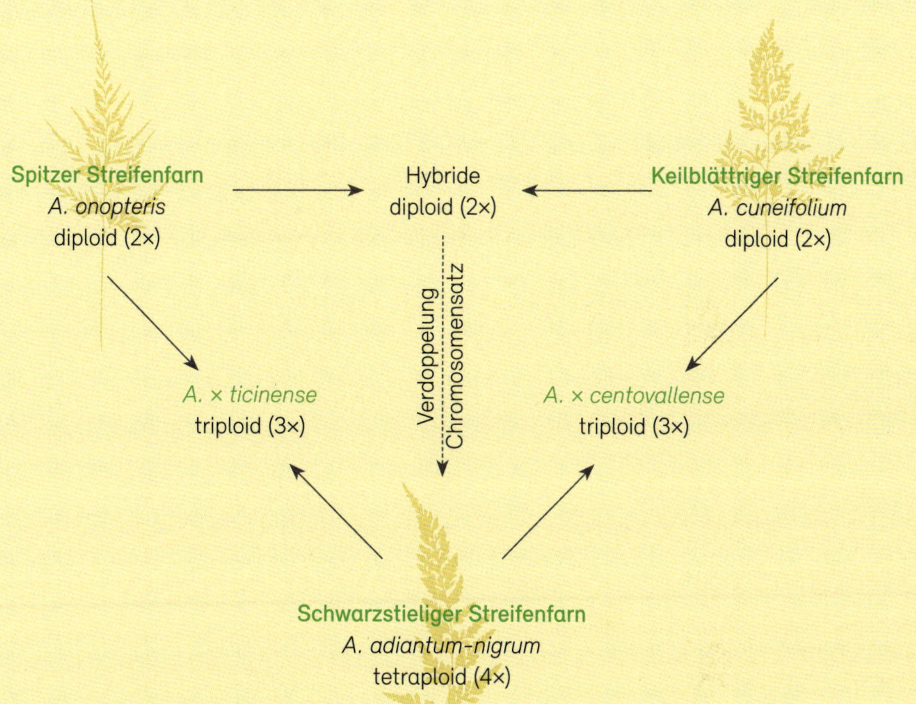

Artengruppe Schwarzstieliger Streifenfarn
(*A. adiantum-nigrum* aggr.)
Reticulogramm der Arten und Hybriden in Mitteleuropa (verändert nach Shivas 1969, Reichstein 1981).

Nordischer Streifenfarn

Asplénium septentrionále (L.) Hoffm.
subsp. *septentrionále*

AT: Alle Länder; W†

Capillaire septentrional · Asplenio settentrionale

Merkmale

- In **dichten Rosetten** wachsend, Blätter 5–15 cm lang
- **Blattspreite unregelmäßig gabelig in 2 bis 5 sehr schmale Abschnitte geteilt,** etwas grasartig aussehend; sattgrün, kahl, matt oder leicht glänzend, wintergrün
- Abschnitte 1–2 mm breit, 1–2 cm lang, an der Spitze in 2 bis 4 lange Zähne auslaufend
- Sori länglich; Schleier ganzrandig, zur Zeit der Sporenreife abstehend und den Rand der Abschnitte säumend oder teilweise von den Sporangien bedeckt
- Blattstiel grün, nur am Grund braun, kahl oder vor allem am Grund mit wenigen kurzen Haaren; 1,5- bis 3-mal so lang wie die Blattspreite

Schon gewusst?

Der Nordische Streifenfarn (lateinisch *septentrionalis* für «nördlich») ist nicht weiter nördlich verbreitet als andere Streifenfarne. Er wurde aber ursprünglich von Carl von Linné in dessen Werk «Species Plantarum» (1753) zur Gattung *Acrostichum* gestellt und war im Vergleich zu den anderen Arten dieser Gattung tatsächlich der nördlichste Vertreter.

Mögliche Verwechslung

Die Blattspreite des Deutschen Streifenfarns *(A. × alternifolium)* ist nicht gegabelt, sondern gefiedert, die Fiederchen sind 2–3 mm breit.

Standort

Kollin bis alpin; auf sauren Böden; Fels- und Mauerspalten, silikatische Findlinge

Verbreitung

Eurasiatisch-nordamerikanisch
CH/DE/AT: Alpen, Mittelgebirge, sonst sehr selten

Sporenreife

Juli bis Oktober

Gefährdung/Schutz

CH: LC, kantonal geschützt
DE: V, nicht besonders geschützt
AT: -r, nicht geschützt

Chromosomenzahl

2n = 144, tetraploid (in Mitteleuropa nur subsp. *septentrionale*)

Die Blattspreite ist in 2 bis 5 sehr schmale Abschnitte geteilt.

Der Nordische Streifenfarn wächst in dichten Rosetten.

Links: Sori mit reifenden Sporangien. Rechts: Nach der Sporenreife bedecken die leeren Sporangien die ganze Unterseite der Abschnitte.

Deutscher Streifenfarn

Asplénium × alternifólium Wulfen
Braunstieliger Streifenfarn *(A. trichomanes)* ×
Nordischer Streifenfarn *(A. septentrionale)*

Capillaire d'Allemagne · Asplenio germanico

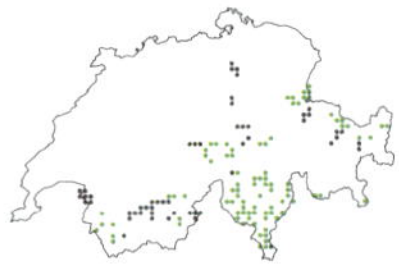

DE: Unbeständig · AT: Vermutlich alle Länder außer W

Die Blattspreite des Deutschen Streifenfarns ist meist 1-fach gefiedert.

Merkmale

- In Rosetten wachsend, **Blätter 5–12(–15) cm lang**
- **Blattspreite 1-fach gefiedert oder nur am Grund 2-fach gefiedert,** lanzettlich, mit 2 bis 5 (bis 8) Fiederpaaren; sattgrün bis gelblich grün, wintergrün, matt oder leicht glänzend; Blattspindel auf der Oberseite grün oder bis über die Mitte braun, rinnig, aber nicht geflügelt, auf der Unterseite grün oder bis über die Mitte braun (weiter hinauf als auf der Oberseite); jung spärlich behaart, bald verkahlend
- **Fiedern und Fiederchen verkehrteiförmig bis verkehrteilanzettlich, mit keilförmigem Grund,** 2–3 mm breit; ganzrandig, vorn unregelmäßig eingeschnitten; meist kurz gestielt; mit der Blattspindel abfallend, Pflanzen ohne leere Blattspindeln
- **Sori länglich,** Schleier ganzrandig, Sporen mehrheitlich oder vollständig abortiert
- **Blattstiel bis zur Mitte oder zur Blattspreite braunschwarz,** meist kahl, auf der Oberseite rinnig; ungefähr so lang wie die Blattspreite
- Eine der häufigsten Streifenfarn-Hybriden; fast immer in der Nähe der Eltern wachsend (siehe Seite 10)

Standort

Kollin bis montan; meist auf kalkfreien Böden; Fels- und Mauerspalten

Chromosomenzahl

2n = 108, triploid (nothosubsp. *alternifolium,* Elter *A. trichomanes* subsp. *trichomanes*);
2n = 144, tetraploid (nothosubsp. *heufleri,* Elter *A. trichomanes* subsp. *quadrivalens*)

Zarter Streifenfarn

Asplénium lépidum C. Presl subsp. *lépidum*

Streifenfarngewächse
Aspleniaceae

Asplénium gracieux · Asplenio grazioso

Die zarte Blattspreite ist auf beiden Seiten bleibend drüsenhaarig. (rp)

CH/DE: — · AT: N, St

Merkmale

- In lockeren Rosetten wachsend, Blätter 4–9(–13) cm lang
- **Blattspreite 1- bis 2-fach gefiedert; zart,** dünnhäutig, **meist gelblich grün, matt; auf beiden Seiten bleibend drüsenhaarig**
- Fiedern 1,5- bis 2,5-mal so lang wie breit; verkehrteiförmig; Rand vorn mit kurzen, meist stumpfen Zähnen; vor allem die unteren Fiedern deutlich gestielt
- Sori länglich; Sporangien auch nach der Sporenreife meist geschlossen bleibend, den vorderen Teil der Fiederchen nicht bedeckend; Schleier lang gefranst
- Blattstiel dünn, grün, nur am Grund hellbraun; ungefähr so lang wie die Blattspreite

Vom mediterran verbreiteten **Strichfarn** *(Asplenium petrarchae)* ist eine neophytische Population bei Lausanne (CH) bekannt. Seine Blätter sind dicht mit Drüsenhaaren besetzt, die lanzettlichen Blattspreiten 1-fach gefiedert mit gekerbten bis fiederschnittigen Fiedern. Die Blattspindeln sind dunkelbraun und zur Spitze hin grün.

Mögliche Verwechslung

Von der Dolomit-Mauerraute *(A. ruta-muraria* subsp. *dolomiticum)* oft nur schwer zu unterscheiden; sichere Merkmale sind die Sporengröße und die Chromosomenzahl.

Standort

Montan; auf kalkhaltigen Böden; Felsspalten, Balmen

Verbreitung

Südeuropäisch-westasiatisch

Sporenreife

Juli bis September

Gefährdung/Schutz

AT: NT, regional geschützt

Chromosomenzahl

2n = 144, tetraploid

Foreser Streifenfarn

Asplénium foreziénse Magnier

Capillaire du Forez · Asplenio foresiaco

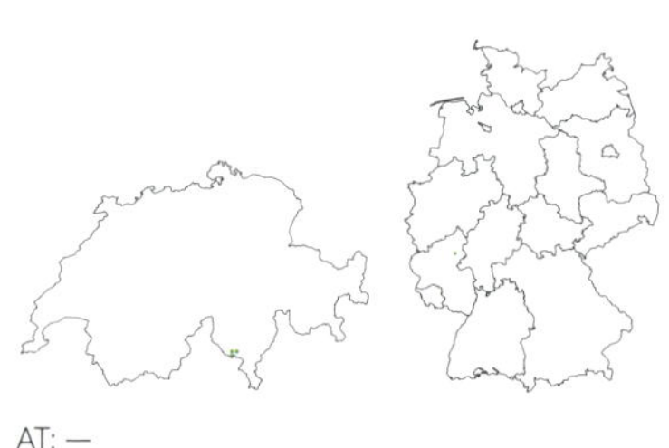

AT: –

Die 2-fach gefiederte Blattspreite ist nach unten nur wenig verschmälert.

Merkmale

- In Rosetten wachsend, **Blätter 10–20(–25) cm lang**
- **Blattspreite 2-fach gefiedert,** mit 15 bis 20 Fiederpaaren, **eilanzettlich,** (3- bis) 5- bis 6-mal so lang wie breit, **nach unten nicht oder wenig verschmälert, größte Fiedern nahe oder am Grund der Blattspreite;** sattgrün, leicht glänzend, ledrig, **wintergrün;** junge Blätter mit wenigen Spreuschuppen, bald verkahlend; Blattspindel grün
- Fiedern eiförmig bis eilanzettlich, größte Fiedern 2- bis 3-mal so lang wie breit
- Fiederchen 1- bis 1,5-mal so lang wie breit; Rand vorn grob gezähnt, Buchten zwischen den Zähnen oft geschweift; Zähne ungefähr so lang wie breit, mit kurzen, aufgesetzten, weißen Spitzen
- Sori länglich oval; Schleier ganzrandig oder leicht gekerbt, zur Sporenreife noch nicht geschrumpft, später oft von den Sporangien überdeckt
- **Blattstiel auf der Oberseite am Grund oder bis zur Mitte, auf der Unterseite oft bis zur Blattspreite braun oder rotbraun;** kahl oder am Grund mit wenigen braunen, haarförmigen Spreuschuppen; 0,2- bis 0,5-mal so lang wie die Blattspreite

Schon gewusst?

Der Artname bezieht sich auf den Fundort in der zentralfranzösischen Region Forez.

Mögliche Verwechslung

Die Blattspreite von Billots Streifenfarn *(A. billotii)* ist breiteilanzettlich, die Fiederchen sind vorn regelmäßig gesägt und die Winkel zwischen den Zähnen spitz. Die Blattspreite des nur auf kalkhaltigen Böden wachsenden Quell-Streifenfarns *(A. fontanum)* ist nach unten allmählich verschmälert.

Standort

Kollin bis montan; auf kalkarmen Böden; Fels- und Mauerspalten

Verbreitung

Westeuropäisch-mediterran
CH: Tessin; DE: Rheinland-Pfalz (neophytisch, sich etablierend); sehr selten

Gefährdung/Schutz

CH: EN, kantonal geschützt
DE: –, besonders geschützt

Chromosomenzahl

2n = 144, tetraploid

Billots Streifenfarn

Asplénium billótii F. W. Schultz
Asplénium obovátum subsp. *billótii* (F. W. Schultz) O. Bolòs et al.

Capillaire de Billot · Asplenio lanceolato

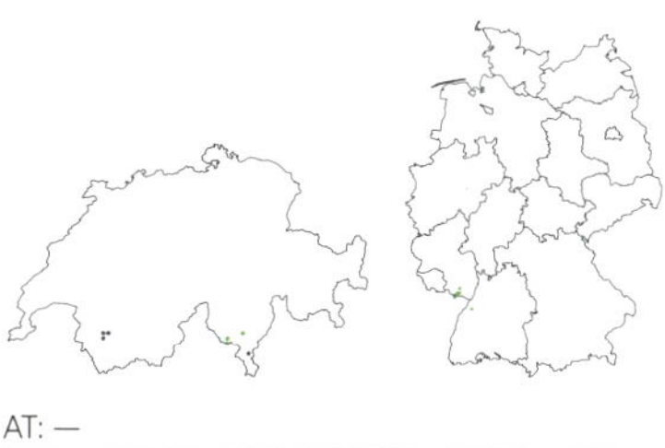

AT: —

Die wintergrüne Blattspreite ist 2,5- bis 3-mal so lang wie breit.

Merkmale

- In Rosetten wachsend, **Blätter 10–20(–30) cm lang**
- **Blattspreite 2-fach gefiedert,** mit (5 bis) 10 bis 20 Fiederpaaren, **breiteilanzettlich, 2,5- bis 3-mal so lang wie breit, nach unten wenig verschmälert, etwas unterhalb der Mitte am breitesten;** sattgrün, glänzend, etwas ledrig, **wintergrün,** junge Blätter mit wenigen Spreuschuppen, bald verkahlend; Blattspindel grün, auf der Unterseite im unteren Teil meist braun oder rotbraun, Oberseite leicht rinnig
- Fiederchen länglich oval; Rand vorn regelmäßig gesägt, Winkel zwischen den Zähnen meist spitz; Zähne ungefähr so lang wie breit, mit kurzen, aufgesetzten, weißen Spitzen
- Sori länglich oval; Schleier ganzrandig oder leicht gekerbt, zur Sporenreife noch nicht geschrumpft
- **Blattstiel auf beiden Seiten bis über die Mitte, auf der Unterseite oft bis zur Blattspreite braun oder rotbraun;** spärlich mit braunen, haarförmigen Spreuschuppen besetzt oder kahl; 0,2- bis 0,5-mal so lang wie die Blattspreite

Mögliche Verwechslung

Die Blattspreiten des Foreser Streifenfarns *(A. foreziense)* sind schmaler, die Fiederchen vorn grob gezähnt und die Buchten zwischen den Zähnen oft geschweift. Die lanzettliche Blattspreite des auf Kalk wachsenden Quell-Streifenfarns *(A. fontanum)* ist zum Grund hin allmählich verschmälert.

Standort

Kollin bis montan; auf kalkarmen Böden; Fels- und Mauerspalten

Verbreitung

Westeuropäisch-mediterran
CH/DE: Tessin, Rheinland-Pfalz, Baden-Württemberg; extrem selten

Gefährdung/Schutz

CH: CR, kantonal geschützt
DE: R, besonders geschützt

Chromosomenzahl

2n = 144, tetraploid

Dolomiten-Streifenfarn

Asplénium seelósii Leyb. subsp. *seelósii*

Capillaire des Dolomites · Asplenio delle Dolomiti

AT: N, O, St, K, OstT

Die drüsige Blattspreite ist 3-spaltig bis 3-teilig. (adm)

Merkmale

- In lockeren bis dichten Rosetten wachsend, Blätter 3–10 cm lang
- **Blattspreite 3-spaltig bis 3-teilig;** dunkelgrün, matt, etwas ledrig, halb wintergrün, **auf beiden Seiten mit weißlichen Drüsenhaaren bedeckt;** Fiedern bis zu 1 cm lang, vorn grob gekerbt bis gesägt, am Grund keilförmig verschmälert
- Sori länglich, Schleier meist unregelmäßig gekerbt
- Blattstiel grün, nur am Grund braun, zerstreut behaart, 2- bis 3- (bis 5-)mal so lang wie die Blattspreite

Standort

Montan; vor allem auf Dolomit; Felsspalten, Balmen

Verbreitung

Ostalpin, europäischer Endemit
CH/DE/AT: Alpen, sehr selten

Sporenreife

Juli bis August

Gefährdung/Schutz

CH: –, nicht geschützt
DE: R, nicht besonders geschützt
AT: NT, regional geschützt

Chromosomenzahl

2n = 72, diploid

Schon gewusst?

Die Art ist nach dem Innsbrucker Ingenieur, Maler und Botaniker Gustav Seelos (1831–1911) benannt, der sie 1854 entdeckte.

Zerschlitzter Streifenfarn

Asplénium físsum Willd.

Capillaire fendu · Asplenio diviso

CH: ? · AT: N, O, St

Die Abschnitte der Fiederchen sind meist weniger als 0,5 mm breit. (rp)

Merkmale

- In **dichten Rosetten** wachsend, Blätter (5–)10–20(–25) cm lang
- **Blattspreite 3- bis 4-fach gefiedert,** eiförmig bis eilanzettlich, **hellgrün,** etwas steif, wintergrün, matt oder leicht glänzend; jung drüsig, bald verkahlend; Blattspindel grün
- **Fiederchen letzter Ordnung in 2 bis 3 linealische oder schmal keilförmige Abschnitte gegliedert; Abschnitte meist weniger als 0,5 mm breit,** ganzrandig, vorn ausgerandet; Fiedern und Fiederchen meist deutlich gestielt; Blattnerven undeutlich
- Sori länglich, Schleier ganzrandig oder gekerbt; Sori und Schleier zur Zeit der Sporenreife auffällig weit über den Rand hinausragend
- Blattstiel grün, in der unteren Hälfte rotbraun bis schwarzbraun; am Grund nicht verdickt (1 mm Durchmesser); 1- bis 2-mal so lang wie die Blattspreite

Mögliche Verwechslung

Der auf den ersten Blick ähnliche, aber nicht näher verwandte Alpen-Blasenfarn *(Cystopteris alpina)* hat breitere Abschnitte mit deutlichen, durchscheinenden Blattnerven.

Standort

Montan bis alpin; auf kalk- oder dolomithaltigen Böden; Schutthalden, Felsspalten

Verbreitung

Europäischer Endemit
DE/AT: Alpen, sehr selten

Sporenreife

Juli bis September

Gefährdung/Schutz

CH: DD, nicht geschützt
DE: EN, besonders geschützt
AT: LC, nicht geschützt

Chromosomenzahl

2n = 72, diploid

Wimperfarngewächse

Woodsiáceae

Merkmale der mitteleuropäischen Arten

- Blätter in Rosetten wachsend, 3–15(–25) cm lang, meist in Felsspalten
- Blattspreite 1-fach gefiedert, Fiedern fiederspaltig bis fiederschnittig, sommergrün oder halb wintergrün, Rand flach oder umgerollt
- Sori rund, Schleier in lange, haarförmige Fransen (Wimpern) aufgelöst
- Blattstiel unterhalb der Mitte mit einer kleinen, knotigen Verdickung (Blattstiel um ⅕ dicker), diese «Sollbruchstelle» teilweise besser spürbar als sichtbar (vorsichtig darüberfahren); alte Blätter an dieser verdickten Stelle abbrechend, weshalb Rosetten aus diesjährigen Blättern und ungefähr gleich langen Stielresten von abgestorbenen Blättern bestehen

→ Alpen-Wimperfarn *Woodsia alpina*
Südlicher Wimperfarn *Woodsia ilvensis*
Zierlicher Wimperfarn *Woodsia pulchella*

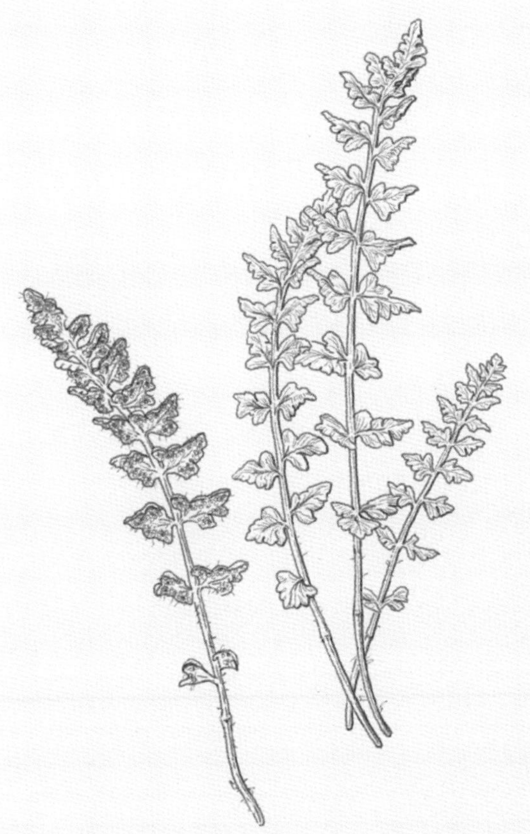

Weltweit
1 Gattung mit 39 Arten, vor allem auf der Nordhalbkugel in der gemäßigten Zone verbreitet

Schweiz
Deutschland
Österreich
1 Gattung mit 3 Arten

Alpen-Wimperfarn

Wōōdsia alpína (Bolton) Gray

Woodsia des Alpes · Felcetta alpina

AT: N, St, K, S, T, V

Merkmale

- In Rosetten wachsend, alle Stielreste der alten Blätter ungefähr gleich lang, Blätter 3–15(–20) cm lang
- **Blattspreite 1-fach gefiedert,** mit 7 bis 14 Fiederpaaren; blassgrün bis gelblich grün, etwas ledrig, sommergrün, matt; eilanzettlich, nach unten wenig verschmälert; Blattspindel mit zerstreuten weißlichen haarförmigen und hellbraunen schmallanzettlichen Spreuschuppen besetzt, im Herbst verkahlend
- **Fiedern 1- bis 1,5-mal so lang wie breit, fiederspaltig bis fiederschnittig;** Rand oft umgerollt; Ober- und Unterseite **mit wenigen hellen, haarförmigen Spreuschuppen,** im Herbst verkahlend; drüsenlos
- Sori rund, **Schleier in haarförmige Fransen aufgelöst**
- **Blattstiel rötlich braun,** vor allem am Grund mit hellbraunen Spreuschuppen; 0,3-mal so lang wie die Blattspreite; unterhalb der Mitte mit einer kleinen, knotigen Verdickung («Sollbruchstelle»)

Schon gewusst?

Der Alpen-Wimperfarn *(W. alpina)* ist aus einer Kreuzung zwischen dem Südlichen Wimperfarn *(W. ilvensis)* und dem Zierlichen Wimperfarn *(W. pulchella)* mit anschließender Chromosomenverdoppelung entstanden (Windham 1993).

Mögliche Verwechslung

Der Zierliche Wimperfarn *(W. pulchella)* ist kahl oder hat zerstreute Drüsen oder Schuppen, sein grüner Blattstiel ist nur am Grund dunkel. Die Fiedern des Südlichen Wimperfarns *(W. ilvensis)* sind 2- bis 2,5- (bis 3-)mal so lang wie breit.

Standort

(Montan bis) subalpin bis alpin; wasserzügige Spalten in sauren Felsen, seltener Silikatschutthalden oder Silikattrockensteinmauern

Verbreitung

Eurasiatisch-nordamerikanisch
CH/DE/AT: Alpen; selten

Sporenreife

Juli bis September

Gefährdung/Schutz

CH: LC, kantonal geschützt
DE: R, besonders geschützt
AT: LC, regional geschützt

Chromosomenzahl

2n = 160, tetraploid

Die Blattspreite des Alpen-Wimperfarns ist 1-fach gefiedert, die Fiedern sind 1- bis 1,5-mal so lang wie breit.

Ein Gattungsmerkmal aller Wimperfarne sind die in haarförmige Fransen aufgelösten Schleier.

Der seltene Alpen-Wimperfarn wächst in Rosetten, hier in einer Silikatschutthalde.

Südlicher Wimperfarn

Wōōdsia ilvénsis (L.) R. Br.

Woodsia méridional · Felcetta pelosa

Merkmale

- In Rosetten wachsend, Blätter 4–20(–25) cm lang, alle Stielreste der alten Blätter ungefähr gleich lang
- **Blattspreite 1-fach gefiedert,** mit 7 bis 14 Fiederpaaren; gelbgrün bis bräunlich grün, etwas ledrig, sommergrün (im Herbst oder erst im Laufe des Winters absterbend), matt; eilanzettlich, nach unten wenig verschmälert; Blattspindel auf beiden Seiten dicht mit weißlichen haarförmigen und hellbraunen schmallanzettlichen Spreuschuppen bedeckt, im Herbst verkahlend
- **Fiedern 2- bis 2,5- (bis 3-)mal so lang wie breit, fiederspaltig bis fiederschnittig;** Rand umgerollt; Oberseite mit wenigen haarförmigen Spreuschuppen, Unterseite dichter mit weißlichen haarförmigen und hellbraunen schmallanzettlichen Spreuschuppen bedeckt, im Herbst verkahlend; drüsenlos
- Sori rund, **Schleier in haarförmige Fransen aufgelöst**
- **Blattstiel rötlich braun,** vor allem am Grund mit hellbraunen, lanzettlichen Spreuschuppen; 0,3- bis 0,5-mal so lang wie die Blattspreite; unterhalb der Mitte mit einer kleinen, knotigen Verdickung («Sollbruchstelle»)

Schon gewusst?

Der wissenschaftliche Artname beruht wohl auf einer Verwechslung (lateinisch *ilva* für Elba), denn die Art kommt auf dieser Insel gar nicht vor. Der englische Name *oblong woodsia,* der sich auf die länglichen Fiedern bezieht, ist hingegen einleuchtend.

Mögliche Verwechslung

Achtung: Schattenformen sind weniger dicht mit Spreuschuppen bedeckt.
Die Fiedern des Alpen-Wimperfarns *(W. alpina)* und des Zierlichen Wimperfarns *(W. pulchella)* sind 1- bis 1,5-mal so lang wie breit.

Standort

Montan bis subalpin (bis alpin); auf sauren Böden; sickerfrische Felsspalten, Blockschutt

Verbreitung

Eurasiatisch-nordamerikanisch
CH/DE/AT: Alpen, Mittelgebirge; sehr selten

Sporenreife

Juli bis August

Gefährdung/Schutz

CH: VU, nicht geschützt
DE: EN, besonders geschützt
AT: VU, regional geschützt

Chromosomenzahl

2n = 82, diploid

Die Fiedern des Südlichen Wimperfarns sind 2- bis 2,5- (bis 3-)mal so lang wie breit und vor allem auf der Unterseite mit Spreuschuppen bedeckt.

Seine Blattspreite ist 1-fach gefiedert, der Blattstiel rötlich braun.

Bei den Wimperfarnen sind alle Stielreste der alten Blätter ungefähr gleich lang (Gattungsmerkmal).

Zierlicher Wimperfarn

Wōōdsia pulchélla Bertol.
Woodsia glabella subsp. *pulchella* (Bertol.) Á. Löve & D. Löve

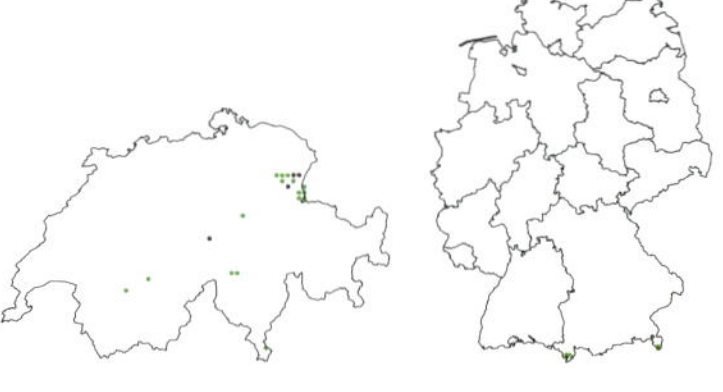
AT: St, K, NordT, V†

Woodsia joli · Felcetta glabra

Merkmale

- In Rosetten wachsend, alle Stielreste der alten Blätter ungefähr gleich lang, Blätter 3–12(–15) cm lang
- **Blattspreite 1-fach gefiedert,** mit 5 bis 12 Fiederpaaren; hellgrün, auffallend zart, sommergrün, matt; eilanzettlich, nach unten wenig verschmälert; Blattspindel und Fiedern kahl oder mit sehr zerstreuten Drüsen oder Schuppen
- **Fiedern 1- bis 1,5-mal so lang wie breit, fiederspaltig bis fiederschnittig;** Rand flach
- Sori rund, **Schleier in haarförmige Fransen aufgelöst**
- **Blattstiel grün, später gelblich,** kahl, nur am Grund dunkel und mit wenigen Spreuschuppen; 0,3-mal so lang wie die Blattspreite; unterhalb der Mitte mit einer kleinen, knotigen Verdickung («Sollbruchstelle»)

Schon gewusst?

Die Gattung *Woodsia* ist nach dem englischen Architekten und Botaniker Joseph Woods (1776–1864) benannt.

Mögliche Verwechslung

Die Blattspreite des Alpen-Wimperfarns *(W. alpina)* ist mit zerstreuten Spreuschuppen besetzt; die Fiedern des relativ dicht beschuppten Südlichen Wimperfarns *(W. ilvensis)* sind 2- bis 2,5- (bis 3-)mal so lang wie breit. Beide Arten haben bis zur Blattspreite rötlich braune Blattstiele und wachsen auf kalkfreien Unterlagen.
Der Schleier des 2-fach gefiederten Zerbrechlichen Blasenfarns (*Cystopteris fragilis* aggr.) ist nicht in lange Fransen aufgelöst, der Blattstiel hat keine knotige Verdickung.

Standort

Subalpin bis alpin; in Kalkfelsspalten

Verbreitung

Europäischer Endemit
CH/DE/AT: Alpen, sehr selten

Sporenreife

Juli bis August

Gefährdung/Schutz

CH: EN, kantonal geschützt
DE: CR, besonders geschützt
AT: NT, regional geschützt

Chromosomenzahl

2n = 78, diploid

Der seltene Zierliche Wimperfarn wächst in Kalkfelsspalten.

Seine Blattspreite ist 1-fach gefiedert, die Fiedern sind 1- bis 1,5-mal so lang wie breit.

Die Schleier sind in haarförmige Fransen aufgelöst (Gattungsmerkmal).

Straußfarn

Matteúccia struthiópteris (L.) Tod.

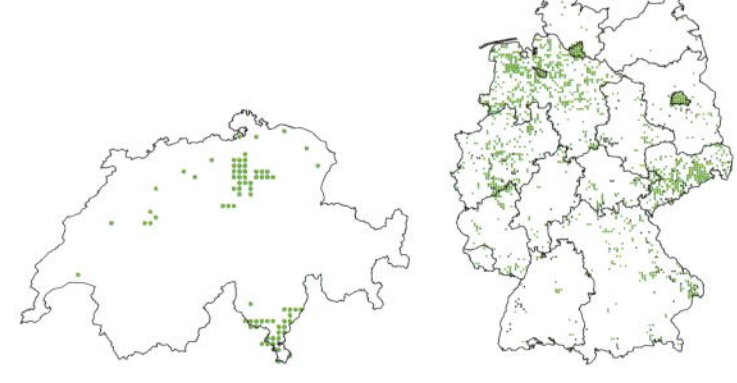

Fougère autruche · Felce penna di struzzo

AT: Alle Länder außer W, V

Merkmale

- In **Rosetten** wachsend; bis zu 60 cm lange, 1 cm dicke, schwarze unterirdische Ausläufer bildend und deshalb in Gruppen wachsend
- Fertile und sterile Blätter unterschiedlich (dimorph)
- **Sterile Blätter** 60–90(–120) cm lang; Blattspreite 1-fach gefiedert, **hellgrün,** matt, weich, sommergrün; lanzettlich, nach unten allmählich verschmälert; Fiedern fiederschnittig, Abschnitte ganzrandig, vorn gewellt oder stumpf gezähnt; **Blattspindel und Fiedern** vor allem **auf der Unterseite mit weißen, gekräuselten Haaren** und wenigen hellbraunen Spreuschuppen, **drüsenlos** (Lupe); Oberseite der Blattspindel abgeflacht, rinnig; in der unteren Hälfte die innersten, nach unten gerichteten Abschnitte über die Oberseite der Blattspindel gekrümmt, die nach oben gerichteten Abschnitte über die Unterseite der Blattspindel gekrümmt; Blattstiel sehr kurz, am Grund mit zwei bandförmigen Leitbündeln, nach unten stark verbreitert, am Grund schwarzbraun, mit dunkelbraunen Spreuschuppen
- **Fertile Blätter rund 0,3-mal so lang wie die sterilen,** zu 2 bis 6 (bis 8) **steif aufrecht,** nach den sterilen Blättern **in der Mitte der Rosette** erscheinend; bei ungünstigen Bedingungen keine fertilen Blätter; Blattspreite **schmallanzettlich,** 1-fach gefiedert; Fiedern schmal, eng stehend, zuerst grünlich, bald braun werdend, derb, **überwinternd;** Fiederrand umgerollt und die Sori bedeckend, zur Zeit der Sporenreife zurückgeschlagen; rudimentärer, bald abfallender Schleier auf der Innenseite der Sori; Sporen grün

Mögliche Verwechslung

Die Wurmfarne *(Dryopteris)* haben keine weißen Haare und an der Blattstielbasis befinden sich (3 bis) 5 bis 8 runde Leitbündel. Der Bergfarn *(Oreopteris limbosperma)* hat neben weißen Haaren auch gelbliche, sitzende Drüsen (Lupe), seine Sori sind am Rand angeordnet.

Standort

Planar bis montan; auf feuchten, meist kalkfreien Böden; Ufer von Waldbächen und Flüssen, Auenwälder, Waldwiesen

Verbreitung

Eurasiatisch-nordamerikanisch
CH/DE/AT: Zerstreut; oft angepflanzt und verwildert

Sporenreife

Juni bis September

Gefährdung/Schutz

CH: VU, national geschützt
DE: V, besonders geschützt
AT: -r, regional geschützt

Chromosomenzahl

2n = 80, diploid

Nach den sterilen Blättern erscheinen die fertilen steif aufrecht in der Mitte der Rosette.

Im Frühling heben sich die jungen, hellgrünen sterilen Blätter deutlich von den alten, dunkelbraunen fertilen Blättern ab. (mb)

Die sterilen Blätter sind lanzettlich und nach unten allmählich verschmälert.

Schon gewusst?

Die Gattung ist nach dem italienischen Physiker und Politiker Carlo Matteucci (1811–1868) benannt.

Der aus Ostasien und Nordamerika stammende **Perlfarn** (*Onoclea sensibilis*, Onocleaceae) ist in Deutschland als unbeständiger Neophyt bekannt. Die deutlich dimorphen Blätter entspringen einzeln dem langen Rhizom, die Blattspreiten der sterilen Blätter sind 1-fach gefiedert und nach unten kaum verschmälert, die Fiedern sind fiederschnittig. 2n = 74

Rippenfarn

Struthiópteris spícant (L.) Weiss
Bléchnum spícant (L.) Roth

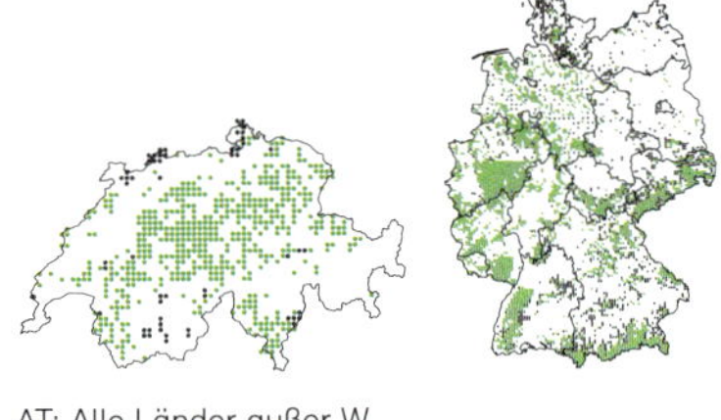

AT: Alle Länder außer W

Blechnum pectiné · Lonchite minore

Merkmale

- In Rosetten wachsend, Blätter 20–50(–70) cm lang
- **Sterile und fertile Blätter unterschiedlich** (dimorph)
- **Sterile Blätter** zuerst aufrecht, später **schräg abstehend oder dem Boden aufliegend; Blattspreiten fiederschnittig, ledrig,** dunkelgrün, glänzend, wintergrün; schmallanzettlich, **nach unten allmählich verschmälert; auf beiden Seiten mit 30 bis 60 dicht stehenden, ganzrandigen,** symmetrischen, 3–5 mm breiten, leicht umgerollten **Abschnitten;** junge Blätter mit braunen, haarförmigen Spreuschuppen besetzt, bald verkahlend; Blattstiel sehr kurz, am Grund dicht mit dunklen Spreuschuppen bedeckt
- **Fertile Blätter steif aufrecht,** in der Mitte der Rosette erscheinend; meist länger als die sterilen Blätter; **Blattspreiten fiederschnittig,** zuerst grün, zur Zeit der Sporenreife braun, nicht überwinternd; schmallanzettlich, nach unten allmählich verschmälert; auf beiden Seiten mit 30 bis 60 locker stehenden, ganzrandigen oder leicht gewellten, symmetrischen, **1–2 mm breiten Abschnitten;** junge Blätter mit braunen, haarförmigen Spreuschuppen besetzt, bald verkahlend; 2 lange, kontinuierliche Sori auf jedem Abschnitt, zur Zeit der Sporenreife die ganze Unterseite bedeckend; Schleier lang und schmal, auf der Außenseite der Sori angewachsen, zuerst weiß, später braun und zurückgeschlagen; Blattstiel bis zu 20 cm lang, am Grund dicht mit dunklen Spreuschuppen bedeckt

Mögliche Verwechslung

Der 1-fach gefiederte Lanzenfarn *(Polystichum lonchitis)* besitzt asymmetrische, stachelig gezähnte Fiedern.

Standort

(Planar bis) montan bis subalpin; auf sauren Böden in niederschlagsreichen Gebieten, besonders auf Rohhumus; Nadelwälder, Mischwälder, seltener Zwergstrauchheiden und Weiden

Verbreitung

Europäisch-westasiatisch-nordamerikanisch; Populationen mit gleichgestalteten, kleineren Blättern im Nordwesten der Iberischen Halbinsel (var. *homophyllum*) und in Island (var. *fallax* = *S. fallax,* Lokalendemit der heißen Quelle Deildartunguhver)
CH/DE/AT: Verbreitet

Sporenreife

Juli bis September

Gefährdung/Schutz

CH: LC, kantonal geschützt
DE: LC, nicht besonders geschützt
AT: LC, regional geschützt

Chromosomenzahl

2n = 68, diploid

Der Rippenfarn wächst in Rosetten, seine sterilen Blätter unterscheiden sich deutlich von den fertilen.

Schon gewusst?
In der Schweiz wird der Rippenfarn wegen seiner zahlreichen, schmalen Abschnitte auch «Leiterlifarn» genannt – oder in Anspielung auf das Aussehen einer sehr mageren Ziege «Geisseleiterli».

Die sterilen Blätter sind wintergrün und meist ausgebreitet.

Die sommergrünen, steif aufrechten fertilen Blätter besitzen 2 lange Sori auf jedem Abschnitt.

Frauenfarngewächse

Athyriáceae

Merkmale der mitteleuropäischen Arten

- In Rosetten wachsend, Blätter 50–100(–160) cm lang
- Blattspreite 2-fach gefiedert mit fiederschnittigen Fiederchen, selten 3-fach gefiedert; lanzettlich, sommergrün
- Rand der Fiederchen gesägt, Zähne ohne aufgesetzte Spitzen
- Sori entweder länglich, gekrümmt, mit bleibenden Schleiern oder rundlich, mit bald schrumpfenden Schleiern
- Blattstiel höchstens 0,3-mal so lang wie die Blattspreite, auf der Oberseite rinnig; am Grund schwarzbraun glänzend, verdickt, mit zwei bandförmigen Leitbündeln

→ Wald-Frauenfarn *Athyrium filix-femina*
Gebirgs-Frauenfarn *Pseudathyrium alpestre*

Weltweit
5 Gattungen mit geschätzt 750 Arten; weltweit verbreitet, Schwerpunkt in den Tropen und Subtropen

Schweiz
Deutschland
Österreich
2 Gattungen mit je 1 Art

Wald-Frauenfarn

Athýrium filix-fémina (L.) Roth

Fougère femelle · Felce femmina

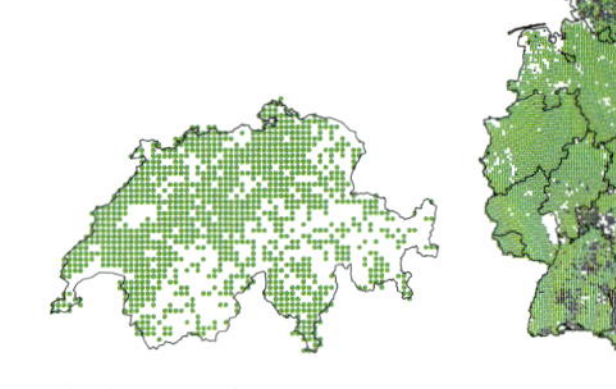
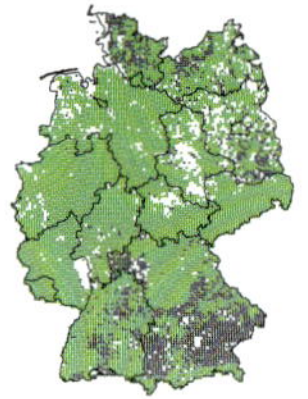

AT: Alle Länder

Merkmale

- In **Rosetten** wachsend, **Blätter 50–100(–160) cm lang**
- **Blattspreite 2-fach gefiedert,** selten 3-fach, lanzettlich, nach unten verschmälert, sommergrün; **Fiederchen fiederschnittig,** 2,5- bis 3,5-mal so lang wie breit, unregelmäßig gesägt; **Blattnerven kurz vor dem Rand endend**
- Blattspindel meist grün, selten rot; Blatt-, Fieder- und Fiederchenspindeln auf den Unterseiten mit zerstreuten hellbraunen, schmallanzettlichen Spreuschuppen; Blatt-, Fieder-, Fiederchenspindeln und Mittelrippe der Fiederchen bei jungen Blättern entweder auf der Oberseite locker oder auf beiden Seiten dichter mit weißen, keulenförmigen Haaren bedeckt und dadurch etwas mehlig erscheinend, bald verkahlend oder (selten) Haare bis zum Herbst bleibend
- **Sori länglich,** 1,5- bis 2-mal so lang wie breit, **gekrümmt** («kommaförmig»), am Grund der Fiederchen meist stärker gekrümmt als an der Spitze; Schleier zur Zeit der Sporenreife noch vorhanden, am Rand gezähnt oder bewimpert, selten ganzrandig
- Blattstiel meist grünlich gelb, selten rot; Oberseite rinnig, mit oder ohne roten Mittelstreifen; am Grund schwarzbraun, auffällig verdickt, mit schmalen, dunkelbraunen Spreuschuppen und zwei bandförmigen Leitbündeln; zumindest auf der Oberseite mit weißen, keulenförmigen Haaren (siehe Seite 15); 0,2- bis 0,4-mal so lang wie die Blattspreite

Mögliche Verwechslung

Die Blattnerven des Gebirgs-Frauenfarns *(Pseudathyrium alpestre)* führen bis zum Rand, und er besitzt runde Sori, deren Schleier bald abfallen. Der Echte Wurmfarn *(Dryopteris filix-mas)* hat runde Sori mit nierenförmigen Schleiern, die 1-fach gefiederten Blattspreiten haben fiederschnittige Fiedern. Im Unterschied zum ausgesprochen feinen Erscheinungsbild des Wald-Frauenfarns erscheint er auf den ersten Blick gröber gefiedert.

Standort

Planar bis subalpin (bis alpin); auf feuchten, kalkarmen Böden; Wälder, Hochstaudenfluren, subalpine Weiden

Verbreitung

Eurasiatisch-nordamerikanisch
CH/DE/AT: Verbreitet und häufig

Sporenreife

Juli bis September

Gefährdung/Schutz

CH/DE/AT: LC, nicht besonders geschützt

Chromosomenzahl

2n = 80, diploid

Schon gewusst?

Die keulenförmigen Haare, der rote Streifen auf dem Blattstiel und der Blattspindel sowie die Farbe des Blattstiels und der Blattspindel sind genetisch bedingt und werden nach den Mendelschen Regeln (dominant-rezessiver Erbgang) vererbt (Schneller & Liebst 2007).

Variante mit roter Blattspindel.

Die Sori sind länglich und gekrümmt, die Blattnerven enden kurz vor dem Rand.

Der Wald-Frauenfarn wächst in Rosetten und besitzt eine 2-fach gefiederte Blattspreite.

Gebirgs-Frauenfarn

Pseudathýrium alpéstre (Hoppe) Newman
Athýrium distentifólium Opiz

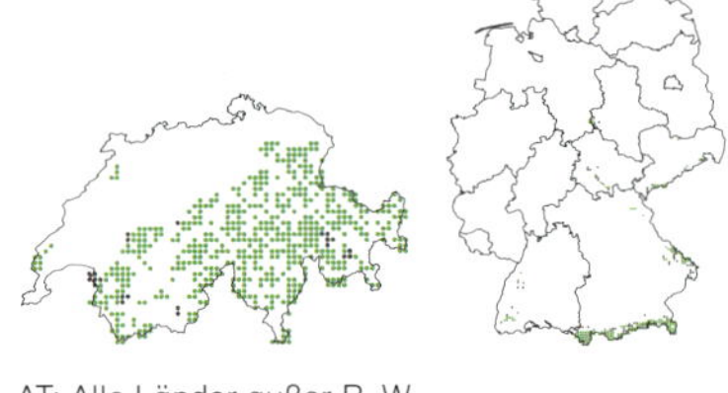

AT: Alle Länder außer B, W

Fougère alpestre · Felce alpestre

Merkmale

- In **Rosetten** wachsend, **Blätter 60–100(–140) cm lang**
- **Blattspreite 2-fach gefiedert,** selten 3-fach, lanzettlich, nach unten verschmälert, sommergrün, kahl oder mit wenigen hellbraunen Spreuschuppen und Drüsen; **Fiederchen fiederschnittig,** 1,5- bis 3-mal so lang wie breit, unregelmäßig gesägt; **Blattnerven bis zum Rand führend**
- Blattspindel grünlich gelb, im Herbst strohgelb
- **Sori rund; Schleier rudimentär, vor der Sporenreife abfallend**
- Blattstiel grünlich gelb, Oberseite rinnig; am Grund schwarzbraun, auffällig verdickt, locker mit breiten, braunen Spreuschuppen besetzt, mit zwei bandförmigen Leitbündeln; 0,2- bis 0,4-mal so lang wie die Blattspreite

Schon gewusst?

Die Sporophyten des Gebirgs-Frauenfarns *(Pseudathyrium alpestre)* erfrieren bei Temperaturen unter –10 °C und weisen damit eine deutlich geringere Frosttoleranz auf als diejenigen des Wald-Frauenfarns *(Athyrium filix-femina),* der bis zu –30 °C überlebt. Das ist auf den ersten Blick überraschend – lässt sich aber damit erklären, dass der Gebirgs-Frauenfarn in lange von Schnee bedeckten Mulden und Senken wächst und während der kalten Jahreszeit durch die Schneedecke, unter der die Temperatur nur knapp unter 0 °C sinkt, gut geschützt ist (Schoch 2019).

Mögliche Verwechslung

Der Wald-Frauenfarn *(Athyrium filix-femina)* hat längliche, gekrümmte Sori mit bleibenden Schleiern, die Blattnerven enden vor dem Rand.

Standort

(Montan bis) subalpin bis alpin; auf kalkarmen, steinigen Böden; Weiden, Hochstaudenfluren, Geröllhalden, Wälder

Verbreitung

Eurasiatisch-nordamerikanisch
CH/DE/AT: Alpen, Alpenvorland, Jura; mäßig häufig

Sporenreife

Juli bis September

Gefährdung/Schutz

CH/DE/AT: LC, nicht besonders geschützt

Chromosomenzahl

2n = 80, diploid

Die Blattspreite des Gebirgs-Frauenfarns ist nach unten verschmälert und (meist) 2-fach gefiedert.

Die Schleier über den runden Sori fallen bald ab.

Die Art bildet Rosetten und wächst meist in der subalpinen und alpinen Stufe. (mb)

Sumpffarngewächse

Thelypteridáceae

Merkmale der mitteleuropäischen Arten

- In Rosetten wachsend oder mit Ausläufern
- Blätter fiederschnittig oder 1-fach gefiedert mit fiederschnittigen Fiedern; sommergrün, matt; jung behaart, entweder behaart bleibend *(Oreopteris, Phegopteris)* oder später verkahlend *(Thelypteris)*
- Fiedern und Abschnitte ganzrandig, leicht gewellt oder stumpf gezähnt, nie mit aufgesetzten Spitzen
- Sori rund, entweder am Rand der Abschnitte oder in der Mitte zwischen Rand und Mittelnerv; Schleier fehlend oder früh abfallend
- Blattstiel am Grund mit zwei bandförmigen Leitbündeln

Bergfarn *Oreopteris limbosperma*
→ Buchenfarn *Phegopteris connectilis*
Sumpffarn *Thelypteris palustris*

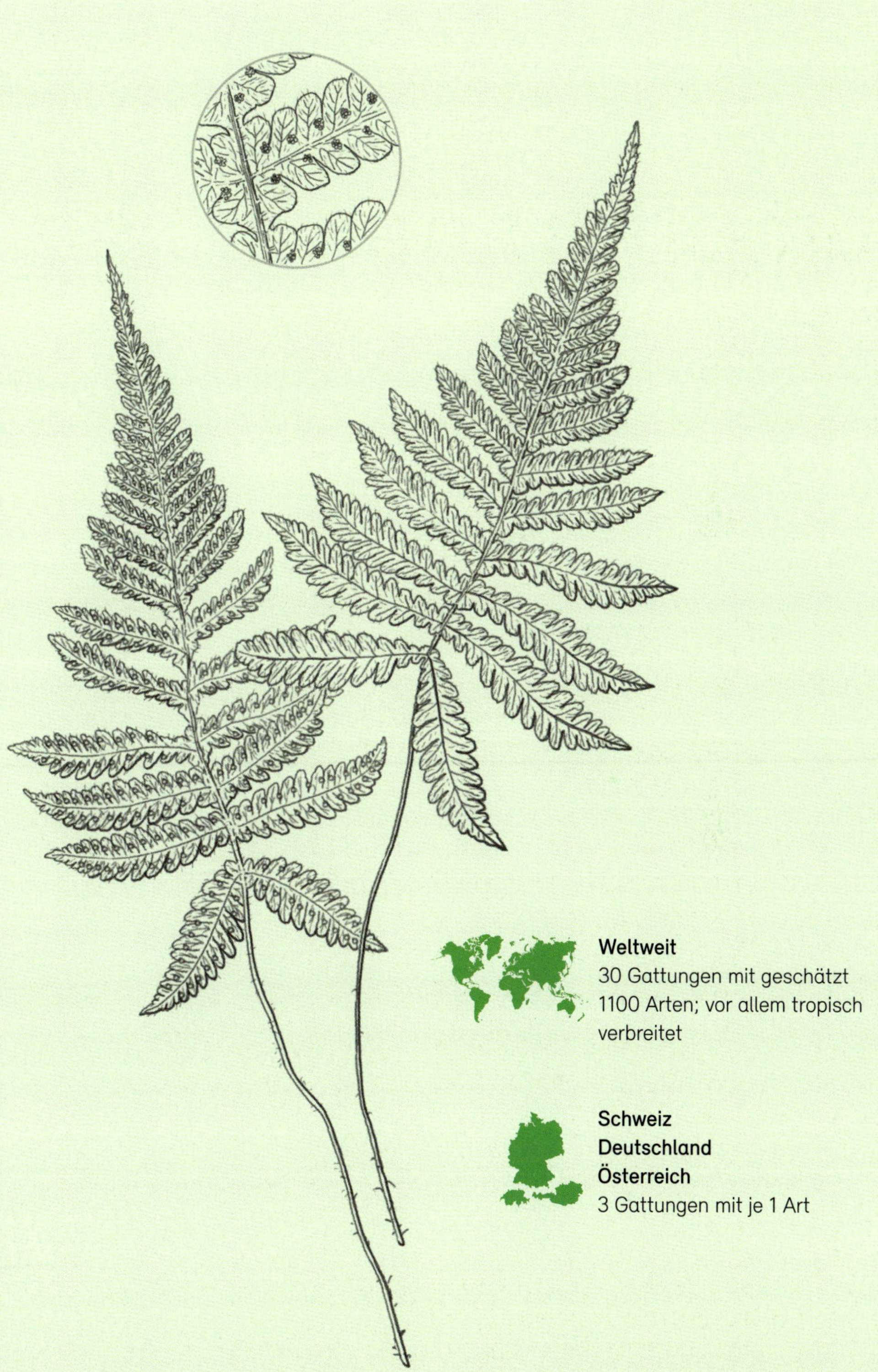

Weltweit
30 Gattungen mit geschätzt 1100 Arten; vor allem tropisch verbreitet

Schweiz
Deutschland
Österreich
3 Gattungen mit je 1 Art

Buchenfarn

Phegópteris connéctilis (Michx.) Watt

Phégoptère commun · Felce dei faggi

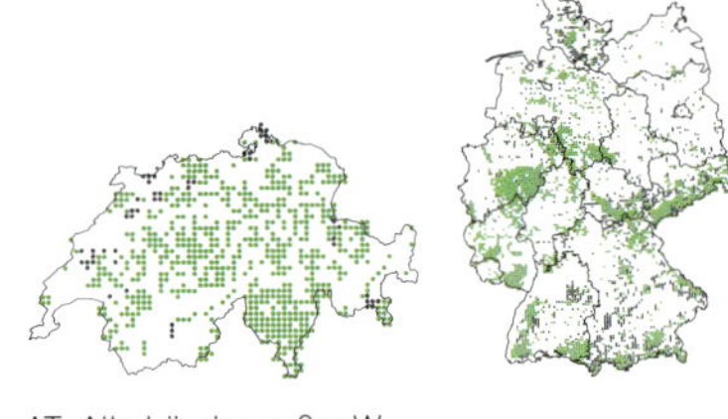

AT: Alle Länder außer W

Merkmale

- **Locker rasig** wachsend; Blätter 10–30(–45) cm lang, in unregelmäßigen Abständen dem Rhizom entspringend
- Blattspreite unten 1-fach gefiedert, in der Mitte und zur Spitze hin fiederschnittig; etwas zurückgebogen, dreieckig bis pfeilförmig, 1,5- bis 2-mal so lang wie breit, das **unterste Fiederpaar meist schräg abwärtsgerichtet** (in der Sonne steil nach oben); weich, matt, sommergrün; Blatt-, Fiederspindel und Blattspreite auf beiden Seiten locker mit weißen bis gelblichen Haaren besetzt; Blatt- und Fiederspindel auf der Unterseite zusätzlich mit spärlichen hellbraunen bis weißlichen Spreuschuppen
- **Fiedern und Abschnitte fiederschnittig,** Abschnitte ganzrandig oder leicht gekerbt; Abschnitte zumindest in der vorderen Hälfte der Blattspreite an ihrer Basis mit flügelartigen Lappen miteinander verbunden, **Blattspindel** deshalb **geflügelt**
- Sori rund, am Rand der Abschnitte, ohne Schleier
- Blattstiel gleich lang wie die Blattspreite oder etwas länger, meist nur am Grund mit wenigen, braunen Spreuschuppen bedeckt; am Grund mit zwei bandförmigen Leitbündeln

Schon gewusst?

Wegen des abwärtsgerichteten untersten Fiederpaares wird der Buchenfarn auf Französisch auch *fougère à moustache* («Schnauz-Farn») genannt.

Der Artname *connectilis* bezieht sich auf die an der Blattspindel miteinander verbundenen Abschnitte.

Mögliche Verwechslung

Die Blattspreiten des Ruprechtsfarns *(Gymnocarpium robertianum)* und des Eichenfarns *(G. dryopteris)* sind 2-fach gefiedert, ihre Blattspindeln nie geflügelt.

Die untersten Abschnitte des Gallischen Tüpfelfarns *(Polypodium cambricum)* können schräg abwärtsgerichtet sein, die Blattspreite ist aber kahl und fiederschnittig.

Standort

Planar bis subalpin (bis alpin); auf lockeren, feuchten, leicht sauren Böden; Wälder

Verbreitung

Eurasiatisch-nordamerikanisch

CH/DE/AT: Verbreitet, aber nicht häufig

Sporenreife

Juni bis September

Gefährdung/Schutz

CH/DE/AT: LC, nicht besonders geschützt

Chromosomenzahl

2n = 90, triploid

Beim Buchenfarn ist das unterste Fiederpaar schräg abwärtsgerichtet.

Seine Fiedern sind fiederschnittig, die Blattspindel geflügelt.

Die Sori befinden sich am Rand der Abschnitte.

Bergfarn

Oreópteris limbospérma (All.) Holub

Fougère des montagnes · Felce montana

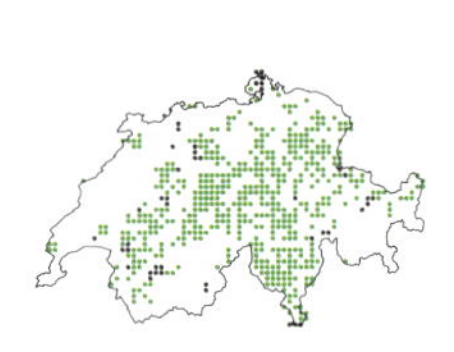

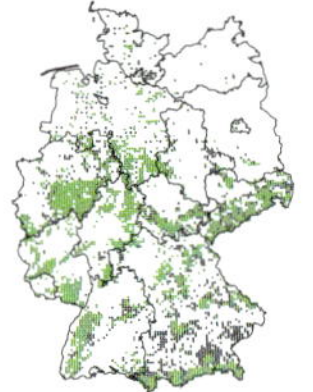

AT: Alle Länder außer W

Merkmale

- In **Rosetten** wachsend, Blätter 40–80(–100) cm lang
- Blattspreite 1-fach gefiedert, lanzettlich, nach unten allmählich verschmälert, unterste Fiedern 1–2 cm lang; matt, sommergrün; Blattspindel hellgrün bis gelblich
- Fiedern fiederschnittig; **Blattspindel und Fiedern auf der Unterseite mit weißen Haaren und gelblichen, sitzenden Drüsen** (Lupe), Oberseite fast kahl; Abschnitte ganzrandig oder leicht gekerbt, Rand flach oder nur leicht umgerollt
- **Sori** rund, klein, **am Rand der Abschnitte;** Schleier klein, nierenförmig, drüsig, bald schrumpfend
- Blattstiel 0,2- bis 0,3-mal so lang wie die Blattspreite, am Grund braun und mit braunen Spreuschuppen, oben hellgrün und locker schuppig bis kahl; am Grund mit zwei bandförmigen Leitbündeln

Schon gewusst?

Die kleinen, gelben Drüsen verleihen vor allem den jungen Blättern einen leichten Duft nach Zitrone oder frischem Obst; auf Englisch wird der Bergfarn deshalb auch *lemon-scented fern* oder *sweet mountain fern* genannt.

Mögliche Verwechslung

Der Echte Wurmfarn *(Dryopteris filix-mas)* besitzt weder Haare noch Drüsen, seine Sori stehen in der Mitte der Abschnitte und haben nierenförmige Schleier, der Blattstiel weist am Grund 5 bis 7 runde Leitbündel auf. Die sterilen Blätter des Straußfarns *(Matteuccia struthiopteris)* haben weiße Haare, aber keine gelblichen Drüsen. Der Sumpffarn *(Thelypteris palustris)* besitzt auf den jungen Blättern zwar wenige Drüsen und weiße Haare, bildet aber Ausläufer statt Rosetten.

Standort

Eurasiatisch

CH/DE/AT: Ziemlich verbreitet, aber meist nicht häufig

Verbreitung

(Planar bis) montan bis subalpin; auf sauren, feuchten Böden; Wälder, Hochstaudenfluren, Weiden

Sporenreife

Juli bis September

Gefährdung/Schutz

CH: LC, kantonal geschützt

DE: LC, nicht besonders geschützt

AT: LC, nicht geschützt

Chromosomenzahl

2n = 68, diploid

Die Sori des Bergfarns befinden sich am Rand der Abschnitte.

Er wächst in Rosetten …

… und die Blattspreite ist nach unten allmählich verschmälert.

Sumpffarn

Thelýpteris palústris Schott

Fougère des marais · Felce palustre

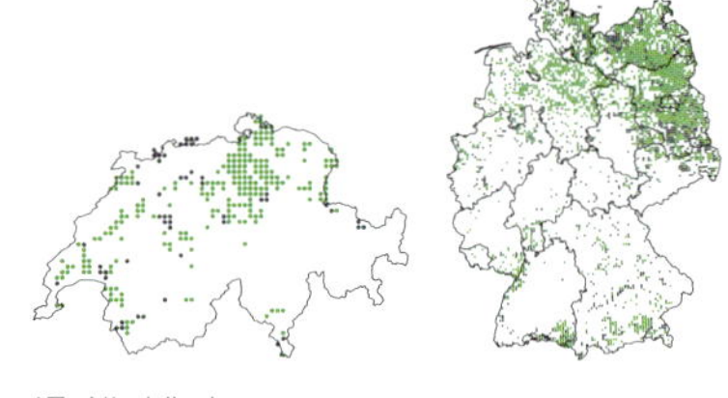

AT: Alle Länder

Merkmale

- **Rasig** wachsend; **Blätter 40–100(–130) cm lang,** in unregelmäßigen Abständen dem Rhizom entspringend
- Blattspreite **1-fach gefiedert,** hellgrün, matt, sommergrün; lanzettlich, nach unten nicht oder wenig verschmälert; junge Blätter vor allem auf der Unterseite der Blatt- und Fiederspindeln mit spärlichen weißlichen Haaren und gelblichen, sitzenden Drüsen (Lupe), später verkahlend; **Fiedern fiederschnittig,** Abschnitte ganzrandig oder leicht gewellt
- Fertile Blätter mehrere Wochen nach den sterilen Blättern erscheinend; dimorph: fertile Blattspreiten etwas länger und schmaler, Abschnitte schmaler, Rand leicht umgerollt
- **Sori** rund, auf den Abschnitten **zwischen Rand und Mittelnerv,** teilweise etwas vom umgerollten Rand bedeckt; Schleier klein, nierenförmig, drüsig, zur Zeit der Sporenreife geschrumpft
- Blattstiel fast so lang wie die Blattspreite oder länger, kahl oder mit wenigen Spreuschuppen; am Grund mit zwei bandförmigen Leitbündeln

Mögliche Verwechslung

Die jungen, spärlich behaarten und drüsigen Blätter erinnern an einen Bergfarn *(Oreopteris limbosperma),* dieser wächst aber in Rosetten und seine Blattspreite ist zum Grund hin allmählich verschmälert.

Standort

Planar bis montan; auf staunassen, torfigen, mehr oder weniger sauren Böden; Schilfröhricht, Moorränder, Riedwiesen, Erlenbruchwälder

Verbreitung

Eurasiatisch-nordamerikanisch
CH/DE/AT: Verbreitet, aber nicht häufig

Sporenreife

Juli bis September

Gefährdung/Schutz

CH: VU, kantonal geschützt
DE: V, nicht besonders geschützt
AT: VU r!, regional geschützt

Chromosomenzahl

2n = 70, diploid

Bei den fertilen Blättern ist der Rand der Abschnitte meist leicht umgerollt.

Die Blattspreite des Sumpffarns ist 1-fach gefiedert und nach unten kaum verschmälert; im Bild ein steriles Blatt.

Sumpffarn im Schilfröhricht: Durch sein rasiges Wachstum und die hellgrünen Blätter lässt er sich bereits von Weitem erkennen.

Schon gewusst?

Die Sporen des Sumpffarns können auch auf dem Wasser schwimmend auskeimen: Sie bilden zuerst fädige Strukturen, die während mehrerer Monate lebensfähig bleiben und erst zu Prothallien heranwachsen, wenn sie auf festes Substrat gelangt sind (Marti 1990).

Wurmfarngewächse

Dryopteridáceae

Merkmale der mitteleuropäischen Arten

- In Rosetten wachsend, Blattspreite 1- bis 3-fach gefiedert
- Schleier nierenförmig oder schildförmig
- Blattstiel am Grund mit (3 bis) 5 bis 8 runden Leitbündeln

Mond-Sichelfarn *Cyrtomium falcatum* [N]
Fortunes Sichelfarn *Cyrtomium fortunei* [N]
Schuppiger Wurmfarn (Artengruppe) *Dryopteris affinis* aggr.
Dorniger Wurmfarn *Dryopteris carthusiana*
Kamm-Wurmfarn *Dryopteris cristata*
Breiter Wurmfarn *Dryopteris dilatata*
Alpen-Wurmfarn *Dryopteris expansa*
→ Echter Wurmfarn *Dryopteris filix-mas*
Geröll-Wurmfarn *Dryopteris oreades* [N?]
Entferntfiedriger Wurmfarn *Dryopteris remota*
Villars' Wurmfarn *Dryopteris villarii*
Gelappter Schildfarn *Polystichum aculeatum*
Brauns Schildfarn *Polystichum braunii*
Lanzenfarn *Polystichum lonchitis*
Borstiger Schildfarn *Polystichum setiferum*

Weltweit
26 Gattungen mit geschätzt
2115 Arten, weltweit verbreitet

Schweiz
Deutschland
Österreich
3 Gattungen mit mindestens
15 Arten und mehreren Hybriden

Wurmfarngewächse

Dryopteridáceae

Gattung Wurmfarn *(Dryopteris)*

- Blattspreite 1- bis 3-fach gefiedert
- Fiedern symmetrisch oder asymmetrisch
- Rand der Fiedern/Fiederchen gesägt, Zähne teils mit Stachel- oder Grannenspitzen
- Blattnerven frei, verzweigt
- **Sori meist in 2 Reihen angeordnet; Schleier nierenförmig, in der Bucht angewachsen,** zur Zeit der Sporenreife vorhanden, aber teilweise schon geschrumpft
- Bischofsstäbe beim Entrollen nicht nach außen gebogen

Gattung Schildfarn *(Polystichum)*

- Blattspreite 1- bis 2-fach gefiedert
- Fieder und/oder Fiederchen meist asymmetrisch
- Rand der Fiedern/Fiederchen gesägt oder gezähnt, Zähne mit Stachel- oder Grannenspitzen
- Blattnerven frei, verzweigt
- **Sori meist in 2 Reihen angeordnet; Schleier rund (schildförmig), in der Mitte angewachsen**
- Bischofsstäbe kurz vor dem vollständigen Entrollen nach außen gebogen, verleihen den jungen Blättern einen welken, schlaffen Eindruck (siehe Seite 16)

Gattung Sichelfarn *(Cyrtomium)*

- Blattspreite 1-fach gefiedert
- Fiedern asymmetrisch
- Rand der Fiedern unregelmäßig gesägt, Zähne ohne Stachel- oder Grannenspitzen
- Blattnerven netzartig
- **Sori unregelmäßig zerstreut angeordnet; Schleier rund (schildförmig), in der Mitte angewachsen**
- Bischofsstäbe kurz vor dem vollständigen Entrollen nach außen gebogen, verleihen den jungen Blättern einen welken, schlaffen Eindruck (siehe Seite 16)

Bestimmungstipps

- Die Blattnerven sind am besten auf der Unterseite der Fiedern/Fiederchen oder vor einem hellen Hintergrund zu sehen.
- Die Form des Schleiers lässt sich am einfachsten vor der Sporenreife beurteilen, später ist der Schleier teilweise zurückgeschlagen oder geschrumpft.

Verzweigte, freie Blattnerven: Gelappter Schildfarn *(Polystichum aculeatum)*

Netzartige Blattnerven: Fortunes Sichelfarn *(Cyrtomium fortunei)*

Lanzenfarn *(P. lonchitis)*

Gelappter Schildfarn *(P. aculeatum)*

Borstiger Schildfarn *(P. setiferum)*

Brauns Schildfarn *(P. braunii)*

Echter Wurmfarn

Dryópteris fílix-mas (L.) Schott
Männerfarn

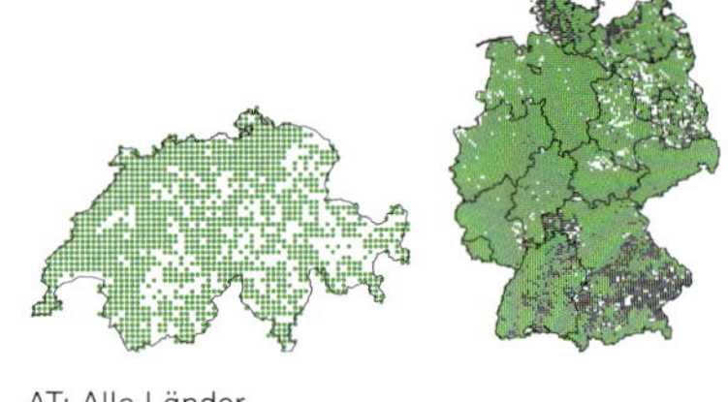

AT: Alle Länder

Dryoptère mâle · Felce maschio

Merkmale

- In **Rosetten** wachsend, Blätter 30–100(–140) cm lang
- **Blattspreite 1-fach gefiedert,** sattgrün, matt oder leicht glänzend, meist sommergrün; lanzettlich, nach unten allmählich verschmälert, mit 20 bis 35 Fiederpaaren; Blattspindel mit zerstreuten braunen Spreuschuppen
- **Fiedern fiederschnittig,** kahl oder vor allem auf der Unterseite mit wenigen Spreuschuppen, ohne Drüsen, **am Grund grün,** ab Spätsommer teilweise mit dunklen Flecken, größte Fiedern 4- bis 6-mal so lang wie breit; Abschnitte gesägt, Zähne scharf, aber meist ohne aufgesetzte Spitzen
- Sori rund; **Schleier nierenförmig,** meist kurz vor der Sporenreife schrumpfend, nach der Sporenreife abfallend
- Blattstiel 0,2- bis 0,3-mal so lang wie die Blattspreite, am Grund mit braunen Spreuschuppen und 6 bis 8 runden Leitbündeln

Der extrem seltene **Geröll-Wurmfarn** *(Dryopteris oreades)* ist meist kleiner (bis zu 50 cm hoch) und wächst steif aufrecht. Blattstiel und -spindel sind mäßig dicht mit Spreuschuppen bedeckt, bei jungen Blättern zeigen sich auf der Spreitenunterseite und am Rand des Schleiers zerstreut Drüsen (Lupe) und die Fiederränder sind oft eingerollt. Eine Kleinstpopulation in Nordrhein-Westfalen ist vermutlich in neuerer Zeit durch Pollenanflug entstanden (Bennert 1999). Hauptverbreitung: Großbritannien, Frankreich, Spanien, Italien. 2n = 82, diploid

Mögliche Verwechslung

Die Fiedern des Schuppigen Wurmfarns (*D. affinis* aggr.) sind am Grund violett bis schwarz. Der Bergfarn *(Oreopteris limbosperma)* hat randliche Sori, auf der Unterseite der Blattspreite weiße Haare und gelbe Drüsen und am Grund des Blattstiels zwei bandförmige Leitbündel. Der Straußfarn *(Matteuccia struthiopteris)* besitzt dimorphe Blätter, auf der Unterseite der sterilen Blattspreite weiße Haare, aber keine Drüsen, und sein Blattstiel hat am Grund zwei bandförmige Leitbündel.

Standort

Planar bis subalpin; meist auf feuchten Böden; Wälder, seltener Weiden, Hochstaudenfluren, Schutthänge, Mauern, Bahnanlagen

Verbreitung

Eurasiatisch-nordamerikanisch
CH/DE/AT: Verbreitet und sehr häufig

Sporenreife

Juli bis September

Gefährdung/Schutz

CH/DE/AT: LC, nicht besonders geschützt

Chromosomenzahl

2n = 164, tetraploid

Schon gewusst?

Bevor das Rätsel um die Vermehrung der Farne gelöst wurde, bezeichnete man den gröber gefiederten Echten Wurmfarn als «Farnmännchen» (lateinisch *filix* für «Farn», *mas* für «Mann»), den feiner erscheinenden Wald-Frauenfarn *(Athyrium filix-femina)* als «Farnweibchen» (lateinisch *femina* für «Frau»).

Der Echte Wurmfarn wächst in Rosetten.

Er besitzt nierenförmige Schleier und die Fieder ist am Grund grün.

Die Fiedern des Echten Wurmfarns sind fiederschnittig.

Schuppiger Wurmfarn

Artengruppe
Dryópteris affínis aggr.

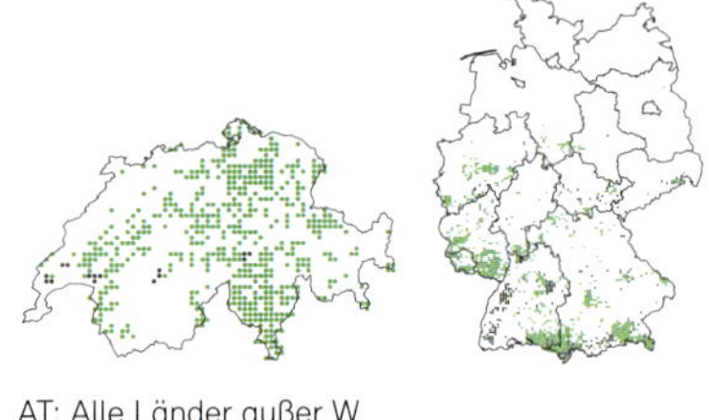

AT: Alle Länder außer W

Dryoptère écailleux · Felce pelosa

Merkmale

- In **Rosetten** wachsend, Blätter 50–100(–160) cm lang
- **Blattspreite 1-fach gefiedert,** dunkelgrün, leicht glänzend, etwas ledrig, meist wintergrün; lanzettlich, 3- bis 5-mal so lang wie breit, nach unten allmählich verschmälert, mit 20 bis 35 Fiederpaaren; Blattspindel dicht mit rotbraunen bis dunkelbraunen Spreuschuppen bedeckt
- **Fiedern fiederschnittig,** vor allem auf der Unterseite auf der Mittelrippe mit Spreuschuppen, ohne Drüsen, **am Grund violett bis schwarz** (an frischen Pflanzen vor allem auf der Unterseite sichtbar, beim Trocknen verschwindend), größte Fiedern 4- bis 6-mal so lang wie breit; Abschnitte vor allem an der Spitze leicht gesägt, Zähne ohne aufgesetzte Spitzen
- Sori rund; **Schleier nierenförmig,** wenig schrumpfend, überwinternd
- Blattstiel 0,2-mal so lang wie die Blattspreite; **dicht mit Spreuschuppen besetzt,** am Grund mit 6 bis 8 runden Leitbündeln

Systematik

Die Artengruppe umfasst mehrere, sehr ähnliche Arten, die im Feld nur schwer voneinander zu unterscheiden sind. Christopher N. Page (1997) bemerkt bei der Bestimmung trocken: «Don't give up yet!» Weiterführende Literatur von Fraser-Jenkins (2007), Freigang & Zenner (2007) und Bär et al. (2020).

Mögliche Verwechslung

Die Fiedern des Echten Wurmfarns *(D. filix-mas)* sind am Grund grün, Blattstiel und -spindel besitzen weniger Spreuschuppen. Die Fiedern des Entferntfiedrigen Wurmfarns *(D. remota)* sind am Grund violett bis schwarz, aber die Blattspreite ist 2-fach gefiedert und nach unten kaum oder nur wenig verschmälert.

Standort

Kollin bis subalpin; auf feuchten, meist leicht sauren Böden; Wälder

Verbreitung

Europäisch-westasiatisch
CH/DE/AT: Vermutlich ziemlich verbreitet, aber meist nicht häufig; genaue Verbreitung noch ungenügend bekannt

Sporenreife

Juli bis September

Gefährdung/Schutz

CH: LC, nicht geschützt
DE: –, nicht besonders geschützt
AT: subsp. *affinis* NT; subsp. *borreri* -r; subsp. *cambrensis* NT; nicht geschützt

Chromosomenzahl

2n = meist 123, triploid; weniger häufig 84, diploid; selten 164, tetraploid

Die Fiedern sind am Grund violett bis schwarz.

Der Schuppige Wurmfarn wächst in Rosetten ...

... und besitzt eine 1-fach gefiederte Blattspreite mit fiederschnittigen Fiedern.

Schon gewusst?

Der Schuppige Wurmfarn (*D. affinis* aggr.) pflanzt sich apomiktisch fort, das heißt, dass ohne Befruchtung neue Individuen entstehen. Die Prothallien bilden keine Archegonien, wohl aber Antheridien mit befruchtungsfähigen Spermatozoiden – damit fungiert dieser Farn erfolgreich als männlicher Partner bei der Bildung von Hybriden.

Kamm-Wurmfarn

Dryópteris cristáta (L.) A. Gray

Dryoptère à crêtes · Felce pettinata

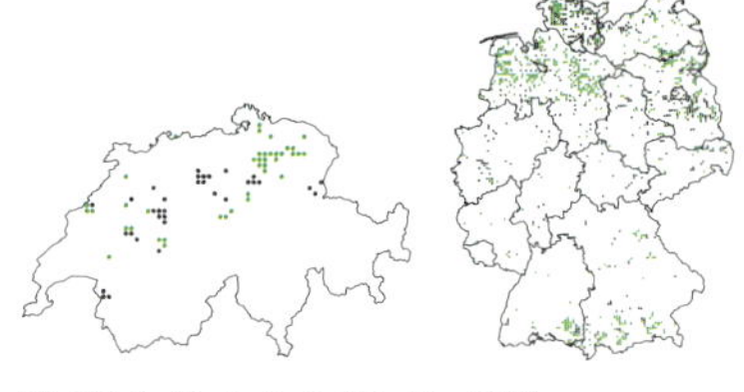

AT: B?, O, St, K, S, OstT†, NordT, V

Merkmale

- In lockeren Rosetten wachsend, Blätter 30–80(–100) cm lang
- **Blattspreite 1-fach gefiedert,** höchstens unterstes Fiederpaar am Grund 2-fach gefiedert, hellgrün bis sattgrün, matt bis leicht glänzend; eilanzettlich, (3- bis) **4- bis 8-mal so lang wie breit,** nach unten wenig verschmälert, die innersten Abschnitte des untersten Fiederpaares meist symmetrisch (innerster, nach unten gerichteter Abschnitt nicht auffallend vergrößert); Blattspindel und Unterseite der Fiedern mit zerstreuten hellen Spreuschuppen; junge Blätter mit wenigen Drüsen, bald verkahlend; **Fiedern fiederschnittig,** Abschnitte gesägt, Zähne mit Stachelspitzen
- **Fertile und sterile Blätter dimorph: fertile Blätter** sommergrün, in der Mitte der Rosette, steif aufrecht, mit 10 bis 20 Fiederpaaren; größte Fiedern 2- bis 3- (bis 3,5-)mal so lang wie breit; **Fiedern waagrecht ausgerichtet** (wie geöffnete Jalousien) und oft leicht zur Blattspitze gebogen
- **Sterile Blätter** 0,3- bis 0,5-mal so lang wie die fertilen Blätter, meist wintergrün, **schräg ausgebreitet,** eine «Winter-Rosette» bildend, Blattspreite flach, **Fiedern nicht gedreht**
- Sori rund, Schleier nierenförmig
- Blattstiel 0,2- bis 0,3-mal so lang wie die Blattspreite, vor allem am Grund mit einfarbigen, hellbraunen Spreuschuppen

Schon gewusst?

Der Artname (lateinisch *cristata* für «mit einem Kamm») bezieht sich auf die schräg gestellten Fiedern der fertilen Blätter, die mit etwas Fantasie an den Kamm eines Hahns erinnern.

Mögliche Verwechslung

Die Blätter des Dornigen Wurmfarns *(D. carthusiana)* sind alle gleich gestaltet, die Blattspreite ist 2- bis 3-fach gefiedert, 2,5- bis 4-mal so lang wie breit, das unterste Fiederpaar auffallend asymmetrisch, die Fiedern können vor allem an sonnigen Standorten waagrecht ausgerichtet sein (siehe Seite 13).

Standort

Planar bis montan; auf staunassen, sauren, torfigen Böden; Bruchwälder, Moorränder, Schilfröhricht

Verbreitung

Eurosibirisch-nordamerikanisch
CH/DE/AT: Selten

Sporenreife

Juli bis September

Gefährdung/Schutz

CH: VU, kantonal geschützt
DE: VU, besonders geschützt
AT: EN r!, regional geschützt

Chromosomenzahl

2n = 164, tetraploid

Die fertilen Blätter stehen steif aufrecht, die sterilen sind kleiner und schräg ausgebreitet.

Die waagrecht ausgerichteten Fiedern der fertilen Blätter sind oft leicht zur Spitze gebogen.

Die 1-fach gefiederte Blattspreite trägt fiederschnittige Fiedern.

Villars' Wurmfarn

Dryópteris villárii (Bellardi) Schinz & Thell.
Starrer Wurmfarn

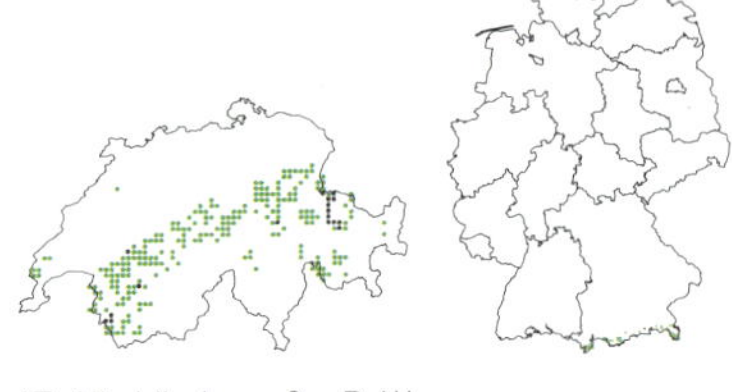

AT: Alle Länder außer B, W

Dryoptère de Villars · Felce di Villars

Merkmale

- In **Rosetten** wachsend, Blätter 25–60(–75) cm lang
- **Blattspreite 2-fach gefiedert, steif aufrecht,** sattgrün bis dunkelgrün, matt, derb, sommergrün; breiteilanzettlich, nach unten nicht oder nur wenig verschmälert
- Fiedern symmetrisch, oft waagrecht ausgerichtet (wie geöffnete Jalousien); Fiederchen fiederschnittig, gesägt, Zähne mit Stachelspitzen, Zähne und Rand der Fiederchen meist umgerollt; Spreitenunterseite und Spindeln **dicht mit hellen Drüsen bedeckt** (junge Blätter deshalb angenehm duftend), auf der Spreitenoberseite oft weniger Drüsen; Spindeln mit zerstreuten hellbraunen Spreuschuppen
- Sori rund; Schleier nierenförmig, dicht mit Drüsen besetzt
- Blattstiel 0,3- bis 0,5-mal so lang wie die Blattspreite, vor allem am Grund mit hellbraunen Spreuschuppen

Mögliche Verwechslung

Andere Wurmfarn-Arten mit 2-fach gefiederten Blattspreiten haben nur wenige oder keine Drüsen und meist deutlich asymmetrische unterste Fiedern.

Standort

Subalpin bis alpin; Kalkgeröllhalden, Karrenfelder

Verbreitung

Europäisch-westasiatisch
CH/DE/AT: In den Kalkalpen verbreitet, im Jura sehr selten

Sporenreife

Juli bis August

Gefährdung/Schutz

CH/DE/AT: LC, nicht besonders geschützt

Chromosomenzahl

2n = 84, diploid

Schon gewusst?

Villars' Wurmfarn wurde nach dem französischen Botaniker und Arzt Dominique Villars (1745–1814) benannt.

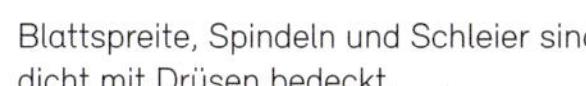

Blattspreite, Spindeln und Schleier sind dicht mit Drüsen bedeckt.

Steif aufrechte, in Rosetten wachsende Blätter zeichnen Villars' Wurmfarn aus. (wb)

Die 2-fach gefiederte Blattspreite trägt fiederschnittige Fiederchen.

Dorniger Wurmfarn

Dryópteris carthusiána (Vill.) H. P. Fuchs
Teil der Dornfarn-Artengruppe (*D. carthusiana* aggr.)

AT: Alle Länder

Dryoptère spinuleux, Dryoptère de Chartreuse · Felce certosina

Merkmale

- In Rosetten wachsend; Blätter (30–)40–90(–110) cm lang, meist steif aufrecht
- **Blattspreite 2-fach** bis 3-fach **gefiedert, hellgrün bis gelbgrün,** matt, teilweise wintergrün; breit-eilanzettlich, **2,5- bis 4-mal so lang wie breit,** nach unten nicht oder wenig verschmälert
- Fiedern am Grund grün, ab Spätsommer teilweise mit rotbraunen Flecken; Abschnitte letzter Ordnung gesägt, endständige Zähne mit Grannenspitzen, Rand flach, selten sehr wenig umgerollt; unterstes Fiederpaar asymmetrisch: innerstes nach unten gerichtetes Fiederchen (Fieder 2. Ordnung) gleich lang bis 1,3-mal so lang wie das benachbarte nach unten gerichtete Fiederchen und 0,25- bis 0,45-mal so lang wie die Fieder; Blattnerven auf der Spreitenunterseite mit spärlichen Drüsen; vor allem die unteren Fiedern oft waagrecht ausgerichtet (wie geöffnete Jalousien)
- Sori rund; Schleier nierenförmig, zerstreut mit Drüsen besetzt oder kahl; Sporen braun
- **Blattstiel** 0,5- bis 1,2-mal so lang wie die Blattspreite, am Grund locker **mit** eiförmigen, kurz zugespitzten, **einfarbigen, blassbraunen Spreuschuppen** besetzt, höchstens die unteren Schuppen an ihrer Basis sehr wenig dunkler

Schon gewusst?

Der französische Botaniker und Arzt Dominique Villars hat diesen Farn nach dem Fundort bei der Grande Chartreuse, der Großen Kartause, in der Nähe von Grenoble benannt und in seiner «Histoire des plantes du Dauphiné» (1786–1789) als *Polypodium carthusianum* beschrieben.

Mögliche Verwechslung

Siehe Vergleichstabelle Seite 261. Der seltene Kamm-Wurmfarn *(D. cristata)* besitzt dimorphe, 1-fach gefiederte, schmalere Blattspreiten mit fiederschnittigen Fiedern, die Abschnitte seines untersten Fiederpaares sind fast symmetrisch, die fertilen Fiedern fast immer waagrecht ausgerichtet (siehe Seite 13).

Standort

Planar bis subalpin; auf mäßig sauren, feuchten Böden; Wälder, Moorränder, Heiden

Verbreitung

Eurosibirisch-nordamerikanisch
CH/DE/AT: Verbreitet und ziemlich häufig

Sporenreife

Juli bis August

Gefährdung/Schutz

CH: LC, nicht geschützt
DE: LC, nicht besonders geschützt
AT: -r, nicht geschützt

Chromosomenzahl

2n = 164, tetraploid

Die hellgrüne Blattspreite des Dornigen Wurmfarns ist 2,5- bis 4-mal so lang wie breit.

Nierenförmige Schleier zeichnen alle Wurmfarne *(Dryopteris)* aus.

Die eingerollten jungen Blätter …

… und der Blattstiel sind mit einfarbigen, hellbraunen Spreuschuppen besetzt.

Breiter Wurmfarn

Dryópteris dilatáta (Hoffm.) A. Gray
Teil der Dornfarn-Artengruppe (*D. carthusiana* aggr.)

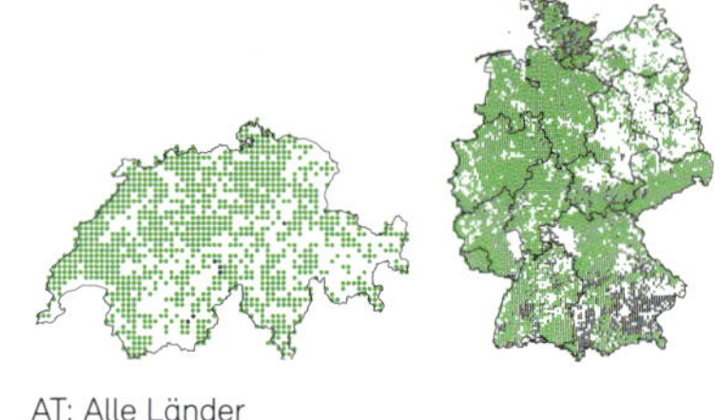

AT: Alle Länder

Dryoptère dilaté · Felce larga

Merkmale

- In **Rosetten** wachsend; Blätter 30–100(–130) cm lang, oft bogig überhängend
- **Blattspreite 2- bis 3-fach gefiedert, grün bis dunkelgrün, teilweise wintergrün;** eiförmig, **1,5- bis 2,5-mal so lang wie breit,** nach unten nicht oder wenig verschmälert
- Fiedern am Grund grün; Abschnitte letzter Ordnung gesägt, Zähne mit Grannenspitzen, **Rand oft deutlich umgerollt;** unterstes Fiederpaar asymmetrisch: innerstes nach unten gerichtetes Fiederchen (Fieder 2. Ordnung) 0,75- bis 1,3-mal so lang wie das benachbarte nach unten gerichtete Fiederchen und 0,25- bis 0,6-mal so lang wie die Fieder; Fiederchen (Fiedern 2. Ordnung) in der Spreitenmitte gedrungen, gerade, vorn stumpf bis abgerundet; Blattnerven auf der Spreitenunterseite mit mehr oder weniger zahlreichen Drüsen, selten kahl; Fiedern selten waagrecht ausgerichtet
- Sori rund; Schleier nierenförmig, am Rand drüsig oder kahl; Sporen braun bis dunkelbraun
- **Blattstiel** 0,3- bis 0,7-mal so lang wie die Blattspreite; vor allem am Grund dicht **mit** eiförmigen bis lanzettlichen, **zweifarbigen Spreuschuppen** bedeckt, diese **braun, in der Mitte dunkelbraun bis fast schwarz**

Mögliche Verwechslung

Vor allem mit dem Dornigen Wurmfarn *(D. carthusiana)* und dem Alpen-Wurmfarn *(D. expansa);* siehe Vergleichstabelle Seite 261.

Standort

Planar bis subalpin (bis alpin); auf mäßig feuchten, leicht sauren Böden; Wälder, Hochstaudenfluren

Verbreitung

Europäisch-westasiatisch
CH/DE/AT: Verbreitet und häufig

Sporenreife

Juli bis August

Gefährdung/Schutz

CH/DE/AT: LC, nicht besonders geschützt

Chromosomenzahl

2n = 164, tetraploid

Die eingerollten jungen Blätter sind dicht mit (dunkel-)braunen Schuppen bedeckt.

Am Blattstiel befinden sich zweifarbige Spreuschuppen; im Bild ein junges Blatt.

Die Fiederchen (Fiedern 2. Ordnung) in der Spreitenmitte sind gedrungen und vorn stumpf bis abgerundet.

Die Blattspreite des Breiten Wurmfarns ist 1,5- bis 2,5-mal so lang wie breit.

Alpen-Wurmfarn

Dryópteris expánsa (C. Presl) Fraser-Jenk. & Jermy
Teil der Dornfarn-Artengruppe (*D. carthusiana* aggr.)

AT: Alle Länder außer B?, W

Dryoptère étalé · Felce espansa

Merkmale

- In **Rosetten** wachsend; Blätter 30–90(–110) cm lang, meist aufrecht, nicht bogig überhängend
- **Blattspreite meist 3-fach,** selten 2- oder 4-fach **gefiedert,** oft hellgrün bis leicht gelblich, sommergrün; eiförmig, **1,5- bis 2,5-mal so lang wie breit,** nach unten nicht oder wenig verschmälert
- Fiedern am Grund grün; Abschnitte letzter Ordnung gesägt bis fiederschnittig, endständige Zähne mit Stachelspitzen, **Rand flach,** nur selten sehr wenig umgerollt; unterstes Fiederpaar asymmetrisch: innerstes nach unten gerichtetes Fiederchen (Fieder 2. Ordnung) gleich lang bis 1,4-mal so lang wie das benachbarte nach unten gerichtete Fiederchen und 0,35- bis 0,55-mal so lang wie die Fieder; Fiederchen (Fiedern 2. Ordnung) in der Spreitenmitte nach vorn langsam verschmälert, oft zur Fiederspitze gebogen; Blattnerven auf der Spreitenunterseite mit spärlichen bis zahlreichen Drüsen, selten kahl; Fiedern selten waagrecht ausgerichtet
- Sori rund; Schleier nierenförmig, kahl oder mit zerstreuten Drüsen; Sporen gelblich bis hellbraun
- **Blattstiel** 0,5- bis 0,8-mal so lang wie die Blattspreite; vor allem am Grund dicht **mit** eiförmigen bis lanzettlichen **Spreuschuppen** bedeckt, diese **hellbraun, in der Mitte meist dunkler** (nussbraun)

Mögliche Verwechslung

Vor allem mit dem Breiten Wurmfarn *(D. dilatata)* und dem Dornigen Wurmfarn *(D. carthusiana);* siehe Vergleichstabelle Seite 261.

Standort

(Planar bis) montan bis subalpin (bis alpin); auf feuchten, leicht sauren Böden; Wälder, Hochstaudenfluren

Verbreitung

Eurasiatisch-nordamerikanisch
CH/DE/AT: Zerstreut, genaue Verbreitung noch unklar

Sporenreife

Juli bis September

Gefährdung/Schutz

CH: LC, kantonal geschützt
DE: LC, nicht besonders geschützt
AT: LC, nicht geschützt

Chromosomenzahl

2n = 82, diploid

Schon gewusst?

Die Ähnlichkeit mit dem Breiten Wurmfarn *(D. dilatata)* kommt nicht von ungefähr: Der diploide Alpen-Wurmfarn *(D. expansa)* ist ein Elternteil des tetraploiden Breiten Wurmfarns.

Die Spreuschuppen des Blattstiels sind hellbraun und in ihrer Mitte meist dunkler.

Der Alpen-Wurmfarn wächst in Rosetten, seine oft hellgrüne bis leicht gelbliche Blattspreite ist 1,5- bis 2,5-mal so lang wie breit. (mb)

Die Fiederchen (Fiedern 2. Ordnung) in der Spreitenmitte sind zur Spitze hin langsam verschmälert, ihr Rand ist meist flach.

Entferntfiedriger Wurmfarn

Dryópteris remóta (Döll) Druce
Teil der Dornfarn-Artengruppe (*D. carthusiana* aggr.)

AT: B?, O, St, K, S, OstT†, NordT, V†

Dryoptère espacé · Felce a pinne spazieggiate

Merkmale

- In **Rosetten** wachsend, Blätter 50–70(–100) cm lang
- **Blattspreite 2-fach gefiedert,** dunkelgrün, leicht glänzend, teilweise wintergrün; eilanzettlich, nach unten nicht oder nur wenig verschmälert, mit 10 bis 20 Fiederpaaren
- **Fiedern am Grund violett bis schwarz** (an frischen Pflanzen vor allem auf der Unterseite zu sehen, beim Trocknen verschwindend); Fiederchen fiederspaltig bis fiederschnittig; Abschnitte letzter Ordnung gesägt, Zähne mit Stachelspitzen, Rand flach, selten sehr wenig umgerollt; unterstes Fiederpaar leicht asymmetrisch: innerstes nach unten gerichtetes Fiederchen gleich lang bis 1,3-mal so lang wie das benachbarte nach unten gerichtete Fiederchen und 0,2- bis 0,3-mal so lang wie die Fieder; Blattnerven auf der Spreitenunterseite kahl oder drüsig; vor allem die unteren Fiedern teilweise waagrecht ausgerichtet (wie geöffnete Jalousien)
- Sori rund; Schleier nierenförmig, meist drüsig, zur Zeit der Sporenreife nach oben gebogen; Sporen dunkelbraun
- Blattstiel 0,3- bis 0,7-mal so lang wie die Blattspreite, vor allem am Grund mit lanzettlichen bis schmallanzettlichen, braunen Spreuschuppen, diese an ihrer Basis oft dunkler

Schon gewusst?

Der Entferntfiedrige Wurmfarn *(D. remota)* pflanzt sich apomiktisch (ohne Befruchtung) fort: Auf den Prothallien bilden sich aus vegetativen Zellen junge Pflanzen (Sporophyten), die somit die gleiche Chromosomenzahl aufweisen wie die Sporen und Prothallien.

Mögliche Verwechslung

Die fiederschnittigen Fiedern des Schuppigen Wurmfarns (*D. affinis* aggr.) sind am Grund ebenfalls violett bis schwarz, seine Blattspreite ist aber 1-fach gefiedert und nach unten allmählich verschmälert.

Standort

Kollin bis montan; auf feuchten Böden; Wälder, Auen, Blockhalden

Verbreitung

Europäisch-westasiatisch
CH/DE/AT: Alpen, Alpenvorland, Schwarzwald, Württemberg, Pfälzer Wald; selten, genaue Verbreitung noch ungenügend bekannt

Sporenreife

Juli bis September

Gefährdung/Schutz

CH: LC, kantonal geschützt
DE: LC, nicht besonders geschützt
AT: LC, nicht geschützt

Chromosomenzahl

2n = 123, triploid

Beim Entfernttfiedrigen Wurmfarn sind die Fiedern am Grund violett bis schwarz.

Seine Blattspreite ist nach unten nicht oder nur wenig verschmälert …

… und 2-fach gefiedert.

Dornfarn-Artengruppe

Dryópteris carthusiána aggr.

Innerhalb der Dornfarn-Artengruppe besitzt nur der Entfernntfiedrige Wurmfarn *(D. remota)* einen violetten bis schwarzen Fiedergrund (an frischen Pflanzen zu sehen, verschwindet beim Trocknen). Dieser dunkle Fiedergrund muss deutlich und relativ gut abgegrenzt sein und darf nicht mit den teilweise ab Spätsommer auftretenden rotbraunen Flecken des Dornigen Wurmfarns *(D. carthusiana)* verwechselt werden. Letzterer lässt sich von den anderen Dornfarnen durch seine schmalere, meist hellgrüne Blattspreite, die blassbraunen Spreuschuppen auf dem Blattstiel und die relativ kleine, nur locker mit hellen Spreuschuppen besetzte Rosette unterscheiden.

Die Unterscheidung zwischen dem Breiten Wurmfarn *(D. dilatata)* und dem Alpen-Wurmfarn *(D. expansa)* ist sehr schwierig und im Feld bleibt die Ansprache oft unsicher. Die in der Vergleichstabelle aufgeführten makromorphologischen Merkmale sind Tendenzmerkmale, die in ihrer Ausprägung variieren und sich auch überlappen können. Grundsätzlich sollten bei einer Bestimmung möglichst viele Merkmale betrachtet und verglichen werden. Lassen die makromorphologischen keinen plausiblen Schluss zu, sind mikromorphologische Merkmale heranzuziehen. Dazu zählen unter anderem die Bestimmung des Ploidiegrads, beispielsweise mithilfe der Durchflusszytometrie, und die Sporenfarbe.

Die Bestimmung von Pflanzen dieser Artengruppe ist auch deshalb oft schwierig, weil relativ häufig Hybriden auftreten (vgl. Hornych et al. 2019). Diese zeichnen sich durch abortierte Sporen aus (siehe Seite 16), wobei aber zu beachten ist, dass auch ein mehr oder weniger großer Anteil der Sporen des triploiden und sich apomiktisch vermehrenden Entferntfiedrigen Wurmfarns abortiert sind.

Für weiterführende Informationen sowie mikromorphologische Merkmale sei auf Hegi (1984), Jeßen (1997), Rünk et al. (2012), Seifert & Holderegger (1995), Viane (1985, 1986) und Zenner & Freigang (in prep.) verwiesen.

In Mitteleuropa wird die Artengruppe unterschiedlich abgegrenzt. Jäger et al. (2017) fassen die vier in der Vergleichstabelle aufgeführten Arten als Artengruppe *carthusiana* zusammen, Fischer et al. (2008) schließen den Entferntfiedrigen Wurmfarn hingegen nicht ein. Juillerat et al. (2017) wiederum fassen nur den Breiten Wurmfarn und den Alpen-Wurmfarn in der Artengruppe *D. dilatata* aggr. zusammen.

Mittlere Fiedern des Alpen-Wurmfarns (*D. expansa*, links) und des Breiten Wurmfarns *(D. dilatata)*.

Merkmal	Dorniger Wurmfarn *(D. carthusiana)*	Breiter Wurmfarn *(D. dilatata)*	Alpen-Wurmfarn *(D. expansa)*	Entferntfiedriger Wurmfarn *(D. remota)*
Blattspreite	hellgrün bis gelbgrün, teilweise wintergrün	grün bis dunkelgrün, teilweise wintergrün	oft hellgrün bis leicht gelblich, sommergrün	dunkelgrün, teilweise wintergrün
Fiedern waagrecht ausgerichtet	oft	selten	selten	manchmal
Farbe am Grund der Fiedern	grün, ab Spätsommer teilweise mit rotbraunen Flecken	grün	grün	violett bis schwarz
Rand der Fiederchen/Abschnitte letzter Ordnung	flach, nur selten wenig umgerollt	oft deutlich umgerollt	flach, nur selten wenig umgerollt	flach, nur selten ganz wenig umgerollt
Endständige Zähne der Fiederchen 2. resp. 3. Ordnung	mit Grannenspitzen	mit Grannenspitzen	oft nur mit Stachelspitzen	mit Stachelspitzen
Unterste Fieder: Längenverhältnis des innersten nach unten gerichteten Fiederchens (Fieder 2. Ordnung) 1) zum benachbarten nach unten gerichteten Fiederchen 2) zur Fieder	1) 1- bis 1,3-mal so lang 2) 0,25- bis 0,45-mal so lang	1) 0,75- bis 1,3-mal so lang 2) 0,25- bis 0,6-mal so lang	1) 1- bis 1,4-mal so lang 2) 0,35- bis 0,55-mal so lang	1) 1- bis 1,3-mal so lang 2) 0,2- bis 0,3-mal so lang
Spreuschuppen des Blattstiels	locker; blassbraun, einfarbig, höchstens die unteren an ihrer Basis sehr wenig dunkler	dicht; braun, zweifarbig, in der Mitte dunkelbraun bis fast schwarz	dicht; hellbraun, vor allem die unteren in der Mitte dunkler	relativ dicht; braun, die unteren nahe ihrer Basis meist dunkler
Eingerollte Blätter (Bischofsstäbe) in der Rosette	locker mit hellbraunen Schuppen besetzt, dazwischen das Grün des jungen Blattes sichtbar	dicht mit (dunkel)-braunen Schuppen bedeckt, kein Grün sichtbar	dicht mit (hell)-braunen Schuppen bedeckt, kein Grün sichtbar	dicht mit (hell)-braunen Schuppen bedeckt, kein Grün sichtbar
Sporenfarbe (reife Sporen)	braun	braun bis dunkelbraun	gelblich bis hellbraun	dunkelbraun
Chromosomenzahl, Ploidiegrad	2n = 164, tetraploid	2n = 164, tetraploid	2n = 82, diploid	2n = 123, triploid

Vergleichstabelle mit ausgewählten Merkmalen der vier mitteleuropäischen Dornfarne (Artengruppe *carthusiana*, benannt nach den dornartig auslaufenden Zähnen der Fiederchen); nach Zenner & Freigang (in prep.).

Lanzenfarn

Polýstichum lonchítis (L.) Roth
Lanzen-Schildfarn

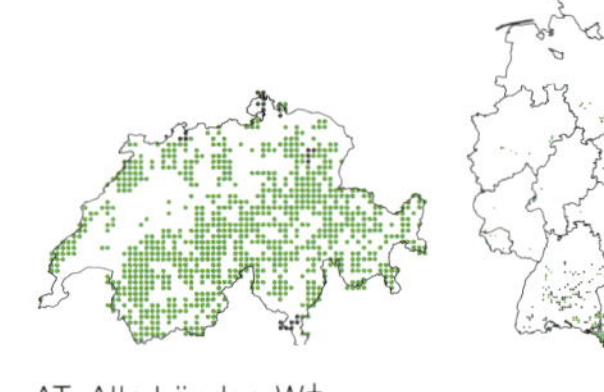

AT: Alle Länder; W†

Polystic en lance · Felce lonchite

Merkmale

- In Rosetten wachsend, Blätter 15–50(–60) cm lang
- **Blattspreite 1-fach gefiedert, schmallanzettlich,** nach unten allmählich verschmälert; dunkelgrün, kahl, glänzend, ledrig, wintergrün; Blattspindel vor allem in der unteren Hälfte auf der Unterseite dicht mit hellbraunen Spreuschuppen bedeckt
- **Fiedern ungeteilt,** gezähnt, Zähne mit Grannenspitzen; **am Grund stark asymmetrisch** («Daumen hoch»)
- **Sori in 2 Reihen angeordnet; Schleier schildförmig,** Rand zur Zeit der Sporenreife nach oben gebogen (wie ein umgedrehter Regenschirm)
- Blattstiel sehr kurz, dicht mit hellbraunen bis dunkelbraunen Spreuschuppen bedeckt

Mögliche Verwechslung

Die Blattspreite des Rippenfarns *(Struthiopteris spicant)* ist fiederschnittig mit symmetrischen, ganzrandigen Abschnitten.

Standort

(Montan bis) subalpin (bis alpin); auf kalkreichen, seltener kalkarmen Böden; Geröllhalden, steinige Wälder

Verbreitung

Eurasiatisch-nordamerikanisch
CH/DE/AT: In den Alpen und im Jura verbreitet und ziemlich häufig, sonst zerstreut

Sporenreife

Juli bis September

Gefährdung/Schutz

CH: LC, kantonal geschützt
DE: V, besonders geschützt
AT: LC, regional geschützt

Chromosomenzahl

2n = 82, diploid

Der Lanzenfarn wächst in Kalk-Geröllhalden oder steinigen Wäldern.

Die schmallanzettliche Blattspreite ist 1-fach gefiedert.

Asymmetrische, gezähnte Fiedern und schildförmige Schleier sind für den Lanzenfarn charakteristisch.

Gelappter Schildfarn

Polýstichum aculeátum (L.) Roth

Polystic à aiguillons · Felce aculeata

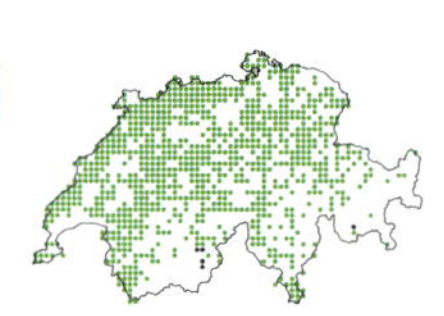

AT: Alle Länder; (W)

Merkmale

- In Rosetten wachsend, Blätter 30–70(–80) cm lang, bogig ausgebreitet, die letztjährigen meist dem Boden aufliegend
- **Blattspreite 2-fach gefiedert,** lanzettlich, **nach unten allmählich verschmälert; dunkelgrün,** kahl, glänzend, ledrig, wintergrün; Blatt- und Fiederspindeln vor allem auf der Unterseite mit braunen, schmallanzettlichen Spreuschuppen
- **Fiedern asymmetrisch,** innerste, zur Blattspitze gerichtete Fiederchen deutlich vergrößert («Daumen hoch»)
- Fiederchen schräg von der Fiederspindel abzweigend, am Grund oft ohne zur Fiederspitze gerichtetes, kleines Öhrchen; Rand gezähnt oder gesägt, Zähne mit Grannenspitzen
- Sori in 2 Reihen angeordnet; **Schleier schildförmig,** Rand zur Zeit der Sporenreife nach oben gebogen (wie ein umgedrehter Regenschirm)
- Blattstiel meist weniger als 0,2-mal so lang wie die Blattspreite, dicht mit dunkelbraunen Spreuschuppen bedeckt

Mögliche Verwechslung

Die Art ist sehr vielgestaltig. Bei Verdacht auf eine Hybride unbedingt die Sporen kontrollieren. Junge, sterile Individuen sehen dem Lanzenfarn *(P. lonchitis)* ähnlich.

Standort

Montan-subalpin; auf feuchten, kalkarmen bis kalkreichen Böden; schattige Schluchten, Wälder

Verbreitung

Eurasiatisch
CH/DE/AT: Besonders in den Alpen und im Jura verbreitet und häufig, sonst zerstreut

Sporenreife

Juni bis September

Gefährdung/Schutz

CH: LC, kantonal geschützt
DE: LC, besonders geschützt
AT: -r, regional geschützt

Chromosomenzahl

2n = 164, tetraploid

Schon gewusst?

Der Gelappte Schildfarn ist eine hybridogene Art, die ursprünglich aus der Kreuzung zwischen dem Lanzenfarn *(P. lonchitis)* und dem Borstigen Schildfarn *(P. setiferum)* entstanden ist (siehe Seite 271).

Das innerste, zur Blattspitze gerichtete Fiederchen ist deutlich vergrößert.

Zur Zeit der Sporenreife sind die schildförmigen Schleier nach oben gebogen.

Rosette im Frühling mit jungen, hellgrünen Blättern.

Die 2-fach gefiederte Blattspreite des Gelappten Schildfarns wird nach unten allmählich schmaler.

Borstiger Schildfarn

Polýstichum setíferum (Forssk.) Woyn.

Polystic à dents sétacées · Felce setifera

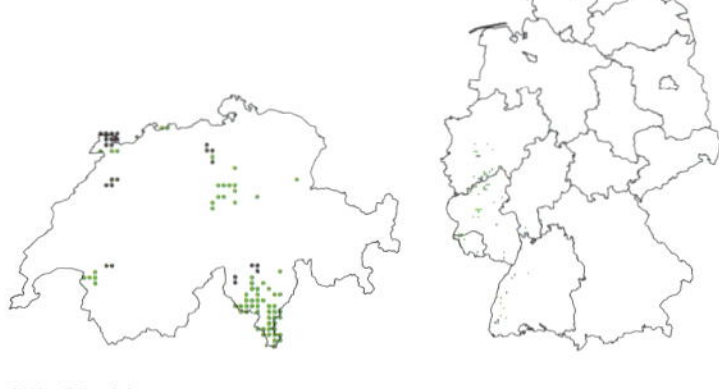

AT: St, K

Merkmale

- In Rosetten wachsend, Blätter 30–90(–120) cm lang
- **Blattspreite 2-fach gefiedert,** lanzettlich, **nach unten nicht oder nur wenig verschmälert;** fast kahl, matt, weich, teilweise wintergrün; Fiederspindel locker, Blattspindel dichter mit hellbraunen, schmallanzettlichen bis haarförmigen Spreuschuppen bedeckt
- **Fiedern** schmallanzettlich, in eine schmale Spitze verschmälert; **leicht asymmetrisch,** das innerste, zur Blattspitze gerichtete Fiederchen leicht vergrößert (leicht «Daumen hoch»)
- Innere **Fiederchen** deutlich (etwa 1 mm) gestielt, rechtwinklig oder leicht schräg von der Fiederspindel abzweigend, **am Grund mit einem deutlichen, zur Fiederspitze gerichteten Öhrchen;** Spreitenrand gesägt, Zähne mit Grannenspitzen
- Sori in 2 Reihen angeordnet; **Schleier schildförmig,** Rand zur Zeit der Sporenreife nach oben gebogen (wie ein umgedrehter Regenschirm)
- Blattstiel meist 0,2- bis 0,5-mal so lang wie die Blattspreite, dicht mit hellbraunen Spreuschuppen bedeckt

Mögliche Verwechslung

Die Blattspreite des Gelappten Schildfarns *(P. aculeatum)* ist ledrig, wintergrün und nach unten allmählich verschmälert. Brauns Schildfarn *(P. braunii)* besitzt eine weiche, mit hellen, haarförmigen Spreuschuppen besetzte und nach unten allmählich verschmälerte Blattspreite.

Standort

Kollin bis montan; auf kalkarmen, feuchten Böden; Wälder, Schluchten

Verbreitung

Europäisch-mediterran-west-asiatisch

CH/DE/AT: Vor allem auf der Alpensüdseite, nördlich der Alpen zerstreut

Sporenreife

Juni bis August

Gefährdung/Schutz

CH: LC, national geschützt
DE: VU, besonders geschützt
AT: NT, regional geschützt

Chromosomenzahl

2n = 82, diploid

Die kurz gestielten inneren Fiederchen weisen am Grund ein Öhrchen auf.

Zur Zeit der Sporenreife sind die schildförmigen Schleier nach oben gebogen.

Beim Borstigen Schildfarn ist die 2-fach gefiederte Blattspreite nach unten kaum verschmälert.

Brauns Schildfarn

Polýstichum braunii (Spenn.) Fée

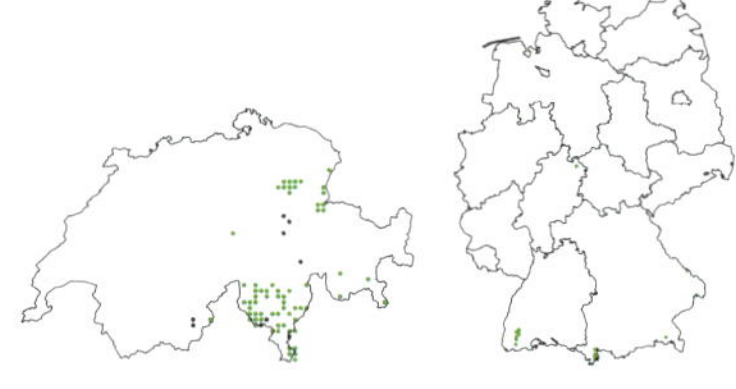

Polystic de Braun · Felce di Braun

Merkmale

- In Rosetten wachsend, Blätter 30–60(–80) cm lang
- **Blattspreite 2-fach gefiedert,** lanzettlich, **nach unten allmählich verschmälert;** matt, **weich,** meist sommergrün; **Fiederchen** und Fiederspindel **locker bis dicht mit 5 mm langen, hellbraunen, haarförmigen Spreuschuppen bedeckt,** im Herbst fast kahl; Blattspindel dicht mit hellbraunen Spreuschuppen bedeckt
- Fiedern kurz zugespitzt, vor allem die unteren leicht abgestumpft; nicht oder nur leicht asymmetrisch, das innerste, zur Blattspitze gerichtete Fiederchen nicht oder nur wenig vergrößert
- Fiederchen rechtwinklig von der Fiederspindel abzweigend, fast rechteckig, meist ohne Öhrchen; Rand gesägt, Zähne mit Grannenspitzen
- Sori in 2 Reihen angeordnet; **Schleier schildförmig, zart, bald schrumpfend**
- Blattstiel höchstens 0,2-mal so lang wie die Blattspreite, dicht mit hellbraunen Spreuschuppen bedeckt

Schon gewusst?

Hohe Luftfeuchtigkeit ist für Brauns Schildfarn *(P. braunii)* essenziell: Unabhängig von der Bodenfeuchtigkeit führt hohe Luftfeuchtigkeit zu erhöhter Fertilität, größeren Wedeln, stärkerem Wachstum der Wurzeln und Rhizome sowie dichteren haarförmigen Spreuschuppen auf den Fiederchen (Schwerbrock & Leuschner 2016). Letztere spielen vermutlich bei der Wasseraufnahme über die Fiederchen eine wesentliche Rolle (Schwerbrock & Leuschner 2017).

Mögliche Verwechslung

Der Gelappte Schildfarn *(P. aculeatum)* hat eine ledrige, wintergrüne Blattspreite, seine Fiederchen sind auf der Oberseite kahl. Die Blattspreite des Borstigen Schildfarns *(P. setiferum)* ist nach unten kaum oder nur wenig verschmälert.

Standort

Montan (bis subalpin); auf kalkarmen, mäßig sauren Böden; Wälder, Schluchten

Verbreitung

Eurasiatisch-nordamerikanisch
CH/DE/AT: Alpen, Schwarzwald, Hessen, sehr zerstreut und selten

Sporenreife

Juli bis September

Gefährdung/Schutz

CH: NT, national geschützt
DE: EN, besonders geschützt
AT: LC, regional geschützt

Chromosomenzahl

2n = 164, tetraploid

Brauns Schildfarn besitzt eine 2-fach gefiederte, nach unten allmählich verschmälerte Blattspreite.

Ein charakteristisches Merkmal dieses seltenen Farns sind helle, haarförmige Schuppen auf der Oberseite der Fiedern.

Die zarten, schildförmigen Schleier schrumpfen schnell.

Schildfarn-Hybriden

Polýstichum

P. × *bicknellii* mit den Eltern Borstiger Schildfarn *(P. setiferum)* rechts und Gelappter Schildfarn *(P. aculeatum)* links.

Schildfarne *(Polystichum)* bilden in Mitteleuropa regelmäßig Hybriden. Diese zeigen Merkmale beider Elternarten, können aber auch der einen oder anderen ähnlicher sein. Oft sind die Hybriden größer als ihre Elternarten (sogenannte Bastardwüchsigkeit).

Für den sicheren Nachweis einer Hybride müssen die Sporen kontrolliert werden (siehe Seite 16).
Bei einer Hybride sind oft nicht alle Sporen abortiert, sondern ein kleiner Teil ist gut ausgebildet. Eine geringe Fertilität ist deshalb nicht auszuschließen und konnte beispielsweise für *P. × bicknellii* im Experiment nachgewiesen werden (Limberger 2009).

Die beiden häufigsten Schildfarn-Hybriden in Mitteleuropa sind *P. × illyricum* und *P. × bicknellii.*

P. × *illyricum* ist die Hybride zwischen dem Lanzenfarn *(P. lonchitis)* und dem Gelappten Schildfarn *(P. aculeatum).*

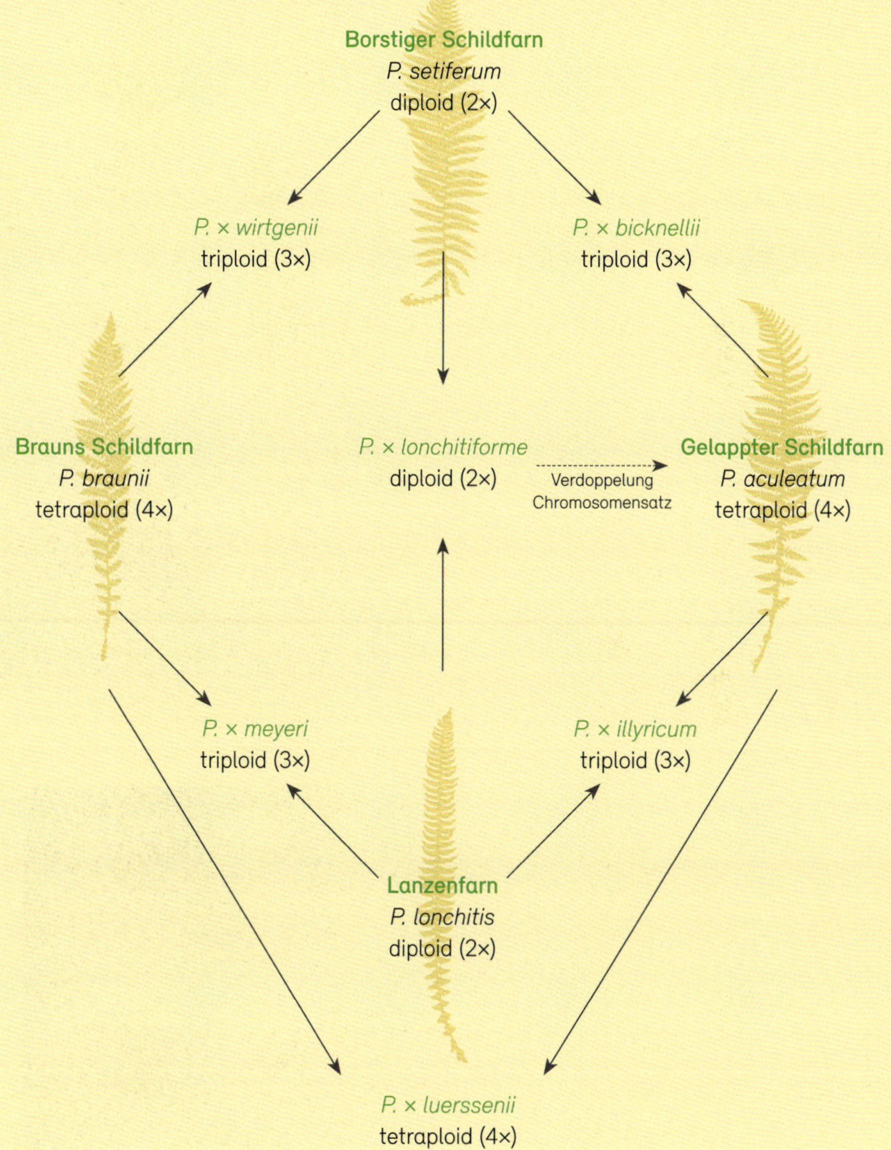

Gattung Schildfarn *(Polystichum)*
Reticulogramm der Arten und Hybriden in Mitteleuropa (nach Bizot et al. 2016, Hegi 1984).

Fortunes Sichelfarn

Cyrtómium fortunéi J. Sm.

Cyrtomium de Fortune · Cirtomio di Fortune

AT: –

Merkmale

- In Rosetten wachsend, Blätter 50–60(–80) cm lang
- **Blattspreite** lanzettlich, **1-fach gefiedert,** mit (8 bis) 10 bis 25 Fiederpaaren, fest (aber nicht ledrig), wintergrün; Oberseite blassgrün, matt bis leicht glänzend, kahl; Unterseite heller, matt, mit wenigen hellbraunen Spreuschuppen; Blattspindel mit hellbraunen, haarförmigen, gekräuselten Spreuschuppen
- **Fiedern asymmetrisch,** unregelmäßig fein gesägt (Zähne ohne Stachel- oder Grannenspitzen); Endfieder unregelmäßig gelappt; **mittlere Fiedern 3,5- bis 5-mal so lang wie breit, am Grund 1–2(–2,5) cm breit**
- **Sori zerstreut angeordnet; Schleier rund, in der Mitte angewachsen; Blattnerven netzartig**
- Blattstiel 0,2- bis 0,3-mal so lang wie die Blattspreite, am Grund dicht mit breiten, dunkelbraunen Spreuschuppen bedeckt, nach oben weniger und schmalere Spreuschuppen

Mögliche Verwechslung

Die Blattspreite des Lanzenfarns *(Polystichum lonchitis)* ist schmallanzettlich, die Sori sind in 2 Reihen angeordnet und die Blattnerven verzweigt, die Zähne des Fiederrands besitzen Grannenspitzen. Der Mond-Sichelfarn *(Cyrtomium falcatum)* hat breitere, glänzende, stark ledrige Fiedern.

Standort

Kollin; schattige, feuchte Mauern, Schluchten, Gräben

Verbreitung

Ostasien; in Europa verwildert
CH: Vor allem in der Südschweiz etabliert; DE: Sich etablierend; AT: –

Sporenreife

Juli bis September

Chromosomenzahl

2n = 123, triploid

Die mittleren Fiedern von Fortunes Sichelfarn sind 3,5- bis 5-mal so lang wie breit, die Sori zerstreut angeordnet.

Die 1-fach gefiederte Blattspreite trägt (8 bis) 10 bis 25 Fiederpaare.

Der aus Ostasien stammende **Mond-Sichelfarn** (*Cyrtomium falcatum* (L. f.) C. Presl) besitzt 5 bis 10 (bis 15) Fiederpaare; die Fiedern sind asymmetrisch, 2,5- bis 3,5-mal so lang wie breit, am Grund 2–3(–4) cm breit, stark ledrig und glänzend (werden beim Trocknen aber matt), ihr Rand ist grob gesägt oder gezähnt bis fast ganzrandig. 2n = 82, diploid
CH/DE: —; AT: Unbeständig, Wien

Die glänzenden Fiedern des Mond-Sichelfarns sind 2,5- bis 3,5-mal so lang wie breit.

Tüpfelfarngewächse

Polypodiáceae

Merkmale der mitteleuropäischen Arten

- Blätter in kurzen Abständen dem oberflächlich kriechenden Rhizom entspringend; Rhizom dicht mit Spreuschuppen besetzt
- Blattspreite eilanzettlich, nach unten kaum verschmälert, fiederschnittig, mit 10 bis 20 (bis 25) Abschnitten auf jeder Seite, Abschnitte ganzrandig bis gesägt; kahl oder mit wenigen, winzigen Haaren
- Sori rund oder oval, ohne Schleier, in zwei Reihen auf jedem Abschnitt, in Vertiefungen der Blattunterseite eingesenkt und deshalb auf der Oberseite kleine, punktförmige Erhöhungen bildend (an Brailleschrift erinnernd); Sporen gelb
- In Felsen, Mauern, lichten Wäldern oder epiphytisch (als Aufsitzer) wachsend

Gallischer Tüpfelfarn *Polypodium cambricum*
Gesägter Tüpfelfarn *Polypodium interjectum*
→ Gemeiner Tüpfelfarn *Polypodium vulgare*

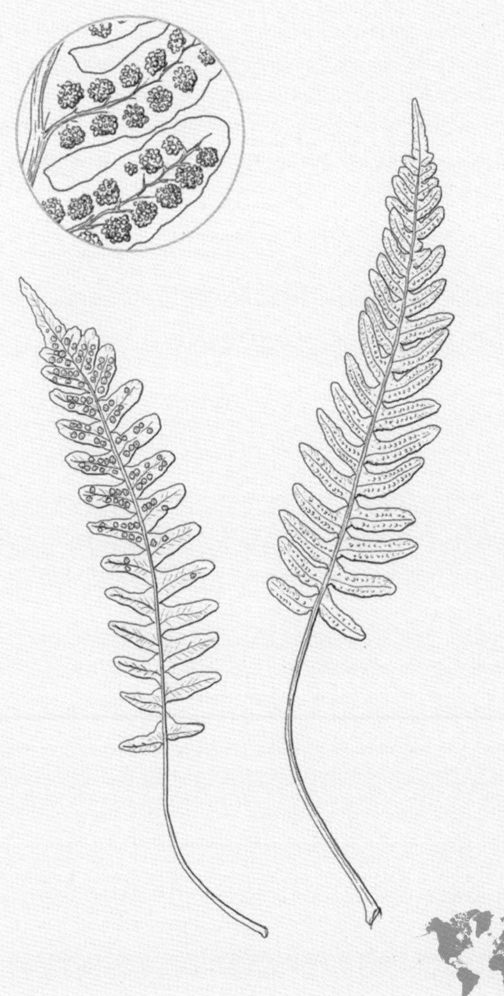

Weltweit
67 Gattungen mit geschätzt 1650 Arten; vorwiegend tropisch verbreitet

Schweiz
Deutschland
Österreich
1 Gattung mit 3 Arten und mehreren Hybriden

Gemeiner Tüpfelfarn

Polypódium vulgáre L.

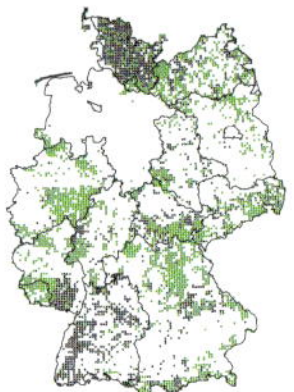

Polypode commun · Polipodio comune

AT: Alle Länder

Merkmale

- Dicht bis locker rasig wachsend, Blätter 15–35 cm lang, in kurzen Abständen dem oberflächlich oder in Moospolstern wachsenden Rhizom entspringend
- **Blattspreite eilanzettlich, 3,5- bis 5-mal so lang wie breit;** zur Spitze hin meist plötzlich verschmälert, nach unten nicht oder kaum verschmälert; **fiederschnittig,** mit 10 bis 20 (bis 25) Abschnitten auf jeder Seite, Abschnitte meist unregelmäßig und stumpf gesägt; kahl oder mit wenigen, sehr kurzen Haaren; etwas ledrig, wintergrün
- Sori ohne Schleier, in 2 Reihen auf jedem Abschnitt, in die Blattunterseite eingesenkt und deshalb auf der Oberseite kleine, punktförmige Erhöhungen bildend; **Sori rund, ohne Paraphysen** zwischen den Sporangien (Lupe, Mikroskop), zur Zeit der Sporenreife **braun**
- **Sporen im Sommer reifend, junge Blätter sich im Frühsommer entrollend**
- Blattstiel meist kürzer als die Blattspreite

Mögliche Verwechslung

Siehe Seite 282 (Tüpfelfarn-Arten und -Hybriden).

Standort

Planar bis subalpin; meist auf leicht sauren Böden; blockreiche, lichte Wälder, Schluchten, Mauern, Felsen, an luftfeuchten Standorten auch auf moosigen Bäumen

Verbreitung

Eurasiatisch, südafrikanisch
CH/DE/AT: Zerstreut bis häufig

Sporenreife

Juli bis August

Gefährdung/Schutz

CH/DE/AT: LC, nicht besonders geschützt

Chromosomenzahl

2n = 148, tetraploid

Schon gewusst?

Das süß schmeckende Rhizom wurde früher als Leckerei, aber auch als Heilmittel besonders bei Husten verwendet und heißt deshalb auch «Süßwurzel» oder «Engelsüß» (Hegi 1984).

Die fiederschnittige Blattspreite ist 3,5- bis 5-mal so lang wie breit.

In den runden Sori reifen im Sommer die Sporen.

Die Sori sind in die Blattunterseite eingesenkt und bilden auf der Oberseite kleine, punktförmige Erhöhungen (Gattungsmerkmal).

Gallischer Tüpfelfarn

Polypódium cámbricum L.

Polypode du Pays de Galles · Polipodio del Galles

DE/AT: –

Merkmale

- Dicht bis locker rasig wachsend, Blätter 15–35 cm lang, in kurzen Abständen dem oberflächlich oder in Moospolstern wachsenden Rhizom entspringend
- **Blattspreite breiteilanzettlich, 1,5- bis 2,5-mal so lang wie breit;** zur Spitze hin meist plötzlich verschmälert, nach unten nicht oder kaum verschmälert; **fiederschnittig,** mit 10 bis 20 (bis 25) Abschnitten auf jeder Seite, Abschnitte meist zugespitzt und unregelmäßig stumpf gesägt, untere Abschnitte oft leicht nach unten oder aus der Blattebene hinaus nach oben gebogen; kahl, Unterseite mit winzigen Haaren (Mikroskop); etwas ledrig, wintergrün
- Sori ohne Schleier, in 2 Reihen auf jedem Abschnitt, in die Blattunterseite eingesenkt und deshalb auf der Oberseite kleine, punktförmige Erhöhungen bildend; **Sori rund,** vor allem die jungen Sori **leicht oval, mit Paraphysen** zwischen den Sporangien (Lupe mit 20-facher Vergrößerung, Mikroskop), junge Paraphysen weiß, länger als die Sporangien, später gleich lang wie die Sporangien, ältere Paraphysen braun, eingetrocknet und oft kürzer als die Sporangien; Sori zur Zeit der Sporenreife **gelb bis hellorange**
- **Sporen im Winter reifend, junge Blätter sich im Herbst bis Winter entrollend**
- Blattstiel meist kürzer als die Blattspreite

Mögliche Verwechslung

Siehe Seite 282 (Tüpfelfarn-Arten und -Hybriden).

Standort

Kollin; kalkhaltige bis leicht saure, halbschattige bis relativ sonnige Felsen und alte Mauern; in wintermilden Lagen

Verbreitung

Westeuropäisch-mediterran-westasiatisch
CH: Tessin, Westalpen; selten

Sporenreife

Dezember bis März

Gefährdung/Schutz

CH: VU, kantonal geschützt

Chromosomenzahl

2n = 74, diploid

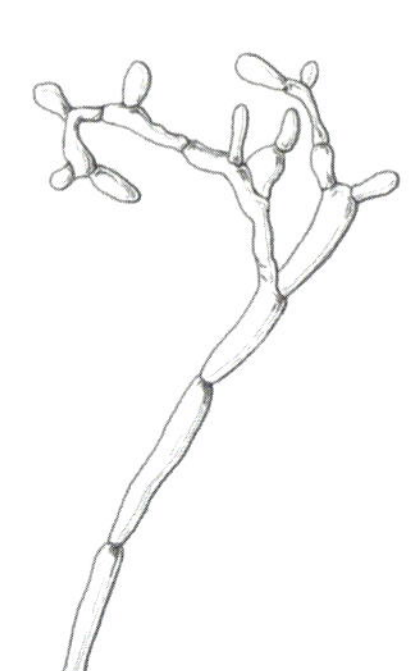

Eine Paraphyse des Gallischen Tüpfelfarns (nach Berton 1974).

Die fiederschnittige Blattspreite ist 1,5- bis 2,5-mal so lang wie breit.

Zwischen den Sporangien sind die weißen Paraphysen der jungen Sori sichtbar.

Die Sori sind leicht oval bis rund, die Sporen reifen im Winter.

Schon gewusst?

Der Zeitpunkt der Sporenreife und Bildung der neuen Wedel wird als Anpassung ans mediterrane Klima gedeutet: Die neuen Wedel entrollen sich erst im Herbst mit den ersten Regenfällen und die Sporen reifen im milden Winter heran.

Gesägter Tüpfelfarn

Polypódium interjéctum Shivas

Polypode intermédiaire · Polipodio sottile

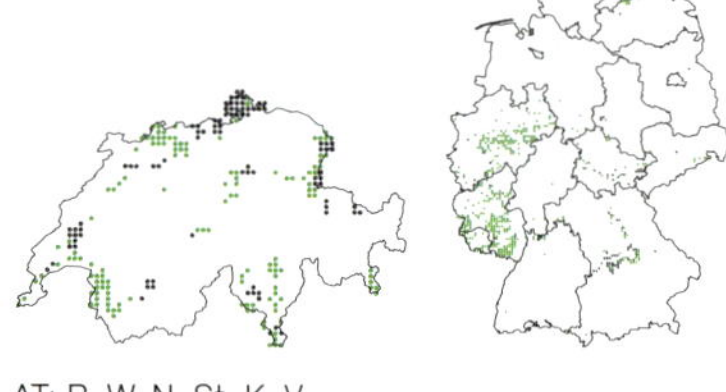

AT: B, W, N, St, K, V

Merkmale

- Dicht bis locker rasig wachsend, Blätter 15–35 cm lang, in kurzen Abständen dem oberflächlich oder in Moospolstern wachsenden Rhizom entspringend
- **Blattspreite breiteilanzettlich, 1,5- bis 2,5- (bis 3-)mal so lang wie breit;** zur Spitze hin meist allmählich verschmälert, nach unten nicht oder kaum verschmälert; **fiederschnittig,** mit 10 bis 20 (bis 25) Abschnitten auf jeder Seite, Abschnitte ganzrandig bis fein gesägt, untere Abschnitte oft leicht nach unten oder aus der Blattebene hinaus nach oben gebogen; kahl, Unterseite mit winzigen Haaren (Mikroskop); etwas ledrig, wintergrün
- Sori ohne Schleier, in 2 Reihen auf jedem Abschnitt, in die Blattunterseite eingesenkt und deshalb auf der Oberseite kleine, punktförmige Erhöhungen bildend; **Sori rund,** vor allem die jungen Sori **leicht oval, ohne Paraphysen** zwischen den Sporangien (Lupe, Mikroskop), zur Zeit der Sporenreife **hellbraun bis orange**
- **Sporen im Herbst reifend, junge Blätter sich im Spätsommer entrollend**
- Blattstiel meist kürzer als die Blattspreite

Mögliche Verwechslung

Siehe Seite 282 (Tüpfelfarn-Arten und -Hybriden).

Standort

Planar bis kollin; auf kalkreichen bis leicht sauren Böden; Felsen, alte Mauern, Wälder, Schluchten, auf moosigen Bäumen; in wintermilden Lagen

Verbreitung

Europäisch-westasiatisch
CH/DE/AT: In wärmeren Lagen; zerstreut

Sporenreife

August bis Dezember

Gefährdung/Schutz

CH: LC, kantonal geschützt
DE: LC, nicht besonders geschützt
AT: LC, regional geschützt

Chromosomenzahl

2n = 222, hexaploid

Schon gewusst?

Der Gesägte Tüpfelfarn *(P. interjectum)* ist ursprünglich aus einer Kreuzung zwischen dem Gemeinen Tüpfelfarn *(P. vulgare)* und dem Gallischen Tüpfelfarn *(P. cambricum)* und einer anschließenden Verdoppelung des Chromosomensatzes hervorgegangen. Während Carl von Linné die Elternarten bereits 1753 beschrieb, wurde der Gesägte Tüpfelfarn erst 1961 von Molly G. Shivas als eigene Art erkannt und beschrieben: Der wissenschaftliche Artname *interjectum* (lateinisch für «dazwischenliegend») nimmt auf die taxonomische Stellung zwischen den beiden Elternarten Bezug.

Die Blattspreite ist fiederschnittig und 1,5- bis 2,5- (bis 3-)mal so lang wie breit.

Die reifen Sporangien geben hellgelbe bis goldgelbe Sporen frei (Gattungsmerkmal).

Die Sori sind leicht oval bis rund, die Sporen reifen im Herbst.

Tüpfelfarn-Arten und -Hybriden

Polypódium

Die Tüpfelfarn-Arten und -Hybriden lassen sich im Feld oft nicht mit Sicherheit bestimmen. Häufig ist ein Mikroskop unverzichtbar, zur Ermittlung der Chromosomenzahl muss Pflanzenmaterial im Labor untersucht werden.

Für die Bestimmung eignen sich nur gut ausgebildete Blätter mit Sori. Wichtige Merkmale für die Unterscheidung der Tüpfelfarn-Arten und -Hybriden:

- Form der Blattspreite
- Form von jungen bis reifen Sori, Farbe der Sori zur Zeit der Sporenreife
- Zeitpunkt der Sporenreife und der Entwicklung von neuen Wedeln
- Nachweis von abortierten Sporen (Lupe, Mikroskop) bei Hybriden
- Nachweis von Paraphysen (verzweigten Haaren) zwischen den Sporangien (Lupe, Mikroskop)
- Details der Sporangien: Aufbau des Ringes und der Basalzellen (Mikroskop)

Die Sori der Tüpfelfarn-Hybriden sind oft kleiner als jene der Tüpfelfarn-Arten. Teilweise sind sie zweifarbig (dunkelbraun und fast weiß bis grau) und werden später dunkelbraun. Werden Sporen ausgebildet, sind diese mehrheitlich oder vollständig abortiert. Die abortierten Sporen sind meist weißlich bis graubraun und besitzen ein unregelmäßiges, «krümeliges» Aussehen; manchmal sind sie aber auch auffallend groß und kugelig («Kugelsporen» oder «Murmeln», Zenner 1999). Im Unterschied dazu sind die Sporen der Tüpfelfarn-Arten hellgelb bis goldgelb und regelmäßig oval geformt, wobei eine Seite etwas abgeflacht ist.

Oft lässt sich mit einer guten Handlupe bereits ein erster Eindruck gewinnen, ob die reifen Sporen hellgelb bis goldgelb oder weißlich bis graubraun sind.

Die Verzweigung der Blattnerven ist abhängig von den Umweltbedingungen (Shivas 1961b) und eignet sich deshalb nicht als Bestimmungsmerkmal.

Paraphysen-Nachweis

Für den Nachweis der Paraphysen (verzweigte Haare zwischen den Sporangien) sollten nach Möglichkeit mehrere Sori von frischem Pflanzenmaterial untersucht werden. Bei unreifen Sori mit gut ausgebildeten Paraphysen reicht eine 20-fach vergrößernde Lupe. Bei älteren Sori oder bei getrockneten Wedeln ist der

Die Sori von Tüpfelfarn-Hybriden sind oft kleiner und teilweise zweifarbig; im Bild *P. × shivasiae*. (mb)

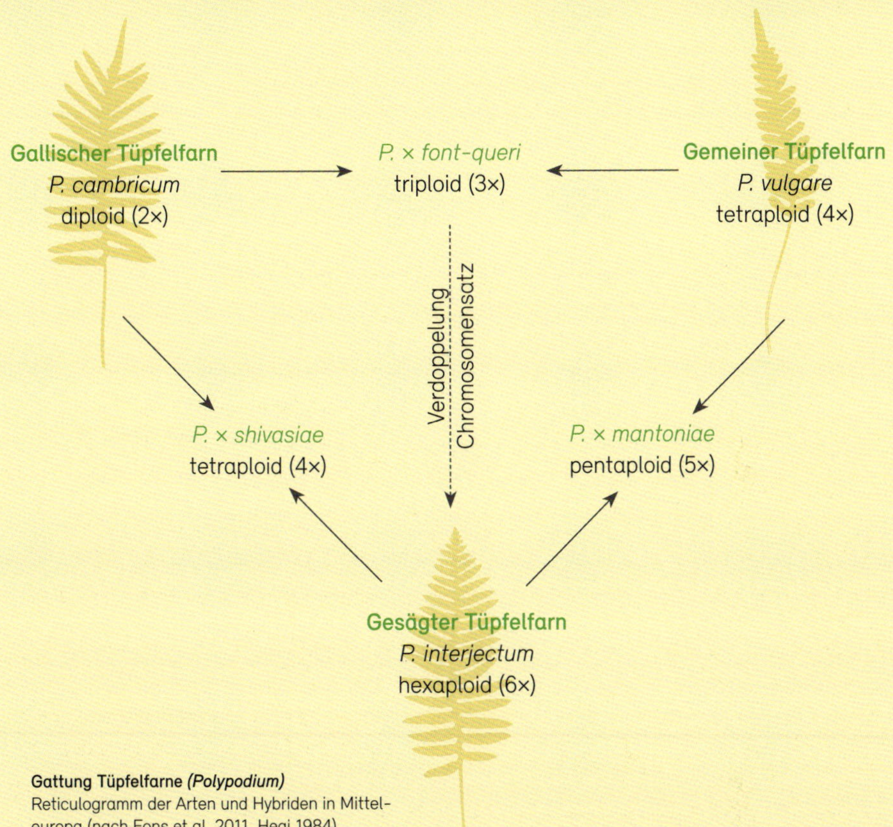

Gattung Tüpfelfarne *(Polypodium)*
Reticulogramm der Arten und Hybriden in Mitteleuropa (nach Fons et al. 2011, Hegi 1984).

Nachweis nur mit einem Mikroskop möglich: Dazu wird ein Sorus aufgeweicht, mit der Rasierklinge vorsichtig vom Abschnitt entfernt, auf einem Objektträger in verdünntem Javelwasser aufgeschwemmt und mit Pinzetten oder Nadeln aufgetrennt (Berton 1974, Tison & de Foucault 2014, Prelli 2001). Durch das Javelwasser lösen sich die getrockneten Paraphysen von den Sporangien und werden wieder prall gefüllt (turgeszent). Frische Sori werden mit normalem Leitungswasser präpariert.

Verzweigte Paraphysen finden sich beim Gallischen Tüpfelfarn *(Polypodium cambricum)*. Unter den Hybriden besitzt nur *P.* × *shivasiae (P. cambricum* × *P. interjectum)* ab und zu einzelne, unverzweigte Paraphysen (Illustrationen in Roberts 1970).

Die Tüpfelfarn-Arten werden in Mitteleuropa teilweise zu einer Artengruppe (*Polypodium vulgare* aggr.) zusammengefasst (Gilli et al. 2019).

Für weiterführende Informationen und Hinweise zur Bestimmung der Hybriden sei auf Shivas (1961a, 1961b), Berton (1974), Page (1997), Prelli (2001), Froissard (2011) und Szczęśniak et al. (2012) verwiesen.

Farn-Glossar

Im Glossar werden folgende Abkürzungen verwendet:
Ggs. = Gegensatz; Vgl. = Vergleiche

2n
Die Angabe zur Anzahl Chromosomen betrifft den Sporophyten; die Zellen können diploid (2×), triploid (3×), tetraploid (4×) usw. sein. Ggs. n.

Abortierte Spore
Sterile, oft unregelmäßig geformte, «krümelige» Spore bei Hybriden.

Abschnitt
Segment einer fiederschnittigen oder fiederspaltigen Blattspreite, einer Fieder oder eines Fiederchens.

Aggregat
Artengruppe; Bezeichnung für eine Gruppe nah verwandter und morphologisch schwer unterscheidbarer Arten (Kleinarten).

Ährenartig
Sporangien sitzen einzeln auf der unverzweigten Hauptachse. Vgl. rispenartig.

Alpin
Höhenstufe: Hochgebirgsstufe; in den Gebirgen von der Baumgrenze bis zur Schneegrenze.

Anisophyll
Ungleichblättrig; Blätter eines Sprosses verschieden gestaltet; bei den Flachbärlappen *(Diphasiastrum)*. Ggs. isophyll.

Antheridium
Kugel- bis keulenförmiges Organ auf der Unterseite des Prothalliums, in dem die männlichen Keimzellen (Spermatozoiden) gebildet werden.

Apomixis
Aus Prothallien, die aus unreduzierten Sporen entstanden sind, bildet sich direkt ein neuer Sporophyt. Vgl. vegetative Vermehrung.

Archegonium
Auf der Unterseite des Prothalliums gelegenes, meist flaschenförmiges Organ, in dem sich die Eizelle befindet.

Ausläufer
Oberirdisch (Stolon) oder unterirdisch (Rhizom) wachsender, meist bewurzelter Trieb, der neue Sprosse hervorbringt; selten bilden Wurzeln neue Sprosse (Gemeine Natternzunge *Ophioglossum vulgatum*).

Bastard
Siehe Hybride.

Bischofsstab
Spiralig eingerolltes junges Farnblatt.

Blasenförmig
Der Schleier ist an seiner Basis unter den Sporangien angewachsen und überwölbt die Sori.

Blatt
Bei den Farnen auch Wedel genannt und in Blattstiel und Blattspreite gegliedert; Blattstiel oder Blattspreite können reduziert sein.

Blatthäutchen
Ligula; sehr kleine, häutige Struktur; bei den Moosfarngewächsen (Selaginellaceae) und Brachsenkrautgewächsen (Isoëtaceae).

Blattscheide
Stark reduzierte, die Sprossachse umschließende, miteinander verwachsene Blätter, mit bleibenden oder abfallenden Zähnen; bei den Schachtelhalmen *(Equisetum)*.

Blattspindel
Mittelrippe einer gefiederten Blattspreite. Vgl. Fiederspindel und Fiederchenspindel.

Blattspreite
Flächiger Teil des Blattes.

Blattstiel
Träger der Blattspreite, teilweise stark reduziert.

Breitlanzettlich
Blattspreite, Fieder, Fiederchen oder Spreuschuppe: 3- bis 4-mal so lang wie breit, in der Mitte am breitesten. Vgl. lanzettlich und schmallanzettlich.

Brutknospen
Besonders gestaltete Gruppen von Blättchen (Bulbillen beim Tannenbärlapp *Huperzia selago*) oder Prothalliumfäden (Gemmae, beim Prächtigen Dünnfarn *Trichomanes speciosum*), die der vegetativen Vermehrung dienen.

Dichotom
Gabelig; in zwei Teile getrennt.

Dimorph
Zweigestaltig; fertile und sterile Blätter unterschiedlich ausgebildet.

Diploid
In den Zellen sind alle Chromosomen zweifach vorhanden (2×).

Doppelt gefiedert
Blattspreite mit Fiedern, die ihrerseits einfach gefiedert sind.

Dorsalblatt
Blatt der Sprossoberseite (Flachbärlapp *Diphasiastrum*) oder kleinere Blätter auf der Sprossoberseite (Moosfarn *Selaginella*, Untergattung *Stachygynandrum*). Vgl. Lateralblatt und Ventralblatt.

Dreifach gefiedert
Blattspreite mit Fiedern, die ihrerseits doppelt gefiedert sind.

Drüse
Kleine, kugelige Struktur, die bestimmte Stoffe abscheidet; Drüsen können gestielt sein (Drüsenhaar) oder sitzen (Sitzdrüse).

Drüsenhaar
Haar, das mit einem kugeligen Köpfchen (Drüse) abschließt.

Drüsig
Oberfläche mit Drüsen; diese können sitzen oder gestielt sein.

Eiförmig
Blattspreite, Fieder, Fiederchen, Spreuschuppe oder Schleier: 1,5- bis 2-mal so lang wie breit, größte Breite in der unteren Hälfte. Vgl. verkehrteiförmig.

Eilanzettlich
Blattspreite, Fieder, Fiederchen oder Spreuschuppe: lanzettlich, aber unterhalb der Mitte am breitesten. Vgl. lanzettlich.

Einfach gefiedert
Siehe gefiedert.

Eingerollt
Rand der Blattspreite oder Fieder letzter Ordnung nach oben gerollt. Ggs. umgerollt.

Etabliert
Neophytische Art, die sich in der Natur halten und vermehren kann. Vgl. unbeständig.

Eurasiatisch
Verbreitung der Sippe in Europa und in Asien bis östlich des Altai. Vgl. eurosibirisch.

Eurosibirisch
Verbreitung der Sippe in Europa und in Asien bis zum Altai. Vgl. eurasiatisch.

Fertil
Fruchtbar. Ggs. steril.

Fieder
Fieder 1. Ordnung; selbstständiger Teil einer einfach gefiederten Blattspreite, der mit einem (meist sehr kurzen) Stielchen auf der Blattspindel sitzt.

Fiederchen
Fieder 2. Ordnung oder 3. Ordnung; selbstständiger Teil einer doppelt oder dreifach gefiederten Blattspreite, der mit einem (meist sehr kurzen) Stielchen auf der Fieder- resp. Fiederchenspindel sitzt.

Fiederchenspindel
Mittelrippe eines gefiederten Fiederchens. Vgl. Blattspindel und Fiederspindel.

Fiederschnittig
Blattspreite, Fieder, Fiederchen oder Abschnitte: mit 70 bis 100 Prozent tiefen Einschnitten. Vgl. fiederspaltig und gefiedert.

Fiederspaltig
Blattspreite, Fieder, Fiederchen oder Abschnitte: mit 40 bis 70 Prozent tiefen Einschnitten. Vgl. fiederschnittig.

Fiederspindel
Mittelrippe einer gefiederten Fieder. Vgl. Blattspindel und Fiederchenspindel.

Gametophyt
Geschlechtsgeneration der Farnpflanzen. Ggs. Sporophyt.

Ganzrandig
Rand der Blattspreite oder der Fieder letzter Ordnung ohne Zähne oder Lappen.

Gebuchtet
Rand der Blattspreite oder der Fieder letzter Ordnung mit abgerundeten Vorsprüngen zwischen abgerundeten Buchten.

Gefiedert
Blattspreite, die aus mehreren, an der Blattspindel angeordneten Fiedern besteht. Vgl. fiederschnittig.

Geflügelt
Blattspindel, Fiederspindel oder Blattstiel mit einem Rand oder Saum versehen.

Gegenständig
Fiedern resp. Fiederchen stehen paarweise auf gleicher Höhe an der Blatt- resp. Fiederspindel. Ggs. wechselständig.

Gekerbt
Rand der Blattspreite oder der Fieder letzter Ordnung mit abgerundeten Vorsprüngen (Kerbzähnen) zwischen spitzen Buchten.

Gekielt
Blattspreite auf der Unterseite mit einer längsgerichteten, mehr oder weniger scharfkantigen Rippe; bei den Flachbärlappen *(Diphasiastrum).*

Gemmae
Siehe Brutknospen.

Generationswechsel
Bei den Farnpflanzen wird die Sporen produzierende Generation Sporophyt, die Prothallien bildende und sich meist geschlechtlich mit Eizellen und Spermatozoiden fortpflanzende Generation Gametophyt genannt.

Gesägt
Rand der Blattspreite oder der Fieder letzter Ordnung mit spitzen Zähnen zwischen spitzen Einschnitten.

Gezähnt
Rand der Blattspreite oder der Fieder letzter Ordnung mit spitzen Zähnen zwischen abgerundeten Einschnitten (Buchten).

Grannenspitze
Zahn mit relativ langer, aufgesetzter Borste. Vgl. Stachelspitze.

Haar
Ein- oder mehrzellige Auswüchse oder Anhängsel der Haut (Epidermis).

Haarförmig
Schleier in haarförmige Zipfel aufgelöst; bei den Wimperfarnen *(Woodsia).*

Haptere
Siehe Sporenband.

Herablaufend
Fieder oder Fiederchen an der Blatt- resp. Fiederspindel herablaufend: der untere Teil der Fieder oder des Fiederchens ist mit der Spindel verwachsen und setzt sich unterhalb der Ansatzstelle als Flügel fort. Vgl. geflügelt.

Heterospor
Verschiedensporig; mit größeren Megasporen und kleineren Mikrosporen; aus den Megasporen entwickeln sich weibliche, aus den Mikrosporen männliche Prothallien. Ggs. isospor.

Hexaploid
In den Zellen sind alle Chromosomen sechsfach vorhanden (6×).

Hinfällig
Frühzeitig abfallend.

Hybride
Bastard; aus einer Kreuzung verschiedener Arten, Unterarten, selten auch Gattungen entstandenes Individuum mit meist eingeschränkter Fertilität.

Hybridogene Art
«Artgewordene Hybride»; aus manchen Hybriden sind im Laufe der Evolution, meist nach einer Verdoppelung des Chromosomensatzes, Arten geworden.

Indusium
Siehe Schleier.

Internodium
«Zwischenknotenstück», Stängelabschnitt, zwischen zwei Knoten liegender Teil des Sprosses.

Isophyll
Gleichblättrig; alle Blätter eines Sprosses sind gleich gestaltet; bei den Flachbärlappen *(Diphasiastrum).* Ggs. anisophyll.

Isospor
Gleichsporig; alle Sporen sind gleich gestaltet. Ggs. heterospor.

Keilförmig
Blattspreite, Fieder oder Fiederchen werden am Grund mit gradlinigem Rand schmaler.

Kleinart
Art, die sich genetisch und manchmal ökologisch, nicht aber morphologisch gut von nah verwandten Arten abgrenzen lässt; mehrere Kleinarten werden zu einer Artengruppe zusammengefasst. Vgl. Aggregat.

Kollin
Höhenstufe: Hügelstufe; Wälder mit Eichen *(Quercus)* und/oder Wald-Föhren *(Pinus sylvestris).*

Kutikula
Mehr oder weniger wasserabweisendes Abschlussgewebe der Haut (Epidermis).

Länglich
Rund 3- bis 6-mal so lang wie breit, mit annähernd parallelen Rändern.

Lanzettlich
Blattspreite, Fieder, Fiederchen oder Spreuschuppe: 4- bis 6-mal so lang wie breit, in der Mitte am breitesten. Vgl. breitlanzettlich und schmallanzettlich.

Lateralblatt
Seitliches Blatt; bei den Flachbärlappen *(Diphasiastrum)*. Vgl. Dorsalblatt und Ventralblatt.

Leitbündel
Gefäßbündel; zu Strängen vereinigte Leitungsbahnen für den Transport von Wasser, Nährstoffen und Fotosyntheseprodukten.

Ligula
Siehe Blatthäutchen.

Linealisch
Mindestens 6-mal so lang wie breit, mit praktisch parallelen Rändern.

Megasporangium
Sporangium, das nur Megasporen beinhaltet. Ggs. Mikrosporangium.

Megaspore
Bei heterosporen Farnen die großen Sporen, aus denen das weibliche Prothallium entsteht. Ggs. Mikrospore.

Megasporokarp
Sporokarp, der nur Megasporen beinhaltet; bei den Schwimmfarngewächsen (Salviniaceae). Ggs. Mikrosporokarp.

Mikrosporangium
Sporangium, das nur Mikrosporen beinhaltet. Ggs. Megasporangium.

Mikrospore
Bei heterosporen Farnen die kleinen Sporen, aus denen das männliche Prothallium entsteht. Ggs. Megaspore.

Mikrosporokarp
Sporokarp, der nur Mikrosporen beinhaltet; bei den Schwimmfarngewächsen (Salviniaceae). Ggs. Megasporokarp.

Montan
Höhenstufe: Bergstufe; Wälder mit Buchen *(Fagus sylvatica)* und/oder Tannen *(Abies alba)*, in den Zentralalpen mit Wald-Föhren *(Pinus sylvestris)*.

Mykorrhiza
Symbiose von Pflanzen mit Pilzen, die der Pflanze Wasser und Nährstoffe liefern und von ihr Stärke beziehen.

n
Die Angabe zur Anzahl Chromosomen betrifft den Gametophyten. Ggs. 2n.

Nektarium
Gewebe, das eine zuckerhaltige Flüssigkeit absondert; beim Adlerfarn *(Pteridium aquilinum)*.

Neophyt
Gebietsfremde Pflanzenart, die nach 1500 eingeführt oder eingeschleppt wurde. Vgl. unbeständig und etabliert.

Nierenförmig
Form des Schleiers erinnert an ein dickes «U» oder Hufeisen; bei den Wurmfarnen *(Dryopteris)*.

Nothosubsp.
Nothosubspezies; Unterart einer Hybride, beispielsweise *Asplenium × alternifolium* nothosubsp. *alternifolium* oder nothosubsp. *heufleri*.

Ochreole
Asthülle; rund 1 mm lange Scheide am Grund des Seitenastes; bei den Schachtelhalmen *(Equisetum)*.

Octoploid
In den Zellen sind alle Chromosomen achtfach vorhanden (8×).

Öhrchen
Kleiner Lappen am Grund des Fiederchens, verleiht dem Fiederchen eine asymmetrische Form; bei den Schildfarnen *(Polystichum)*.

Pagodenspitze
Bei verschiedenen Schachtelhalm-Arten *(Equisetum)* und -Hybriden: Zähne der Blattscheiden lösen sich teilweise bereits vor der Streckung der Internodien ab und werden als zusammenhängende Quirle an der Spitze der Sprosse zu kleinen Hütchen, den «Pagodenspitzen», zusammengeschoben.

Paraphyse
Mehrzelliges, meist verzweigtes Haar in den Sori des Gallischen Tüpfelfarns *(Polypodium cambricum)*.

Pentaploid
In den Zellen sind alle Chromosomen fünffach vorhanden (5×).

Planar
Höhenstufe: in der Tiefebene; unterste Höhenstufe.

Prothallium
Vorkeim; winziges Pflänzchen, das aus einer Farnspore hervorgeht und auf der Unterseite in besonderen Strukturen Eizellen oder Spermatozoiden entwickelt; Gametophyt (Geschlechtsgeneration) der Farnpflanzen.

Pseudoindusium
Falscher Schleier; der umgebogene Rand der Fieder oder des Fiederchens (nicht ein echter Schleier) bedeckt die Sori wenigstens anfänglich.

Randlich
Sori am Rand der Fieder, des Fiederchens oder des Abschnitts angeordnet.

Rasig wachsend
Durch Ausläuferbildung bedecken die Sprosse eine mehr oder weniger ausgedehnte Fläche. Vgl. Rosette.

Rhizoid
Haardünne, wurzelähnliche Struktur auf der Unterseite des Prothalliums, dient vor allem der Verankerung im Boden.

Rhizom
Siehe Ausläufer.

Rispenartig
Sporangien sitzen auf verzweigten Ästen. Vgl. ährenartig.

Rosette
Pflanze mit grundständigen, sehr dicht stehenden Blättern. Vgl. rasig wachsend.

Schildförmig
Form des Schleiers erinnert an einen Regenschirm: rund, in der Mitte auf einem Stielchen angewachsen; bei den Schildfarnen *(Polystichum)* und Sichelfarnen *(Cyrtomium)*.

Schleier
Indusium; zartes, häutiges Gebilde, das bei vielen Arten den Sorus während der Entwicklung bedeckt und zur Zeit der Sporenreife meist geschrumpft oder bereits abgefallen ist; die Form oder auch das Fehlen des Schleiers spielt bei der Bestimmung der Farne eine wichtige Rolle. Vgl. Pseudoindusium.

Schmallanzettlich
Blattspreite, Fieder, Fiederchen oder Spreuschuppe: 6- bis 8-mal so lang wie breit, in der Mitte am breitesten. Vgl. breitlanzettlich und lanzettlich.

Sitzend
Blatt, Fieder oder Fiederchen ohne Stiel, nur aus der Spreite bestehend.

Sommergrün
Blätter sterben spätestens im Spätherbst ab. Ggs. wintergrün.

Sorus (Mehrzahl: Sori)
Sporangienhäufchen; Gruppe von Sporangien auf der Unterseite der Blattspreite, mit oder ohne Schleier.

Spermatozoid (Mehrzahl: Spermatozoiden)
Von den Antheridien auf der Unterseite der Prothallien gebildete männliche Keimzellen, bewegen sich durch einen Wasserfilm zu den Eizellen in den Archegonien.

Spindel
Rhachis; Mittelrippe einer gefiederten Blattspreite. Vgl. Blattspindel, Fiederspindel und Fiederchenspindel.

Sporangienähre
Endständiger Sprossabschnitt, welcher die dichten, ährenartig angeordneten fertilen Blätter (Sporophylle) mit den Sporangien trägt; bei den Bärlappgewächsen (Lycopodiaceae), Moosfarnen *(Selaginella)* und Schachtelhalmen *(Equisetum)*.

Sporangium
Sporenkapsel; kugeliger Behälter, in dem unter Reduktionsteilung (Halbierung des Chromosomensatzes) die Sporen gebildet werden; in Gruppen angeordnet oder einzeln. Vgl. Megasporangien und Mikrosporangien.

Spore
Einzellige Ausbreitungseinheit, die unter günstigen Bedingungen zu einem Prothallium heranwächst.

Sporenband
Haptere; zwei schmale, an ihren Enden verbreiterte Bänder, in feuchtem Zustand schraubenförmig um die Sporen von Schachtelhalmen *(Equisetum)* gewunden, in trockenem Zustand gestreckt.

Sporokarp (Mehrzahl: Sporokarpe)
«Sporenfrucht»; kugelige, ei- oder bohnenförmige Struktur am Grund des Blattstiels, die Sporangien enthält; bei den Kleefarngewächsen (Marsileaceae) und Schwimmfarngewächsen (Salviniaceae).

Sporophyll
Fertiles Blatt, welches die Sporangien trägt.

Sporophyt
Sporen erzeugende Generation der Farnpflanzen; je nach Art ist der Sporophyt wenige Zentimeter bis zu mehrere Meter groß. Ggs. Gametophyt.

Spreite
Siehe Blattspreite.

Spreuschuppe
Häutige, flächige, seltener haarförmige Ausbildung am Blatt und an den Ausläufern.

Stachelspitze
Zahn mit sehr kurzer, aufgesetzter Borste. Vgl. Grannenspitze.

Steril
Unfruchtbar. Ggs. fertil.

Subalpin
Höhenstufe: Gebirgsstufe; reicht von der montanen Stufe bis zur Baumgrenze; vor allem Fichten *(Picea abies)*, Lärchen *(Larix decidua)*, Arven *(Pinus cembra)*, Grün-Erlen *(Alnus viridis)*, Berg-Föhren *(Pinus mugo)*.

Subsp.
Siehe Unterart.

Tetraploid
In den Zellen sind alle Chromosomen vierfach vorhanden (4×).

Triploid
In den Zellen sind alle Chromosomen dreifach vorhanden (3×).

Umgerollt
Rand der Blattspreite oder Fieder letzter Ordnung nach unten gerollt. Ggs. eingerollt.

Unbeständig
Neophytische Art, die sich in der Natur nicht halten und vermehren kann. Vgl. etabliert.

Ungeteilt
Blattspreite oder Fieder ohne tiefere Einschnitte, Rand ganzrandig oder höchstens gezähnt, gesägt oder gebuchtet. Vgl. fiederspaltig, fiederschnittig und gefiedert.

Unterart
Systematische Rangstufe unterhalb der Art, meist durch morphologische Merkmale, oft ein getrenntes Verbreitungsgebiet oder spezielle ökologische Ansprüche gekennzeichnet, aber noch nicht durch genetische Barrieren von anderen Unterarten derselben Art getrennt (Hybride zwischen Unterarten sind deshalb fruchtbar); Abkürzung: subsp. (Einzahl), subspp. (Mehrzahl).

Untergattung
Systematische Rangstufe zwischen Gattung und Art; fasst mehrere näher miteinander verwandte Arten zusammen.

Varietät
Kleinsippen innerhalb einer Art, die sich nur wenig voneinander unterscheiden und keine klaren Grenzen erkennen lassen; Abkürzung var.

Vegetative Vermehrung
Vermehrung über Brutknospen oder Ausläufer. Vgl. Apomixis.

Ventralblatt
Blatt der Sprossunterseite (bei den Flachbärlappen *Diphasiastrum*); untere, größere, zur Seite abstehende Blätter (bei den Moosfarnen *Selaginella,* Untergattung *Stachygynandrum*). Vgl. Lateralblatt und Dorsalblatt.

Verkahlend
Die zuerst mit Haaren, Drüsen oder Schuppen besetzte Oberfläche wird im Laufe der Vegetationszeit kahl.

Verkehrteiförmig
Blattspreite, Fieder, Fiederchen: eiförmig, aber größte Breite in der vorderen Hälfte. Vgl. eiförmig.

Verkehrteilanzettlich
Blattspreite, Fieder, Fiederchen: eilanzettlich, aber größte Breite in der vorderen Hälfte. Vgl. eilanzettlich.

Verkümmerte Spore
Siehe abortierte Spore.

Verschiedensporig
Siehe heterospor.

Vorkeim
Siehe Prothallium.

Wechselständig
Fiedern oder Fiederchen sitzen einzeln (nicht paarweise) an der Spindel. Ggs. gegenständig.

Wedel
Siehe Blatt.

Wintergrün
Blätter sterben im Winter nicht ab; Blattlebensdauer in Mitteleuropa 1 bis 1,5 (bis 2) Jahre. Ggs. sommergrün.

Literatur

Aeschimann, D. et al. (2014): Flora alpina – Ein Atlas sämtlicher 4500 Gefäßpflanzen der Alpen. Haupt Verlag

Bär, A. et al. (2020): Der *Dryopteris affinis*-Komplex (Dryopteridaceae) im Harz – Identifizierung, Verbreitung, Ökologie. Tuexenia, 40: 345–371

Bennert, H. W. (1999): Die seltenen und gefährdeten Farnpflanzen Deutschlands: Biologie, Verbreitung, Schutz. Unter Mitarbeit von K. Horn, J. Benemann, T. Heiser. Herausgeber: Bundesamt für Naturschutz

Bennert, H. W. & Horn, K. (2011): Schlüssel zu den Familien der Bärlappartigen und Farne in Deutschland. offene-naturfuehrer.de/web/Schlüssel_zu_den_Familien_der_Bärlappartigen_und_Farne_in_Deutschland_(H.W._Bennert_&_K._Horn)

Bennert, H. W. et al. (2011): Flow cytometry confirms reticulate evolution and reveals triploidy in Central European *Diphasiastrum* taxa (Lycopodiaceae, Lycophyta). Annals of Botany, 108: 867–876

Berton, A. (1974): Observations sur les formes du *Polypodium vulgare* L. Bulletin de la Société Botanique de France, 121(95): 45–53

Bizot, A. et al. (2016): Biométrie stomatique dans le genre *Polystichum* en Europe: résultats, enseignements et intérêts. Bulletin de la Société d'Histoire Naturelle des Ardennes, 105: 44–69

Bloom, W. W. (1953): Effect of Aging on the Viability of Sporocarps of *Marsilea quadrifolia*. Proceedings of the Indiana Academy of Science, 62: 139–142

Bornand C. et al. (2016): Rote Liste Gefässpflanzen. Gefährdete Arten der Schweiz. Bundesamt für Umwelt, Bern und Info Flora, Genf. Umwelt-Vollzug Nr. 1621

Christ, H. (1910): Die Geographie der Farne. Fischer

Courchamp, F. (2013): Monster fern makes IUCN invader list. Nature, 498: 37

Dauphin, B. et al. (2014): Molecular phylogenetics supports widespread cryptic species in moonworts (*Botrychium* s.s., Ophioglossaceae). American Journal of Botany, 101(1): 128–140

Dauphin, B. et al. (2017): A Worldwide Molecular Phylogeny Provides New Insight on Cryptic Diversity Within the Moonworts (*Botrychium* s.s., Ophioglossaceae). Systematic Botany, 42(4): 620–639

Eggenberg, S. et al. (2018): Flora Helvetica – Exkursionsführer. Haupt Verlag

Ekrt, L. & Štech, M. (2008): A morphometric study and revision of the *Asplenium trichomanes* group in the Czech Republic. Preslia, 80: 325–347

Fischer, M. A. et al. (2008): Exkursionsflora für Österreich, Liechtenstein, Südtirol. Biologiezentrum der Oberösterreichischen Landesmuseen. 3. Auflage

Fraser-Jenkins, C. R. (2007): The species and subspecies in the *Dryopteris affinis* group. Fern Gazette, 18(1): 1–26

Freigang, J. & Zenner, G. (2007): Die Verbreitung von *Dryopteris affinis* (Lowe) Fraser-Jenkins (Pteridophyta, Dryopteridaceae) im baden-württembergischen Alpenvorland mit einer Anleitung zur Bestimmung ihrer hier aufgefundenen Sippen. Bericht Botanische Arbeitsgemeinschaft Südwestdeutschland, 4: 37–64

Frey, W. et al. (2006): The Liverworts, Mosses and Ferns of Europe. English edition revised and edited by T. L. Blockeel. Harley Books

Froissard, D. et al. (2011): Caractères morphologiques des différents taxons de Polypodes de France métropolitaine. Conference paper at: XXIèmes Journées Scientifiques Nationales de Stolon (Clermont-Ferrand, France, 1-2/09/2011)

García Criado, M. et al. (2017): European Red List of Lycopods and Ferns. Brussels, Belgium: IUCN. iv + 59pp.

García Murillo, P. et al. (2007): The invasion of Doñana National Park (SW Spain) by the mosquito fern (*Azolla filiculoides* Lam). Limnetica, 26(2): 243–250

García Murillo, P. (2010): Las plantas acuáticas invasoras. El caso de *Azolla* en Doñana. Talleres provinciales 2004–2006, 148–157

Genaust, H. (1996): Etymologisches Wörterbuch der botanischen Pflanzennamen. 3. Auflage. Birkhäuser

Gilli, C. et al. (2019): Liste der Gefäßpflanzen Österreichs. Version 1.0 (4. Februar 2019). plantbiogeography.univie.ac.at/research/annotated-checklists/

Hanušová, K. et al. (2019): Widespread co-occurrence of multiple ploidy levels in fragile ferns (*Cystopteris fragilis* complex; Cystopteridaceae) probably stems from similar ecology of cytotypes, their efficient dispersal and inter-ploidy hybridization. Annals of Botany, 123: 845–855

Hegi, G. (1906): Illustrierte Flora von Mitteleuropa. Band I, Pteridophyta, Gymnospermae und Monocotyledones. 1. Auflage. J. F. Lehmann

Hegi, G. (1984): Illustrierte Flora von Mitteleuropa. Band I, Teil 1. Pteridophyta. 3. Auflage. Paul Parey

Hess, H. E. et al. (1976): Flora der Schweiz und angrenzender Gebiete. Springer

Horn, K. (2006): Lycopodiaceae – Bärlappgewächse. S. 34–37. In: Zündorf, H.-J. et al., Flora von Thüringen. Die wildwachsenden Farn- und Blütenpflanzen Thüringens. Weissdorn-Verlag

Horn, K. & Stoor, A. M. (1995): Pflanzensammeln contra Artenschutz – drei Fallbeispiele. Berichte der Bayerischen Botanischen Gesellschaft, 65: 143–146

Horn, K. & Tribsch, A. (ab 2007): *Diphasiastrum* – Flachbärlapp. In: Fischer, M. A. et al. (Eds.), Online-Flora von Österreich. cvl.univie.ac.at/flora/index.php?title=Diphasiastrum, inkl. Merkmalstabelle (konsultiert am 1.10.2020)

Hornych, O. et al. (2019): Asymmetric hybridization in Central European populations of the *Dryopteris carthusiana* group. American Journal of Botany, 106(11): 1477–1486

Iljin, W. S. (1931): Austrocknungsresistenz des Farnes *Notochlaena marantae* R. BR. Protoplasma, 13: 322–330

Jäger, E. J. et al. (Hrsg.) (2017): Rothmaler Exkursionsflora von Deutschland, Gefäßpflanzen: Grundband. 21. Auflage. Springer

Janes, R. (1998): Growth and survival of *Azolla filiculoides* in Britain. I. Vegetative reproduction. New Phytologist, 138: 367–375

Jeßen, S. (1997): *Dryopteris expansa* – eine neue Farnart für das Land Brandenburg. Verhandlungen Botanischer Verein Berlin Brandenburg, 130: 203–207

Jeßen, S. (2019): Beitrag zu Chromosomenzahlen und zur Taxonomie der Farne und Farnverwandten (Lycopodiophytina bis Polypodiophytina). Schlechtendalia, 36: 71–85

Johnson, T. (1910): Die Flora von Irland. Vegetationsbilder. 8. Reihe, Heft 5–6, Verlag von Gustav Fischer. archive.org/details/vegetationsbilde81911kars/page/n127

Juillerat, P. et al. (2017): Checklist 2017 der Gefässpflanzenflora der Schweiz / de la flore vasculaire de la Suisse / della flora vascolare della Svizzera

Keeley, J. E. (1998): CAM Photosynthesis in Submerged Aquatic Plants. The Botanical Review, 64(2):121–175

Keil, P. et al. (2012): Arealerweiterung der Hirschzunge (*Asplenium scolopendrium* L.) am nordwestdeutschen Mittelgebirgsrand im Ruhrgebiet. Decheniana, 165: 55–73

Kessler, M. (2020): Was ist *Asplenium trichomanes?* Fern Folio, in press

Khandelwal, S. (2008): Chromosome evolution in the genus *Ophioglossum* L. Botanical Journal of the Linnean Society, 102(3): 205–217

Koptur, S. et al. (1998): Ant Protection of the Nectaried Fern *Polypodium plebeium* in Central Mexico. American Journal of Botany, 85(5): 736–739

Krukowski, M. & Świerkosz, K. (2004): Discovery of the gametophytes of *Trichomanes speciosum* (Hymenophyllaceae: Pteridophyta) in Poland and its biogeographical importance. Fern Gazette, 17(2): 79–84

Lambinon, J. & Verloove, F. (2015): Nouvelle Flore de la Belgique, du Grand-Duché de Luxembourg, du Nord de la France et des Régions voisines (Ptéridophytes et Spermatophytes). Sixième édition. Edition du Jardin botanique Meise

Lauber, K. et al. (2018): Flora Helvetica. 6. Auflage. Haupt Verlag

Limberger, W. (2009): *Polystichum* × *illyricum* aus dem Dachsteingebiet – die in Österreich vorkommenden Arten der Gattung *Polystichum* Roth 1799 und deren Bastarde, insbesondere *Polystichum* × *illyricum* (Borbàs) Hahne 1904. Beiträge zur Naturkunde Oberösterreichs, 19: 177–182

Lubienski, M. (2011): Die Schachtelhalme *(Equisetaceae, Pteridophyta)* der Flora Deutschlands – ein aktualisierter Bestimmungsschlüssel. Jahrbuch Bochumer Botanischer Verein, 2: 68–86

Lubienski, M. et al. (2010): Two new triploid hybrids in *Equisetum* subgenus *Hippochaete* for Central Europe and notes on the taxonomic value of «*Equisetum trachyodon* forma *Fuchsii*» (Equisetaceae, Pteridophyta). Nova Hedwigia, 90: 321–341

Lubienski, M. et al. (2018): Erstnachweis von *Equisetum* × *meridionale* (*E. ramosissimum* × *E. variegatum,* Equisetaceae) für Nordrhein-Westfalen und weitere bemerkenswerte Vorkommen von Schachtelhalmen in einem stillgelegten Steinbruch bei Hagen. Veröff. Bochumer Botanischer Verein, 10(4): 52–71

Ma, L. Q. et al. (2001): A fern that hyperaccumulates arsenic – A hardy, versatile, fast-growing plant helps to remove arsenic from contaminated soils. Nature, 409: 579

Maccagni, A. & Kessler, M. (2019): Die unbekannte Seite des Mondes. FloraCH, 1: 11–13

Marti, K. (1990): Aspekte zur sexuellen und vegetativen Vermehrung des Sumpffarns *Thelypteris palustris* Schott. Farnblätter, 22: 1–19

Merryweather, J. (2020): Britain's Ferns – A field guide to the clubmosses, quillworts, horsetails and ferns of Great Britain and Ireland. British Pteridological Society. Princeton University Press

Metzing, D. et al. (Red.) (2018): Rote Liste gefährdeter Tiere, Pflanzen und Pilze Deutschlands. Band 7: Pflanzen. Bundesamt für Naturschutz

Molnàr, C. et al. (2008): Remote, inland occurrence of the oceanic *Anogramma leptophylla* (L.) Link (Pteridaceae: Taenitidoideae) in Hungary. American Fern Journal, 98(3): 128–138

Moran, R. C. (2004): A Natural History of Ferns. Timber Press

Moran, R. C. (2008): Diversity, biogeography, and floristics. Kapitel 14, Seiten 367–394. In: Ranker, T. A. & Haufler, C. H., Biology and Evolution of Ferns and Lycophytes. Cambridge University Press

Muller, S. et al. (2006): Habitat assessment, phytosociology and conservation of the Tunbridge Filmy-fern *Hymenophyllum tunbrigense* (L.) Sm. in its isolated locations in the Vosges Mountains. Biodiversity and Conservation, 15: 1027–1041

Müller-Wille, S. & Reeds, K. (2007): A translation of Carl Linnaeus's introduction to *Genera plantarum* (1737). Studies in History and Philosophy of Biological and Biomedical Sciences, 38: 563–572

Niklfeld, H. & Schratt-Ehrendorfer, L. (1999): Rote Liste gefährdeter Farn- und Blütenpflanzen (Pteridophyta und Spermatophyta) Österreichs. 2. Fassung. In: Niklfeld, H. (Hrsg.): Rote Listen gefährdeter Pflanzen Österreichs. 2. Auflage. Grüne Reihe des Bundesministeriums für Umwelt, Jugend und Familie, Band 10. Graz, austria medien service, 33–152

Oldenkamp, R. E. & Douglas, M. M. (2011): Measuring the Effects of «Opportunistic Defense» of the Bracken Fern *(Pteridium aquilinum)* by Patrolling Ants (Hymenoptera: Formicidae) at Pierce Cedar Creek Institute in South Central Michigan. Great Lakes Entomologist, 44: 34–41

Øllgaard, B. & Tind, K. (1993): Scandinavian ferns: a natural history of the ferns, clubmosses, quillworts, and horsetails of Denmark, Norway, and Sweden. Rhodos

Page, C. N. (1982): Field observations on the nectaries of Bracken, *Pteridium aquilinum,* in Britain. The Fern Gazette, 12(4): 233–240

Page, C. N. (1997): The Ferns of Britain and Ireland. Second Edition. Cambridge University Press

Pangua, E. et al. (2011): Gametophyte features in a peculiar annual fern, *Anogramma leptophylla.* Annales Botanici Fennici, 48: 465–472

Parks, C. J. et al. (2000): Allozyme, spore and frond variation in some Scottish populations of the ferns *Cystopteris dickieana* and *Cystopteris fragilis,* Edinburgh Journal of Botany, 57(1): 83–105

Peters, G. A. (1980): Characterization and comparisons of five Na-fixing *Azolla-Anabaena* associations, I. Optimization of growth conditions for biomass increase and N content in a controlled environment. Plant, Cell and Environment, 3: 261–269

PPG I / Schuettpelz, E. et al. (2016): A community-derived classification for extant lycophytes and ferns. Journal of Systematics and Evolution, 54(6): 563–603

Prelli, R. (1985): Guide des Fougères et plantes alliées. Avec la collaboration et les dessins d'Annie Prelli. Éditions Lechevalier

Prelli, R. (2001): Les Fougères et plantes alliées de France et d'Europe occidentale. Belin

Prelli, R. (2015): Guide des fougères et plantes alliées. France et Europe. Belin

Rabenhorst, L. (1889): Kryptogamen-Flora von Deutschland, Österreich und der Schweiz. Dritter Band: Die Farnpflanzen. 2. Auflage. Eduard Kummer Verlag

Ranker, T. A. & Haufler, C. H. (2008): Biology and Evolution of Ferns and Lycophytes. Cambridge University Press

Rasbach, K. et al. (1976): Farne Zentraleuropas: Gestalt, Geschichte, Lebensraum. 2. Auflage. Gustav Fischer Verlag

Rasbach, H. et al. (1999): Die Verbreitung von *Trichomanes speciosum* Willd. (Pteridophyta) in Südwestdeutschland und in den Vogesen. Carolinea, 57: 27–42

Reichstein, T. (1981): Hybrids in European Aspleniaceae (Pteridophyta): Significance, recognition, genome analysis, and fertility; checklist of species and hybrids. Description of some new hybrids and cytology of several already known hybrids. Botanica Helvetica, 91: 89–139

Rich, T. & Rumsey, F. (2004): *Hymenophyllum tunbrigense:* Hymenophyllaceae. Curtis's Botanical Magazine, 21(1): 70–76

Roberts, R. H. (1970): A revision of some of the taxonomic characters of *Polypodium australe* Fee. Watsonia, 8: 121–134

Rünk, K. et al. (2012): Biological Flora of the British Isles: *Dryopteris carthusiana, D. dilatata* and *D. expansa.* Journal of Ecology, 100: 1039–1063

Schneller, J. & Liebst, B. (2007): Patterns of variation of a common fern (*Athyrium filix-femina;* Woodsiaceae): Population structure along and between altitudinal gradients. American Journal of Botany, 94(6): 965–971

Schneller, J. & Kessler, M. (2020): Spore dispersal of *Selaginella denticulata, S. helvetica,* and *S. selaginoides,* and the significance of heterospory in Selaginellaceae. American Fern Journal, 110(2): 58–65

Schnittler, M. et al. (2019): Genetic diversity and hybrid formation in Central European club-mosses (*Diphasiastrum,* Lycopodiaceae) – New insights from cp microsatellites, two nuclear markers and AFLP. Molecular Phylogenetics and Evolution, 131: 181–192

Schoch, T. (2019): Verbreitungsgrenzen verwandter montaner und kolliner Arten: das Beispiel *Athyrium distentifolium* und *Athyrium filix-femina.* Prothallium, 28: 5–13

Schwerbrock, R. & Leuschner, C. (2016): Air humidity as key determinant of morphogenesis and productivity of the rare temperate woodland fern *Polystichum braunii.* Plant Biology, 18: 649–657

Schwerbrock, R. & Leuschner, C. (2017): Foliar water uptake, a widespread phenomenon in temperate woodland ferns? Plant Ecology, 218: 555–563

Sebald, O. et al. (1993): Die Farn- und Blütenpflanzen Baden-Württembergs, Band I. Eugen Ulmer

Seifert, M. & Holderegger, R. (1995): Morphologische Untersuchungen innerhalb der *Dryopteris carthusiana*-Gruppe. Farnblätter, 26/27: 58–77

Shivas, M. G. (1961a): Contributions to the cytology and taxonomy of species of *Polypodium* in Europe and America. I Cytology. Botanical Journal of the Linnean Society, 58(370): 13–25

Shivas, M. G. (1961b): Contributions to the cytology and taxonomy of species of *Polypodium* in Europe and America. II Taxonomy. Botanical Journal of the Linnean Society, 58(370): 27–38

Shivas, M. G. (1969): A cytotaxonomic study of the *Asplenium adiantum-nigrum* complex. British Fern Gazette, 10(2): 68–80

Spichiger, R.-E. et al. (2016): Botanique systématique – avec une introduction aux grands groupes de champignons. Presses polytechniques et universitaires romandes

Stöhr, O. (2010): Die Unterarten und Hybriden von *Asplenium trichomanes* L. im Bundesland Salzburg (Österreich). Stapfia, 92: 29–44

Stoor, A. M. et al. (1996): *Diphasiastrum oellgaardii* (Lycopodiaceae, Pteridophyta), a new lycopod species from Central Europe and France. Feddes Repertorium, 107(3–4): 149–157

Svensson, B. M. et al. (1994): *Lycopodium annotinum* and light quality: Growth responses under canopies of two *Vaccinium* species. Folia geobotanica et phytotaxonomica, 29: 159–166

Szczęśniak, E. et al. (2012): The genus *Polypodium* L. in Poland. A key to the species determination. In: E. Szczęśniak, E. Gola (red.), Genus *Polypodium* L. in Poland. Polish Botanical Society, Wrocław, 5–25

Thomas, P. A. & Room, P. M. (1986): Taxonomy and control of *Salvinia molesta*. Nature, 320: 581–584

Tinguy, H. et al. (2014): Première station d'*Hymenophyllum tunbrigense* (L.) Sm. et *Buxbaumia viridis* (Moug.) Brid. en Moselle (57). Les Nouvelles Archives de la Flore jurassienne et du nord-est de la France, 12: 43–48

Tison, J.-M. & de Foucault, B. (2014): Flora Gallica, Flore de France. Biotope Editions, Société Botanique de France

Tribsch, A. (2000): *Lycopodium annotinum* subsp. *alpestre* – auch in den Alpen? Wulfenia, 7: 49–56

Tutin, T. G. et al. (1993): Flora europaea, Volume 1 – Psilotaceae to Platanaceae. Second Edition. Cambridge University Press

Viane, R. L. L. (1985): *Dryopteris expansa* and *D.* × *ambroseae* (Pteridophyta) new for Belgium. Bulletin de la Société Royale de Botanique de Belgique, 118: 57–67

Viane, R. L. L. (1986): Taxonomical Significance of the Leaf Indument in *Dryopteris* (Pteridophyta): I. Some North American, Macaronesian and European Taxa. Plant Systematics and Evolution, 153: 77–105

Vogel, J. C. et al. (1993): Gametophytes of *Trichomanes speciosum* (Hymenophyllaceae: Pteridophyta) in Central Europe. Fern Gazette, 14(6): 227–232

Wagner, G. M. (1997): *Azolla:* A Review of Its Biology and Utilization. The Botanical Review, 63: 1–26

Wiedenbein, F. W. et al. (2013): Neue Fundorte des Prächtigen Dünnfarns (*Trichomanes speciosum* Willd.) im Obermainischen Hügelland und geomorphologische Hinweise auf seinen Reliktstatus. Berichte der Bayerischen Botanischen Gesellschaft, 83: 135–142

Windham, M. D. (1993): *Woodsia* R. Brown. In: Flora of North America Editorial Committee (ed.), Flora of North America North of Mexico. Volume 2: Pteridophytes and Gymnosperms, 270–280. Oxford University Press

Wolff, P. & Schwarzer, A. (2005): Der Schwimmfarn *Salvinia natans* (L.) All. (Salviniaceae) in der Pfalz. Mitteilungen POLLICHIA, 91: 83–96

Zenner, G. (1999): Weitere Untersuchungen an *Polypodium* (Polypodiaceae, Pteridophyta) aus dem Oberallgäu. Naturkundliche Beiträge aus dem Allgäu / Mitteilungen des Naturwissenschaftlichen Arbeitskreises Kempten (Allgäu) der Volkshochschule Kempten, 36(3): 17–28

Zhang, L. et al. (2020): Evolutionary relationships of the ancient fern lineage the adder's tongues (Ophioglossaceae) with description of *Sahashia* gen. nov. Cladistics, 36(4): 1–14

Sponsoren

Das Buch wurde durch folgende Institutionen und Organisationen mit einem finanziellen Beitrag unterstützt:

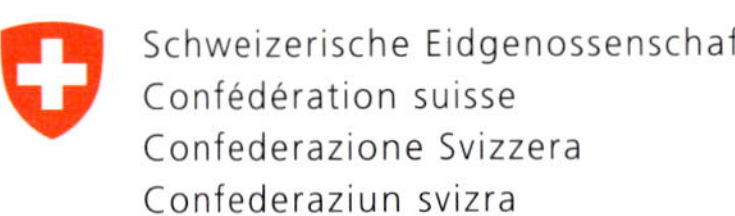

Bundesamt für Umwelt BAFU

ERNST GÖHNER
STIFTUNG

Gust und Lyn Guhl-Stiftung

Legat Dr. Joachim de Giacomi

Dank

Zwischen der Idee, ein Buch über Farnpflanzen zu schreiben, und der Publikation lagen unzählige Schritte, bei denen wir auf unterschiedlichste Art und Weise von Einzelpersonen und Institutionen unterstützt wurden. Ihnen allen danken wir ganz herzlich!

Bereits das Auffinden aller Farnpflanzen, die wir porträtieren wollten, stellte eine große Herausforderung dar. Oft waren wir deshalb auf Hinweise von Kolleginnen und Kollegen angewiesen. Nicht zu unterschätzen ist dabei die Rolle der zahlreichen Begleiterinnen und Begleiter auf Farnsuche-Exkursionen, die geduldig praktische Hilfe bei schwierigen Aufnahmesituationen leisteten und Mut machten, wenn sich eine Pflanze nicht zum Rendezvous einfand. Zu nennen sind auch jene Personen, die uns Fotomaterial zur Verfügung stellten, wenn wir nicht zum richtigen Zeitpunkt vor Ort waren oder die Pflanzen gar nicht vor die Linse bekamen. Andere unterstützten uns mit ihrem Fachwissen, mit Bestimmungstricks und Literaturhinweisen. Zahlreiche Diskussionen über feldtaugliche Bestimmungsmerkmale und wertvolle Rückmeldungen zu den Porträts, zur Einleitung und zu früheren Versionen des Bestimmungsschlüssels flossen in die Texte ein. Verschiedene Kolleginnen und Kollegen unterstützten uns bei der Nachbestimmung von kritischen Pflanzen. Andere wiederum halfen uns mit ihren Programmier- und GIS-Kenntnissen, Datenbankabfragen zu machen, den Bestimmungsschlüssel zu erstellen und die Verbreitungskarten zu zeichnen.

Unser Dank geht (in alphabetischer Reihenfolge) an Christine Andina, Matthias Baltisberger, Anna Bendel, Martin Bendel, Melchior Bendel, Wolfgang Bischoff, Agi Bodenmann, Christophe Bornand, Jean-Michel Bornand, Botanischer Garten Bern, Michel Boudrie, Jonas Brännhage, Jean-François Christians, Elisabeth Danner, Monika Etter, Beat Fischer, August und Silvia Flammer, Jens Freigang, Monika Füglister, Silvan Glauser, Eveline Gutzwiller-Helfenfinger, Andreas Gygax, Evelyne Hafner, Kilian Hälg, Daniel Hepenstrick, Judith Hinderling, Françoise Hoffer-Massard, Heike Hofmann, Rolf Holderegger, Pascal Holveck, Karsten Horn, Info Flora, Oscar Ingebrigtsen, Institut für Pflanzenwissenschaften der Universität Bern, Gregory Jäggli, Jardin botanique de Fribourg, Jardin botanique de Lausanne, Jardin botanique de Neuchâtel, Jean-Marc Jeckelmann, Julia Jenzer, Philippe Juillerat, Brage Kaminka-Heiberg, Christoph Käsermann, Bärbel Koch, Nicolas Küffer, Dorothee Landolt, Marcus Lubienski, Alessio Maccagni, Merian Gärten, Adrian Möhl, Hansruedi Negri (†), Marie-Françoise Poncet, Rémy Prelli, Jean-Pierre Reduron, Christian Rixen, Franz Rüegsegger, Franziska Ryter, Martin Sahli, Philippe Salvain, Marianne Schenk, Ruth Schneebeli-Graf (†), Ruedi Schneeberger, Maria und Michael Schneider, Jakob Schneller, Tim Schoch, Arno Schwarzer, Detlef Stiller, Ursi Tinner, Gerhart Wagner, Jan Wunder und Günther Zenner.

Sehr herzlich bedanken wir uns bei Philippe Deriaz und Christiane Franke für ihre inspirierenden Ideen und die sorgfältige Gestaltung des Buches und der Illustrationen. Ein großes Dankeschön geht an Peter Schmid, der mit aufmerksamen Augen unsere Texte korrigierte, und an Michael Kessler, der den Buchinhalt auf seine fachliche Richtigkeit prüfte und während des Entstehungsprozesses unzählige Tipps und Tricks beisteuerte.

Bei Patrizia Haupt und Martin Lind vom Haupt Verlag bedanken wir uns für das Vertrauen, die angenehme Zusammenarbeit und die wertvollen Inputs.

Register

Im Register sind die im Buch verwendeten deutschen und wissenschaftlichen Namen der porträtierten Arten, Gattungen und Familien sowie wichtige Stichworte aufgeführt. Für die Fachausdrücke sei aufs Glossar verwiesen.
Fette Seitenzahlen verweisen auf das **Artporträt,** grüne auf die Familie (Porträt oder erste Art), unterstrichene auf den Bestimmungsschlüssel, Seitenzahlen in eckigen Klammern beziehen sich auf [Synonyme]. Bei der Gattung gibt die Seitenzahl mit «f.» respektive «ff.» das erste Artporträt an.

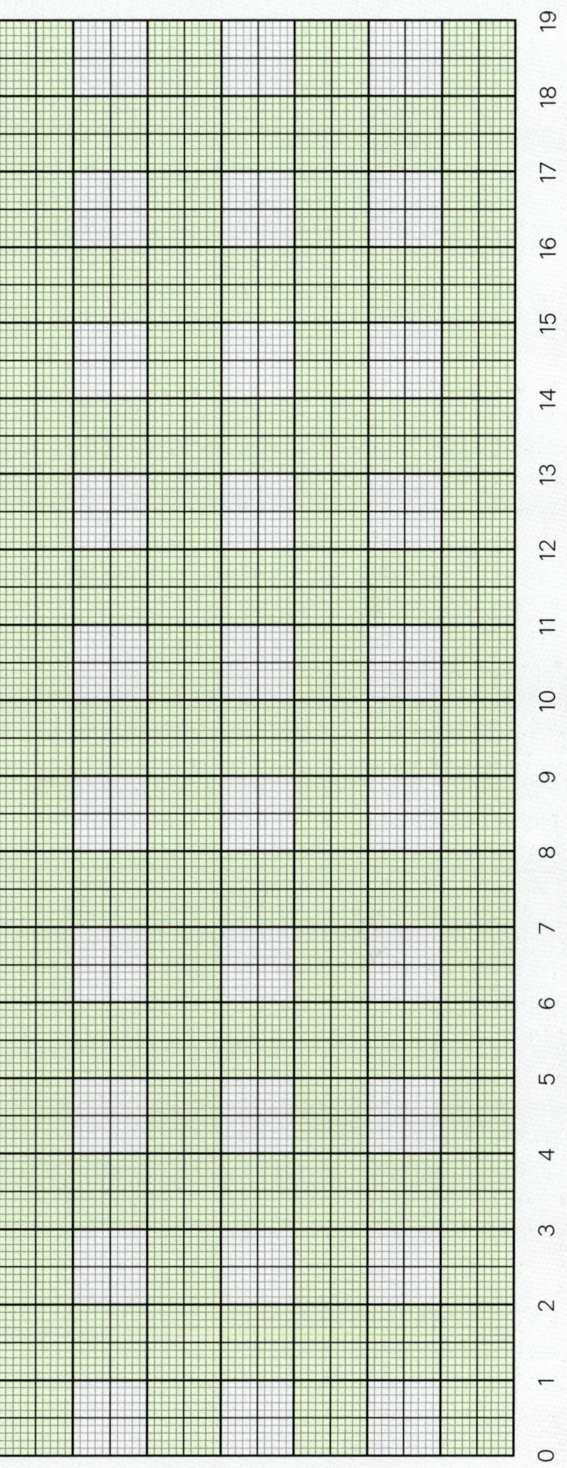
0
1
2
3
4
5
6
7
8
9
10
11
12
13
14
15
16
17
18
19

Fotonachweis

Françoise Alsaker hat die allermeisten Arten an Naturstandorten in Mitteleuropa fotografiert. Teilweise wurden Details mit Lupe und Focus-Stacking-Technik im Studio aufgenommen.

Aufnahmen, die nicht von Françoise Alsaker stammen, sind mit den Initialen der Bildautorinnen und -autoren versehen. Es sind in alphabetischer Reihenfolge der Initialen:

adm Adrian Möhl, S. 212
ag Andreas Gygax, S. 63, 71, 75, 81, 118, 119, 121, 202
alm Alessio Maccagni, S. 116, 117
as Arno Schwarzer, S. 135, 136, 137
hh Heike Hofmann, S. 17
jfc Jean-François Christians, S. 135
kl Konrad Lauber, S. 101, 120
mb Muriel Bendel, S. 9, 11, 45, 49, 57, 71, 73, 155, 167, 203, 223, 231, 257, 282
ms Martin Sahli, S. 16, 45, 115
ph Pascal Holveck, S. 126, 127
rp Rémy Prelli, S. 127, 161, 168, 189, 209, 213
wb Wolfgang Bischoff, S. 9, 93, 97, 115, 123, 251

Die folgenden Arten wurden entweder an ihren Naturstandorten außerhalb der Schweiz, Deutschlands und Österreichs oder in Botanischen Gärten respektive im Farnwerk fotografiert:

- *Adiantum capillus-veneris:* Botanischer Garten Bern (CH)
- *Adiantum raddianum:* Farnwerk, Härkingen (CH)
- *Asplenium adulterinum:* Farnwerk, Härkingen (CH)
- *Asplenium fissum:* Belluno (IT), rp
- *Asplenium lepidum:* Isère (FR), rp
- *Asplenium onopteris:* Ligurien (IT), ag
- *Asplenium seelosii:* Dolomiten (IT), adm
- *Botrychium lanceolatum:* Norrbotten (SE), ag
- *Botrychium multifidum:* Norrbotten (SE), ag
- *Cyrtomium falcatum:* Jardin botanique de Fribourg (CH)
- *Cyrtomium fortunei* (Fieder): Botanischer Garten Bern (CH)
- *Cyrtomium* sp. (Einführung): Botanischer Garten Bern (CH)
- *Diphasiastrum alpinum* (Habitus, Detail): Vogesen (FR)
- *Diphasiastrum tristachyum:* Vogesen (FR)
- *Diphasiastrum × oellgaardii:* Vogesen (FR)
- *Diphasiastrum × zeilleri:* Vogesen (FR)
- *Equisetum × litorale:* Vogesen (FR)
- *Hymenophyllum tunbrigense:* Vogesen (FR)
- *Isoëtes echinospora* (Habitus): Norrbotten (SE), ag
- *Isoëtes lacustris* (Habitus): Norrbotten (SE), ag
- *Lycopodium clavatum:* Vogesen (FR)
- *Marsilea quadrifolia:* Botanischer Garten Bern (CH)
- *Matteuccia struthiopteris:* Botanischer Garten Bern und Jardin botanique de Fribourg (CH)
- *Osmunda regalis* (Sporangienstand): Farnwerk, Härkingen (CH)
- *Pilularia globulifera:* Botanischer Garten Bern und Jardin botanique de Fribourg (CH)
- *Polypodium × shivasiae:* Botanischer Garten Bern (CH)
- *Polystichum braunii* (Blatt): Jardin botanique de Neuchâtel (CH)
- *Polystichum × illyricum:* Farnwerk, Härkingen (CH)
- *Pteris cretica* (Habitus): Alpes-Maritimes (FR), rp
- *Thelypteris palustris* (Blatt): Merian Gärten, Basel (CH)
- *Trichomanes speciosum:* Vogesen (FR), Bretagne (FR), rp, ph

Schutz

Schweiz (CH): Kantonal/national
Deutschland (DE): National nach BNatSchG
Österreich (AT): Regional (Länder)

Gefährdung

Nationale Rote Listen (**fett** die im Buch verwendeten Abkürzungen)

	Schweiz (Bornand et al. 2016)	Deutschland (Metzing et al. 2018)	Österreich (Niklfeld & Schratt-Ehrendorfer 1999)
RE	regional resp. in der Schweiz ausgestorben		
CR(PE)	verschollen, vermutlich in der Schweiz ausgestorben	0 ausgestorben oder verschollen	0 ausgerottet, ausgestorben oder verschollen
CR	vom Aussterben bedroht	1 vom Aussterben bedroht	1 vom Aussterben bedroht
EN	stark gefährdet	2 stark gefährdet	2 stark gefährdet
VU	verletzlich	3 gefährdet	3 gefährdet
NT	potenziell gefährdet	4 potenziell gefährdet	4 potenziell gefährdet
LC	nicht gefährdet	nicht gefährdet	nicht gefährdet
DD	ungenügende Datengrundlage	D Daten mangelhaft	
			r! regional noch stärker gefährdet
			-r regional gefährdet
		V Vorwarnliste	
		R extrem selten	

Abkürzungen und Zeichen

Familienporträts

N	Neophyt
N?	unsicher
(N)	nur in gewissen Regionen
→	auf dieser Seite dargestellte Art

Verbreitungsangaben Österreich

B	Burgenland
K	Kärnten
N	Niederösterreich
NordT	Nordtirol
O	Oberösterreich
OstT	Osttirol
S	Salzburg
St	Steiermark
T	Tirol (Nordtirol und Osttirol)
V	Vorarlberg
W	Wien
†	ausgestorben
( )	unbeständig oder lokal eingebürgert
?	fraglich

Verbreitungskarten Schweiz und Deutschland

● (dunkel)	vor 1980
● (grün)	ab 1980

Für Korrekturen, Ergänzungen und weiterführende Informationen:
kontakt@farne-mitteleuropas.info · www.farne-mitteleuropas.info